深度学习图解

[美] 安德鲁·特拉斯克(Andrew W. Trask) 著
王晓雷 严 烈 译

清华大学出版社
北 京

Andrew W. Trask
Grokking Deep Learning
EISBN: 978-1-61729-370-2

北京市版权局著作权合同登记号　图字：01-2019-3033

图书在版编目(CIP)数据

深度学习图解 / (美) 安德鲁•特拉斯克 著；王晓雷，严烈译. —北京：清华大学出版社，2020（2024.11重印）

书名原文：Grokking Deep Learning

ISBN 978-7-302-54099-1

Ⅰ. ①深… Ⅱ. ①安… ②王… ③严… Ⅲ. ①机器学习－图解 Ⅳ. ①TP181-64

中国版本图书馆 CIP 数据核字(2019)第 241987 号

责任编辑：王　军　韩宏志
封面设计：孔祥峰
版式设计：思创景点
责任校对：牛艳敏
责任印制：刘海龙

出版发行：清华大学出版社
网　　址：https://www.tup.com.cn，https://www.wqxuetang.com
地　　址：北京清华大学学研大厦 A 座　　邮　　编：100084
社 总 机：010-83470000　　邮　　购：010-62786544
投稿与读者服务：010-62776969，c-service@tup.tsinghua.edu.cn
质 量 反 馈：010-62772015，zhiliang@tup.tsinghua.edu.cn
印 装 者：三河市春园印刷有限公司
经　　销：全国新华书店
开　　本：170mm×240mm　　印　　张：18.25　　字　　数：330 千字
版　　次：2020 年 1 月第 1 版　　印　　次：2024 年11月第 7 次印刷
定　　价：99.00 元

产品编号：082781-01

译者序

《深度学习图解》并不是第一本有关深度学习的书，却是我所见过的最深入浅出的一本深度学习的入门读物。

在承接这本书的翻译工作之前，我已经做过数百场关于人工智能的咨询和培训。从概率统计到深度学习，从损失函数到特征工程，每一次与新的求知者接触，都会带来一轮教学相长的洗礼。我也逐渐发现，科班出身的老师往往假设听课的人已经掌握了线性代数与概率论等相关内容，知识诅咒带来的层出不穷的专业名词让读者望而却步；而专注实践的开发者往往依赖于高度封装的计算框架(比如TensorFlow 和 PyTorch)，虽然大大降低了深度学习开发的门槛，但也在某种程度上推动着它往“玄学”方向发展。

因此，《深度学习图解》令人眼前一亮。与一般意义上的教材不同，书中大量使用了第一人称和第二人称的表达，力图以一种口语化的表达方式讲解深度学习的概念和实践。更令人惊讶的是，书中不曾出现繁杂的公式，也不曾引用先进的框架；从卷积网络到递归网络，从损失函数到反向传播，一项项复杂的概念以生动的形式展开。书中所有的代码仅基于原生 Python 和 NumPy，这更是一大亮点，读者可以亲手敲出每一行代码，检验每一点假设，一砖一瓦，为读者在深度学习领域开展进一步研究打下基础。

到 2025 年，全球人工智能市场的价值将达到约 1900 亿美元，中国已经成为全球人工智能投融资规模最大的国家。希望本书能够引领更多的人了解深度学习，掌握深度学习，更重要的是，喜欢深度学习。

也许，下一代人工智能的源泉，就在热爱创造、敬畏智能的你我之中。

王晓雷

作者简介

Andrew W. Trask 是 Digital Reasoning 公司机器学习实验室的创始成员，该实验室致力于自然语言处理、图像识别和音频转录的深度学习研究。几个月内，Andrew 和他的伙伴们就在情绪分类和词性标注方面发表了超过业界最佳方案的结果。

他训练了世界上最大的人工神经网络，拥有超过 1600 亿个参数，实验结果发表在 ICML(International Conference on Machine Learning)上，还有一部分结果发表在 Journal of Machine Learning(JML)上。他在 Digital Reasoning 公司担任文本处理和音频分析的产品经理，负责仿真认知计算平台的架构设计，深度学习是这一平台的核心能力。

致妈妈：

你牺牲了这么多时间来教育 Tara 和我。我希望你能看到本书背后所凝结的你的心血。

也致爸爸：

谢谢你这么爱我们，在我小时候就花时间来教我学习编程技术。如果没有你，我就不会有今天的成就。

能成为你们的儿子是我的荣幸。

前　言

这本《深度学习图解》是我三年艰苦努力的成果。为了完成你手中所握的这本书，我实际撰写的篇幅至少是你现在看到的两倍。在本书准备出版之前，有六个章节被从头重写了三到四次，同时，在这个过程中，一些计划之外的重要章节也被添加进来。

更重要的是，我很早就做出了两个决定，这两个决定使这本《深度学习图解》具有独特的价值。首先，除了基础的算术之外，这本书不需要读者具有任何数学背景，其次，它不依赖于那些可能隐藏着运行细节的高级库。换句话说，任何人都可以读懂本书，了解深度学习真正的工作方式。为达到这个目的，我必须寻找一些新的方法来描述和讲授书中的核心思想和技术，而不是依赖于别人编写的高等数学或复杂代码。

写作这本《深度学习图解》的目的是为深度学习的入门实践尽可能扫除障碍。在本书中，你不只需要阅读理论，更要靠自己发现深度学习的真谛。为了帮助你实现这一点，我编写了大量代码，并尽我所能以正确的顺序解释它——使得书中演示的每一段代码都容易理解。

深入浅出的知识，加上你将在本书中探索的所有理论、代码和示例，将使你以最快的速度完成各种实验。你可以更快地获得成功，得到更好的工作机会，甚至能够更快地掌握更先进的深度学习概念。

在过去的三年里，我不仅写了这本书，还收到了牛津大学的博士录取通知书，加入了谷歌的团队，进行了前沿研究——开发了一个去中心化的公司人工智能平台，名为 OpenMined。本书是我多年思考、学习和教学的结晶。

当然，深度学习还有其他很多资源。我很高兴你能选择阅读本书。

致　谢

我非常感谢每一位为《深度学习图解》的出版做出贡献的人士。首先，我要感谢 Manning 出色的团队: Bert Bates，教我如何写作；Christina Taylor，耐心地鼓励我坚持了三年; Michael Stephens，他的创造力使本书在出版之前就获得了巨大的成功；还有 Marjan Bace，她的鼓励在我日复一日的拖延中起到了至关重要的作用。如果没有早期读者的巨大贡献，这本《深度学习图解》就不会有今天的成就。这些读者通过电子邮件、Twitter 和 GitHub 等渠道提出意见。我非常感谢 Jascha Swisher、Varun Sudhakar、Francois Chollet、Frederico Vitorino、Cody Hammond、Mauricio Maroto Arrieta、Aleksandar Dragosavljevic、Alan Carter、Frank Hinek、Nicolas Benjamin Hocker、Hank Meisse、Wouter Hibma、Joerg Rosenkranz、Alex Vieira 和 Charlie Harrington，感谢你们对本书文稿和在线代码库提供的帮助。

我要感谢如下这些审稿人，他们在本书撰写期间花费宝贵时间阅读了手稿：Alexander A. Myltsev、Amit Lamba、Anand Saha、Andrew Hamor、Cristian Barrientos、Montoya、Eremey Valetov、Gerald Mack、Ian Stirk、Kalyan Reddy、Kamal Raj、Kelvin D. Meeks、Marco Paulo dos Santos Nogueira、Martin Beer、Massimo Ilario、Nancy W. Grady、Peter Hampton、Sebastian Maldonado、Shashank Gupta、Tymoteusz Wołodźko、Kumar Unnikrishnan、Vipul Gupta、Will Fuger 和 William Wheeler。

我也很感谢 Udacity 的 Mat 和 Niko，他们把这本书选为 Udacity 的深度学习纳米学位课程的课本，这极大地有助于本书在年轻的深度学习实践者中的推广。

还必须感谢 William Hooper 博士，他让我走进他的办公室，向他唠叨计算机科学的琐碎，还破例让我进入他(已经满了)的程序设计初级班。也是他启发我从事深度学习的事业。我非常感谢他在旅程开始时对我的耐心。他对我真是太好了。

最后我要感谢我的妻子，在我忙着写这本书的所有夜晚和周末，她付出了极大的耐心，与此同时，她独立将整本书修订了好几遍，并创建和调试了 GitHub 在线代码库。

关于本书

《深度学习图解》旨在帮助你在深度学习领域打下基础，以便能够从更高层面掌握深度学习的主要框架。它从关注神经网络的基础概念开始，然后深入讲解那些更高级的网络设计和架构。

目标读者

写作本书时，我有意将本书的门槛降到我认为是最低的程度。阅读本书，不需要提前掌握线性代数、微积分、凸优化甚至机器学习等任何知识。理解深度学习所需的一切知识都会在本书的阅读过程中得到解释。如果你学过高中数学，并且能够使用 Python 编程，那么已经为阅读本书做好了准备。

路线图

本书共有 16 章：

- 第 1 章重点介绍为什么应该掌握深度学习，以及需要做好哪些准备。
- 第 2 章开始深入探讨基本概念，比如机器学习、参数和非参数模型、监督和无监督学习。在本章中，作者首次提出了“预测、比较、学习”这一模式，该模式将在接下来的章节中进一步介绍。
- 第 3 章将带领你使用简单的网络进行预测，帮助你初步了解神经网络。
- 第 4 章将介绍如何评估第 3 章中的预测结果，识别误差，为下一步训练模型奠定基础。
- 第 5 章主要关注“预测、比较、学习”模式的“学习”部分。本章将通过一个更深入的例子来介绍“学习”的过程。
- 第 6 章中，你将学会建立第一个“深度”神经网络，包括代码和所有细节。
- 第 7 章概述神经网络，形象化你对它的理解。
- 第 8 章介绍过拟合、dropout 和批量梯度下降，并教你如何利用刚刚构建的新网络对数据集进行分类。

- 第 9 章讲解激活函数以及如何在对概率建模时使用它们。
- 第 10 章介绍卷积神经网络，强调了卷积神经网络的结构在应对过拟合上所具有的优势。
- 第 11 章对自然语言处理(NLP)进行了深入探讨，讲解这一研究方向在深度学习领域的基础概念。
- 第 12 章讨论递归神经网络，这是近十年来在序列建模领域最先进的方法，也是业界最流行的工具之一。
- 第 13 章将让你成为深度学习框架的高级用户，帮助你从头开始快速构建深度学习框架。
- 第 14 章教你使用递归神经网络来处理一个更具挑战性的任务：语言建模。
- 第 15 章主要关注数据的隐私性，介绍基本的隐私概念，如联邦学习、同态加密以及与差分隐私和安全多方计算相关的概念。
- 第 16 章将提供继续深度学习之旅所需的其他工具和资源。

代码下载

本书中的所有代码都以等宽字体显示，以便将其与普通的文本区分开来。部分代码注释会伴有相应列表，以强调重要概念。

可以从出版商的网站下载本书示例的代码，网址为 www.manning.com/books/grokking-deep-learning 或 https://github.com/iamtrask/grokking-deep-learning。

也可扫封底二维码直接下载。

在线论坛

购买《深度学习图解》会获赠一份权益；你可以免费访问 Manning 出版公司(Manning Publications)运营的一个私人网络论坛，在那里你可以对这本书发表评论，咨询技术问题，并寻求来自作者和其他用户的帮助。要访问论坛，请点击网址 https://forums.manning.com/forums/grokking-deep-learning。你也可以通过 https://forums.manning.com/forums/about 了解 Manning 论坛的行为规则。

Manning 承诺为读者提供一个有意义的交流场所，希望各位读者之间、读者与作者之间都能够进行讨论。但并未对作者的具体回应频率做出任何承诺，作者对论坛的参与是自愿的(和无偿的)。我们建议你可以试着问作者一些具有挑战性的问题，以免他失去兴趣。只要这本书还在出版期内，读者就可以从出版商的网站上看到之前的所有讨论内容。

目录

第 1 章 深度学习简介：为什么应该学习深度学习……1

1.1 欢迎阅读《深度学习图解》……1

1.2 为什么要学习深度学习……2

1.3 这很难学吗?……3

1.4 为什么要阅读本书……3

1.5 准备工作……4

1.6 你可能需要掌握一部分Python 知识……5

1.7 本章小结……6

第 2 章 基本概念：机器该如何学习?……7

2.1 什么是深度学习?……7

2.2 什么是机器学习？……8

2.3 监督机器学习……9

2.4 无监督机器学习……10

2.5 参数学习和非参数学习……10

2.6 监督参数学习……11

2.7 无监督参数学习……13

2.8 非参数学习……14

2.9 本章小结……15

第 3 章 神经网络预测导论：前向传播……17

3.1 什么是预测……17

3.2 能够进行预测的简单神经网络……19

3.3 什么是神经网络?……20

3.4 这个神经网络做了什么?……21

3.5 使用多个输入进行预测……23

3.6 多个输入：这个神经网络做了什么?……24

3.7 多个输入：完整的可运行代码……29

3.8 预测多个输出……30

3.9 使用多个输入和输出进行预测……32

3.10 多输入多输出神经网络的工作原理……33

3.11 用预测结果进一步预测……35

3.12 NumPy 快速入门……37

3.13 本章小结……40

第 4 章　神经网络学习导论：梯度下降……41
4.1　预测、比较和学习……41
4.2　什么是比较……42
4.3　学习……42
4.4　比较：你的神经网络是否做出了好的预测？……43
4.5　为什么需要测量误差？……44
4.6　最简单的神经学习形式是什么？……45
4.7　冷热学习……46
4.8　冷热学习的特点……47
4.9　基于误差调节权重……48
4.10　梯度下降的一次迭代……50
4.11　学习就是减少误差……52
4.12　回顾学习的步骤……54
4.13　权重增量到底是什么?……55
4.14　狭隘的观点……57
4.15　插着小棍的盒子……58
4.16　导数：两种方式……59
4.17　你真正需要知道的……60
4.18　你不需要知道的……60
4.19　如何使用导数来学习……61
4.20　看起来熟悉吗?……62
4.21　破坏梯度下降……63
4.22　过度修正的可视化……64
4.23　发散……65
4.24　引入 α……66
4.25　在代码中实现 α……66
4.26　记忆背诵……67

第 5 章　通用梯度下降：一次学习多个权重……69
5.1　多输入梯度下降学习……69
5.2　多输入梯度下降详解……71
5.3　回顾学习的步骤……75
5.4　单项权重冻结：它有什么作用?……77
5.5　具有多个输出的梯度下降学习……79
5.6　具有多个输入和输出的梯度下降……81
5.7　这些权重学到了什么?……83
5.8　权重可视化……85
5.9　点积(加权和)可视化……86
5.10　本章小结……87

第 6 章　建立你的第一个深度神经网络：反向传播……89
6.1　交通信号灯问题……89
6.2　准备数据……91
6.3　矩阵和矩阵关系……92
6.4　使用 Python 创建矩阵……95
6.5　建立神经网络……96
6.6　学习整个数据集……97
6.7　完全、批量和随机梯度下降……97
6.8　神经网络对相关性的学习……98
6.9　向上与向下的压力……99
6.10　边界情况：过拟合……101
6.11　边界情况：压力冲突……101
6.12　学习间接相关性……103
6.13　创建关联……104
6.14　堆叠神经网络：回顾……105
6.15　反向传播：远程错误归因……106

6.16　反向传播：为什么有效？……107
6.17　线性与非线性……107
6.18　为什么神经网络仍然不起作用……109
6.19　选择性相关的秘密……110
6.20　快速冲刺……111
6.21　你的第一个深度神经网络……111
6.22　反向传播的代码……112
6.23　反向传播的一次迭代……114
6.24　整合代码……116
6.25　为什么深度网络这么重要？……117

第 7 章　如何描绘神经网络：在脑海里，在白纸上……119

7.1　到了简化的时候了……119
7.2　关联抽象……120
7.3　旧的可视化方法过于复杂……121
7.4　简化版可视化……122
7.5　进一步简化……123
7.6　观察神经网络是如何进行预测的……124
7.7　用字母而不是图片来进行可视化……125
7.8　连接变量……126
7.9　信息整合……127
7.10　可视化工具的重要性……127

第 8 章　学习信号，忽略噪声：正则化和批处理介绍……129

8.1　用在 MNIST 上的三层网络……129
8.2　好吧，这很简单……131
8.3　记忆与泛化……132
8.4　神经网络中的过拟合……133
8.5　过拟合从何而来……134
8.6　最简单的正则化：提前停止……135
8.7　行业标准正则化：dropout……136
8.8　为什么 dropout 有效：整合是有效的……137
8.9　dropout 的代码……137
8.10　在 MNIST 数据集上对 dropout 进行测试……139
8.11　批量梯度下降……140
8.12　本章小结……143

第 9 章　概率和非线性建模：激活函数……145

9.1　什么是激活函数？……145
9.2　标准隐藏层激活函数……148
9.3　标准输出层激活函数……149
9.4　核心问题：输入具有相似性……151
9.5　计算 softmax……152
9.6　激活函数使用说明……153
9.7　将增量与斜率相乘……156
9.8　将输出转换为斜率(导数)……157
9.9　升级 MNIST 网络……157

第 10 章　卷积神经网络概论：关于边与角的神经学习……161

10.1　在多个位置复用权重……161
10.2　卷积层……162

10.3 基于 NumPy 的简单实现……164
10.4 本章小结……167

第 11 章 能够理解自然语言的神经网络：国王-男人+女人=?……169

11.1 理解语言究竟是指什么?……170
11.2 自然语言处理(NLP)……170
11.3 监督 NLP 学习……171
11.4 IMDB 电影评论数据集……172
11.5 在输入数据中提取单词相关性……173
11.6 对影评进行预测……174
11.7 引入嵌入层……175
11.8 解释输出……177
11.9 神经网络结构……178
11.10 单词嵌入表达的对比……180
11.11 神经元是什么意思?……181
11.12 完形填空……182
11.13 损失函数的意义……183
11.14 国王-男人+女人~=女王……186
11.15 单词类比……187
11.16 本章小结……188

第 12 章 像莎士比亚一样写作的神经网络：变长数据的递归层……189

12.1 任意长度的挑战……189
12.2 做比较真的重要吗？……190
12.3 平均词向量的神奇力量……191
12.4 信息是如何存储在这些向量嵌入中的？……192
12.5 神经网络是如何使用嵌入的？……193
12.6 词袋向量的局限……194
12.7 用单位向量求词嵌入之和……195
12.8 不改变任何东西的矩阵……196
12.9 学习转移矩阵……197
12.10 学习创建有用的句子向量……198
12.11 Python 下的前向传播……199
12.12 如何反向传播？……200
12.13 让我们训练它！……201
12.14 进行设置……201
12.15 任意长度的前向传播……202
12.16 任意长度的反向传播……203
12.17 任意长度的权重更新……204
12.18 运行代码，并分析输出……205
12.19 本章小结……207

第 13 章 介绍自动优化：搭建深度学习框架……209

13.1 深度学习框架是什么？……209
13.2 张量介绍……210

13.3 自动梯度计算(autograd)介绍……211
13.4 快速检查……213
13.5 多次使用的张量……214
13.6 升级 autograd 以支持多次使用的张量……215
13.7 加法的反向传播如何工作？……217
13.8 增加取负值操作的支持……218
13.9 添加更多函数的支持……219
13.10 使用 autograd 训练神经网络……222
13.11 增加自动优化……224
13.12 添加神经元层类型的支持……225
13.13 包含神经元层的神经元层……226
13.14 损失函数层……227
13.15 如何学习一个框架……228
13.16 非线性层……228
13.17 嵌入层……230
13.18 将下标操作添加到 autograd……231
13.19 再看嵌入层……232
13.20 交叉熵层……233
13.21 递归神经网络层……235
13.22 本章小结……238

第 14 章 像莎士比亚一样写作：长短期记忆网络……239

14.1 字符语言建模……239
14.2 截断式反向传播的必要性……240
14.3 截断式反向传播……241
14.4 输出样例……244
14.5 梯度消失与梯度激增……245
14.6 RNN 反向传播的小例子……246
14.7 长短期记忆(LSTM)元胞……247
14.8 关于 LSTM 门限的直观理解……248
14.9 长短期记忆层……249
14.10 升级字符语言模型……250
14.11 训练 LSTM 字符语言模型……251
14.12 调优 LSTM 字符语言模型……252
14.13 本章小结……253

第 15 章 在看不见的数据上做深度学习：联邦学习导论……255

15.1 深度学习的隐私问题……255
15.2 联邦学习……256
15.3 学习检测垃圾邮件……257
15.4 让我们把它联邦化……259
15.5 深入联邦学习……260
15.6 安全聚合……261
15.7 同态加密……262
15.8 同态加密联邦学习……263
15.9 本章小结……264

第 16 章 往哪里去：简要指引……265

深度学习简介：为什么应该学习深度学习 第1章

本章主要内容：

- 为什么应该学习深度学习
- 为什么应该阅读本书
- 需要做好什么样的准备

不要担心你在数学上遇到的困难。我可以向你保证，我遇到的困难甚至更大。

——阿尔伯特·爱因斯坦

1.1 欢迎阅读《深度学习图解》

你将掌握21世纪最有价值的技能之一!

我很兴奋，你读到了这里！相信你也同样感到兴奋！深度学习代表令人热血沸腾的机器学习和人工智能的交叉领域，以及对社会和行业的重大颠覆。本书所讨论的方法正在改变你周围的世界。从汽车引擎的优化，到决定你在社交媒体上会看到哪些内容，它无处不在，无所不能，更幸运的是，它很有趣！

1.2 为什么要学习深度学习

它是智能增量自动化的强大工具。

从创世之初，为了更好地理解和控制我们周围的环境，人类就开始不断地发展和建造工具。在这个关于创新的叙事中，深度学习是刚刚展开的奇妙篇章。

也许，让这一章如此引人注目的是这个领域比起机械上的创新来说更像是智力上的创新。就像它在机器学习中的姐妹领域一样，深度学习试图一点一点地将智能自动化。在过去几年里，它已经在这方面取得了巨大的成功和进步，打破了历史上计算机视觉、语音识别、机器翻译等许多方面的记录。

深度学习看起来使用了一套大体上相同的受到大脑机制启发的算法(神经网络)，却在大量不同的领域取得了一系列成就——这一点尤其不同寻常。尽管深度学习仍然是一个具有诸多挑战的积极发展的领域，但它近期的发展已经让人兴奋不已：也许，我们不仅发现了一款卓越的工具，还发现了一扇通向我们自己的思维的窗户。

深度学习具有使熟练劳动力实现重大自动化的潜力。

当前，在不同的发展速度假设下，存在着大量根据当前的发展趋势来推断深度学习的潜在作用的虚假宣传。尽管这些预测中有许多过于乐观，但我相信其中有一项值得你考虑：替代人类的工作。我之所以认为这一论断值得思考，是因为即使深度学习的创新今天就停止了，它也会对遍布全球的熟练工人产生难以置信的影响。呼叫中心接线员、出租车司机和初级业务分析师都是极具说服力的例子。在这些领域，深度学习可以提供低成本的替代方案。

幸运的是，经济发展尚未出现颠覆性变化；但考虑到目前的技术力量，在很多方面我们已经要开始担心了。我希望这本书能让你(和你认识的人)从可能是那些面临威胁的行业中，迁移到这个逐渐成熟与繁荣的行业：深度学习。

它有趣又有创意。通过对智力和创造力的模拟，你会发现许多人类的秘密。

就我个人而言，我之所以踏入深度学习领域，是因为它本身就已经足够迷人。这是一个人与机器之间的令人惊奇的交叉。揭开思考、推理、甚至创造后面的秘密这件事情本身就是富有启迪的和吸引人的，足够鼓舞人心。不妨想一下，我们可以建立一个数据集，里面装满人们曾经画过的每一幅画，然后用它来教机器如何像莫奈那样画画。令人疯狂的是，这居然已经变成了现实。我们可以知道它是如何工作的——真是太棒了！

1.3　这很难学吗?

你得付出多少努力才能获得“乐趣”？

这是我最喜欢的问题。我对获得“乐趣”作为回报的定义是能够亲眼看到我学到的东西变成现实。用自己的双手创造出这样的东西是很神奇的。如果你也有同感，那么答案很简单。从第 3 章开始，你将能够创建你的第一个神经网络。在此之前，唯一需要完成的工作就是阅读这几页内容。

你可能有兴趣知道，第 3 章之后的下一个乐趣点发生在你已经记住一小段代码，然后读到第 4 章中间的时候。每一章都是这样的，记住前一章的一小段代码，阅读下一章，然后体验一个新的神经网络所带来的乐趣。

1.4　为什么要阅读本书

它有着独一无二的低门槛。

理论上，你需要阅读本书的理由和我需要写作本书的理由是一样的。我没有发现另一种资源(不论是书籍、网络课程还是连载博客系列)能够在读者完全不具备高级数学知识(比如说数学相关专业的本科学位)的情况下讲明白深度学习。

不要误解我的意思：用数学来讲授深度学习确实有充分的理由。毕竟，数学是一门语言。使用这种语言来讲解深度学习当然更高效，但我认为具备高级数学知识对成为对深度学习背后的原理有扎实理解的熟练从业者来说，并不是绝对必需的。

那么，为什么要用这本书来学习深度学习呢？因为我将只假设你有高中数学水平的背景(而且已经生疏了)，然后你需要知道的所有事情都会由我来解释。还记得乘法吗？还记得平面坐标系吗?太棒了!你没问题的。

它将帮助你理解框架的内容(Torch、TensorFlow 等)。

深度学习的教学材料(如书籍和课程)大致有两类。一类关注如何使用流行的框架和代码库，比如 Torch、TensorFlow、Keras 等；另一类则专注于讲授深度学习本身，也就是这些主流框架之下的科学原理。

从根本上讲，了解两者都很重要。就像你想成为一名赛车手，你需要了解正在驾驶的汽车的特性(框架代码)和驾驶技巧(科学原理)。但是，单单学习框架就像在知道什么是手动档之前就硬啃第 6 代雪佛兰 SS 的利弊一样离谱。本书能够让你掌握什么是深度学习，为下一步学习深度学习框架奠定基础。

所有数学相关的材料都会伴随着直观的类比。

每当我遇到陌生的数学公式时，我都会采取两步法。第一步就是将它的方法转化为对现实世界的直观类比。我几乎从未从字面上尝试理解一个公式的含义：我通常会把它分成几个部分，每个部分都有自己的故事。本书中的方法也是如此。每当遇到数学概念时，我就会用一个类比来说明这个公式的实际作用。

每件事都应该尽可能地简单，但不是越简单越好。

——阿尔伯特·爱因斯坦

在背景介绍之后的所有内容都基于“项目”。

如果让我选出一项在学习新东西的时候最讨厌的事情，那就是我不得不怀疑所学的东西是否真的有用或是与我的工作息息相关。如果有人教会了我关于锤子的一切信息，却从未让我亲手钉下一枚钉子，那么他们就不算真正教会我如何使用锤子。我知道，并不是每一个知识点都可以和实践结合起来，但如果我被扔到现实世界里，手里拿着一把锤子、一盒钉子、一堆木片，那么我就可以做出一些相应的猜测。

在告诉你木头、钉子和锤子的作用之前，本书会先把这些工具递给你。每节课都会告诉你如何拿起相应的工具，亲手用它们构建东西，并逐步向你解释事情运作的原理。这样，你就不会带着一串关于各式深度学习工具的信息离开了：你将有能力用它们解决问题。此外，你还将了解最重要的部分：针对每个你想解决的问题，在什么时候，应该使用哪一种工具，以及为什么使用它。这些知识将为进一步学习奠定坚实基础，无论你计划投身学术界或是企业界。

1.5 准备工作

安装 Jupyter Notebook 和 NumPy Python 库。

我最喜欢的工作环境是 Jupyter Notebook，没有之一。对我来说，学习深度学习最重要的部分之一，就是在网络训练的时候，让它停下来，把每一段代码都拆成碎片，看看到底是什么样子。这就是 Jupyter Notebook 最大的用武之地。

也许这本书没有遗漏任何知识的最令人信服的理由是，我们只依赖于一个矩阵运算库，就是 NumPy。通过这种方式，你可以了解所有事情是如何工作的，而不仅是如何调用深度学习框架。本书能让我们彻彻底底地掌握深度学习，从头到脚，从零开始。

这两个工具的安装说明可以在 http://Jupyter.org 以及 http://numpy.org 上找到。我将用 Python 2.7 构建示例，但我也在 Python 3 中测试过整个环境。为便于安装，推荐你使用 Anaconda 框架: https://docs.continuum.io/anaconda/install。

掌握高中数学知识。

有一部分数学假设对本书来说有些深奥，我的目标是在你只懂基本代数的前提下让你掌握深度学习。

找一个你感兴趣的问题。

这似乎是一个可选的准备工作。我想可能是吧，但说真的，我强烈建议你去找一个自己感兴趣的问题。我认识的每一个在这方面成功的人都有某种他们想解决的问题。掌握深度学习只是解决这些有趣任务的“依赖”。

对我来说，就是用 Twitter 数据来预测股市。我发自内心地觉得这很有趣。这驱使我坐下来，不断深入学习，建立更好的算法原型。

事实证明，这个领域是如此之新，变化如此之快，如果你在接下来的几年里尝试用这些工具完成一个项目，就会发现自己也会成为领域专家的其中之一——这个过程可能比你想象的还要快。对我来说，尝试实现这个想法让我从对编程一窍不通转变为得到一份对冲基金研究资助，这一切只用了大约 18 个月的时间。对于深度学习来说，有一个让你着迷的使用一个数据集来预测另一个数据集的问题就是关键的催化剂。现在去找一个吧!

1.6　你可能需要掌握一部分 Python 知识

我选择 Python 作为教学语言，同时会在线上提供其他一些选择。

Python 是一种非常直观的语言。我认为它可能是目前人们创造的用处最广泛和可读性最好的语言。此外，Python 社区对简单的追求和热爱是无与伦比的。由于这些原因，我在本书中的所有示例都坚持使用 Python(Python 版本 2.7)。本书中案例的源代码可在 www.manning.com/books/grokking-deep-learning 和 https://github.com/iamtrask/Grokking-Deep-Learning 下载，同时，我在线上也针对本书中的所有案例提供了一系列其他语言的版本。

你应该具备多少编程经验?

不妨先看一下 Python Codecademy 课程(www.codecademy.com/learn/python)。如果通读目录后，对上面提到的术语感到没有问题，那么足够了!如果觉得有问题，那就先修这门课程，完成课程后再来阅读本书。这是一门专为初学者设计、认真制作的课程。

1.7 本章小结

如果你已经成功安装了 Jupyter Notebook，并掌握了 Python 的基础知识，就已经为下一章做好了准备！提醒一下，第 2 章是基于文字描述而不是代码实践的最后一章。它旨在让你了解人工智能、机器学习以及——最重要的——深度学习领域中的各种高级词汇、概念和案例。

基本概念：机器该如何学习？ 第2章

本章主要内容：

- 什么是深度学习、机器学习和人工智能？
- 什么是参数模型和非参数模型？
- 什么是监督学习和无监督学习？
- 机器如何能够学习？

机器学习将使任何一个成功的融资计划在五年内取得胜利。

——埃里克·施密特，谷歌执行总裁，2016年云计算平台大会主题演讲

2.1 什么是深度学习？

深度学习是机器学习方法的一个子集。

深度学习是机器学习的一个子集，机器学习是一个专门研究和开发能够学习的机器的领域(有时候最终目标是获得通用人工智能)。

在业内，深度学习被用于解决多个领域的实际任务，如计算机视觉(图像)、自然语言处理(文本)和自动语音识别(音频)。简而言之，深度学习是机器学习工具箱中众多方法的子集，主要使用人工神经网络，这类算法的灵感在某种程度上来自人类大脑。

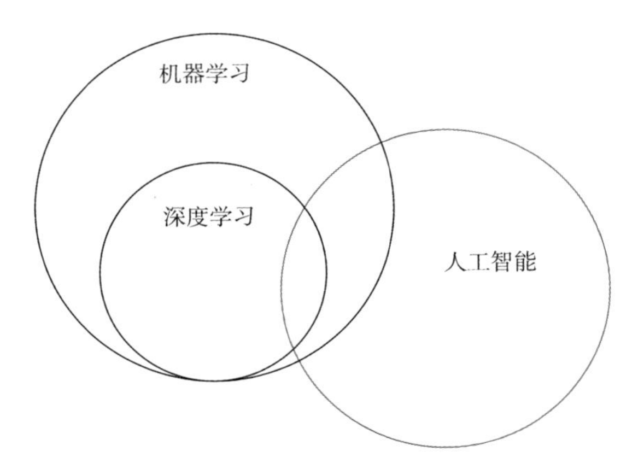

请注意，在这个图中，并不是所有的深度学习研究都致力于追求通用人工智能(就像电影中的感知机器一样)。这项技术的许多应用着眼于解决工业上的各种实际问题。本书试图专注于讲解前沿研究和行业实践背后的深度学习基础，帮助你为这两者做好准备。

2.2 什么是机器学习？

使计算机不需要显式编程就能拥有学习能力的研究领域。

——被认为出自亚瑟·塞缪尔

既然深度学习是机器学习的一个子集，那么什么是机器学习呢？一般来说，机器学习是计算机科学的一个分支，在这个领域中，机器能够学着执行那些没有被显式编程的任务。简而言之，机器观察某项任务中存在的模式，并试图以某种直接或间接的方式模仿它。

机器学习 ~= 先观察，后照做

我提到直接的和间接的模仿，可以类比两种机器学习的主要类型：有监督的和无监督的。有监督的机器学习可以直接模仿两个数据集之间的模式。它总是尝试获取一个输入数据集并将其转换为对应的输出数据集。这有时是一项非常强大和有用的功能。不妨考虑以下示例(粗体代表输入数据集，斜体代表输出数据集)：

- 使用图像的**像素**来检测*猫存在与否*
- 使用**你喜欢的电影**来预测*你可能喜欢的电影*
- 使用**人们所说的话**来预测*他们是高兴还是难过*
- 使用**天气传感器数据**预测*下雨的概率*
- 使用汽车**发动机传感器**预测*最佳调节设置*
- 使用**新闻数据**预测*明天的股价*

- 使用输入的**数字**预测*其两倍规模的值*
- 使用原始**音频文件**预测*音频的文本*

这些都是有监督的机器学习任务。在以上所有案例中，机器学习算法都试图以某种它可以使用的方式来模拟两个数据集之间存在的模式，从而做到用一个数据集来预测另一个数据集。对于这些示例中的任何一个来说，都不妨想象一下，如果我们能够在仅仅给定输入数据集的情况下就预测出输出数据集，这样的能力将会影响深远。

2.3　监督机器学习

监督学习对数据集进行转换。

监督学习是一种将一个数据集转换成另一个数据集的方法。例如，如果你有一个名为“周一股价”的数据集，它记录了过去 10 年里每周一每只股票的价格，还有一个名为同一时段内的“周二股价”的数据集。那么，我们可以尝试使用监督学习算法，使用其中一个来预测另一个。

如果你在十年的周一与周二数据上成功地训练了监督机器学习算法，那么给定任何一个周一的股价，就可以预测紧接着的周二的股价。我希望你现在可以停下来认真思考一下这个问题。

监督机器学习属于应用人工智能(也被称为弱人工智能)领域的一部分。对于将你所知道的东西作为输入，并快速地将其转换成你想知道的东西这一场景来说，它是很有用的。它允许监督机器学习算法以看起来无穷无尽的方式延伸人类的智力和能力。

机器学习的大部分工作都是训练某种监督分类器。甚至我们常会用无监督机器学习(稍后将会讲到它)来协助开发更精确的监督机器学习算法。

在本书剩下的部分，将创建能够接收可观察的、可记录的(更进一步来说，可知的)输入数据的算法，它能将其转换为需要进行逻辑分析的有价值的输出数据。这就是监督机器学习的力量。

2.4 无监督机器学习

无监督学习对数据进行分组。

无监督学习与有监督学习有一个共同的特性：它将一个数据集转换为另一个数据集。但是它转换得到的数据集不是已知的。不像监督学习，对于你想建立的模型来说，并不存在一个你希望得到的“正确答案”。你只需要告诉一个无监督算法“在这些数据中找到某种模式，然后告诉我它是什么。”

例如，将数据集进行聚类就是一种无监督学习。聚类算法将一系列数据点转换为对应的一系列类别标签。如果它学习到了 10 个类别，那么通常会用数字 1～10 进行相应的标记。每个数据点都将被打上它所在类别的数字标签。因此，数据集将从一堆数据点转换为一堆标签。为什么用数字作为标签？因为算法不会告诉你每个类别具体是什么含义。它怎么能知道呢？它只能告诉你：“嗨，科学家！我发现了一些结构。看起来你的数据集可以被划分成几类。就像这些！”

好消息是：可以把聚类作为无监督学习的定义记在脑子里。尽管在无监督学习中有很多形式，但是所有形式的无监督学习都可以看作某种形式的聚类。你会在本书的后续部分发现更多与它相关的内容。

看看这个例子。尽管算法没有告诉我们每个类别的名称，但是你能弄明白它是如何把单词组合在一起的吗？(答案：1 ==可爱的，2 ==美味的)。稍后，我们将讲解为什么其他形式的无监督学习也只是某种形式的聚类，以及为什么聚类的结果能够对监督学习起到帮助作用。

2.5 参数学习和非参数学习

简化表述：试错学习 vs.计数和概率。

前面两页将所有机器学习算法分成两组：有监督的和无监督的。现在，我们要讨论把机器学习算法分成两组的另一种方法：参数的和非参数的。所以，如果在脑海中想一下我们可爱的机器学习云，它可以有两个拨动开关。

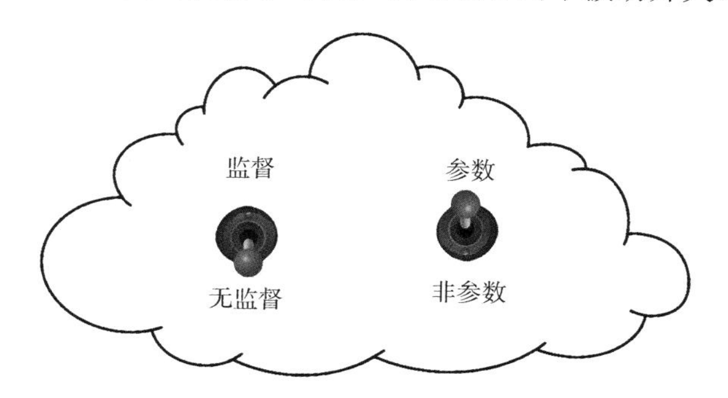

正如所见，实际上存在四种不同类型的算法。一个算法可以是监督或无监督的，也可以是参数或非参数的。之前关于监督特性(有监督的或无监督的)的部分主要关注被学习的模式的类型，而参数特性(参数的或非参数的)则主要关注存储学习参数的方式，更进一步地说是关注学习的方法。首先，让我们看看参数模型和非参数模型的定义。需要说明的是，关于它们的确切区别仍存在一些争论。

参数模型的特征是具有固定数量的参数，而非参数模型的参数数量是无限的(由数据决定)。

举个例子，假设问题是要把一个正方形的模块装进正确的(正方形)洞里。有些人(如婴儿)只是尝试着把它塞进所有洞里，直到它匹配某一个(参数模型)。然而，一个青少年可能会数一下边的数量(四条)，然后搜索边的数量与之相等的洞(非参数模型)。参数模型倾向于使用试错法，而非参数模型倾向于计数法。现在，让我们再深入探讨一些细节。

2.6　监督参数学习

简化描述：使用旋钮进行试错学习。

监督参数学习机是一台具有固定数量的旋钮(即参数部分)的机器，通过转动旋钮进行学习。机器根据旋钮的角度对输入数据进行处理，并转换为预测结果。

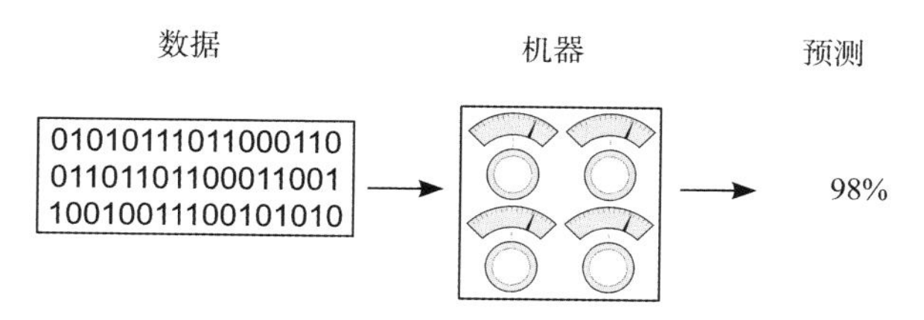

这项机器学习是通过把旋钮转到不同角度来完成的。如果想预测(波士顿)红袜队赢得世界系列赛的概率，那么这个模型首先需要一些已知数据(如体育方面的统计数据，包括球队的输赢记录或每个球员脚趾的平均数量)并基于此做出预测(如98%胜率)。接下来，模型将观察红袜队是否真的赢了。当知道红袜队是否获胜后，机器学习算法会更新这些旋钮，以便下次看到同样或类似的输入数据时，做出更准确的预测。

如果球队的输赢记录是一个很好的预测依据，也许它会调高“输赢记录”对应的旋钮。相反，如果球员的平均脚趾数量不是一个好的预测依据，它可能会调低“平均脚趾数”对应的旋钮。这就是参数模型的学习方法!

注意，在给定的任何时间，我们都可以从旋钮位置中得知模型所学到的全部内容。你也可以将这种类型的学习模型看作一种搜索算法。你正在通过不断调整旋钮设置，观察结果并再次尝试来“搜索”适当的旋钮配置。

需要进一步注意的是，试错这一概念并不是正式定义，但它是参数模型的一个常见属性(也有例外)。当存在任意(固定)数量的旋钮需要被转动时，我们需要花费一定程度的搜索工作来找到最优配置。这与通常基于计数的非参数学习形成了鲜明对比：当它发现需要计数的新内容时，会或多或少地添加新旋钮。下面，我们把监督参数学习分解为三个步骤。

步骤 1：预测

为进一步说明监督参数学习，让我们继续用体育比赛作为类比，试着预测一下红袜队是否会赢得世界系列赛。如前所述，第一步是收集体育统计数据，把它们传给机器，并对红袜队获胜的可能性做出预测。

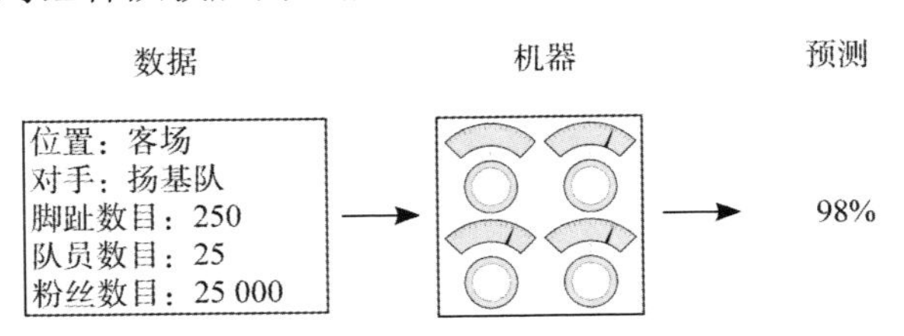

步骤 2：与真值进行比较

步骤 2 是将预测结果(98%)与你关心的结果(红袜队是否获胜)进行比较。遗憾的是，他们输了，所以比较结果是：

预测值：98% > 真值：0

这个步骤让我们认识到，如果模型预测结果为 0，那么它就可以完美地预测红袜队即将到来的失败。你希望机器能够给出准确的预测，这就引出了步骤 3。

步骤 3：学习模式

这一步通过研究模型生成的结果错了多少(98%)以及预测时的输入数据(统计数字)是什么来调整旋钮。模型学习算法会试着转动旋钮，以在给定的输入数据下做出更准确的预测。

理论上，下次这个模型看到相同的输入数据时，预测的值将低于 98%。注意，每个旋钮的档位表示这个模型对不同类型的输入数据的敏感度。当你“学习”的时候，你靠着调节旋钮来改变预测结果。

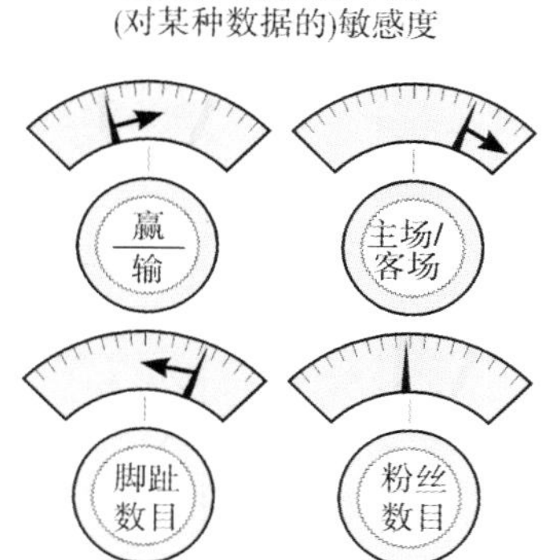

2.7　无监督参数学习

无监督参数学习用的方法非常类似。让我们以概括的方式看一遍这些步骤。前面讲过，无监督学习是对数据进行分组，那么无监督参数学习就是使用旋钮对数据进行分组。但这种情况下，它通常为每个类别都设置了几个旋钮，每个旋钮都反映了输入数据到那个特定类别的相似度(这是笼统的描述，也会存在一定例外和细微差别)。让我们看一个示例，假设你希望将下列数据分成三组。

主场/客场	粉丝数目(千人)
主场	**100**
客场	50
主场	**100**
主场	**99**
客场	50
客场	10
客场	11

根据这一数据集，我已经确定了三个类别，也希望参数模型能够找到它们。借助于不同的字体颜色和底色，不妨用组 1、组 2 和组 3 来标识它们。现在，让我们将第一个数据点传到训练好的无监督模型中，如下所示。注意，最大概率会映射到组 1。

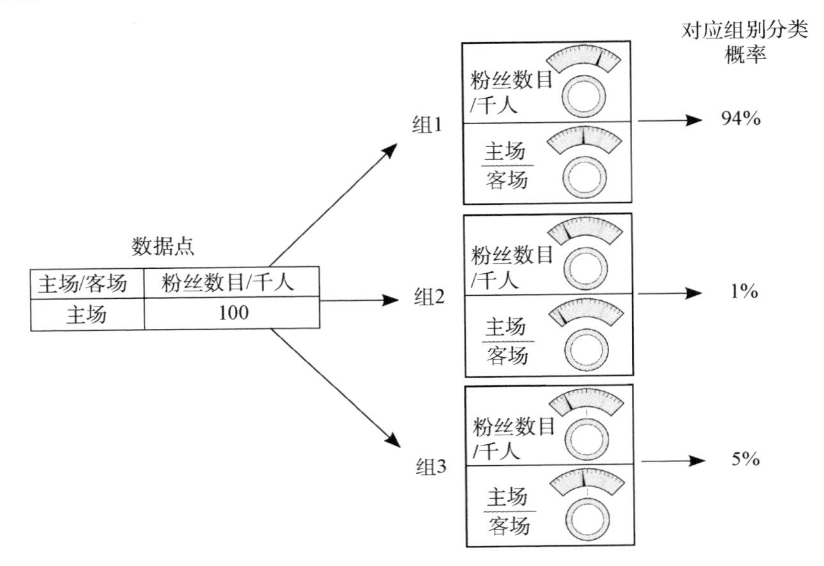

每个组的模型都尝试将输入数据转换为 0 到 1 之间的数字，告诉我们输入数据属于该组的概率。训练这些模型的方法以及模型输出结果的属性千变万化，但从更高抽象层次看，它们都致力于调整参数以将输入数据转换为标签。

2.8 非参数学习

简化描述：基于计数的方法。

非参数学习是一类参数个数以数据为基础(而不是预先定义好)的算法。这通常适用于以某种方式计数作为输入的方法，因为非参数学习能够根据数据中存在的具体项目数量相应增加参数的数量。例如，在监督学习中，一个非参数模型会记录某一种特定颜色的街灯导致汽车“行驶”的次数。只需要在计算数个样本之后，这个模型就能预测出中间的灯光总是导致汽车行驶(100%的概率)，而右边的灯光只是有时导致汽车行驶(比如说 50%概率)。”

请注意，这个模型将有三个参数：表示每种颜色的灯亮的同时，汽车行驶的次数(可能除以总观察次数)的三个计数。如果有 5 个灯，就会有 5 项计数(5 个参数)。这个简单模型被归类为非参数模型的原因是，模型参数的数量会根据数据(在本例中，是灯的数量)而变化。这与从一组设定好的参数开始学习的参数模型恰恰相反，更重要的是，参数模型中的参数数量可多可少，纯粹由训练模型的科学家自由裁量(与数据无关)。

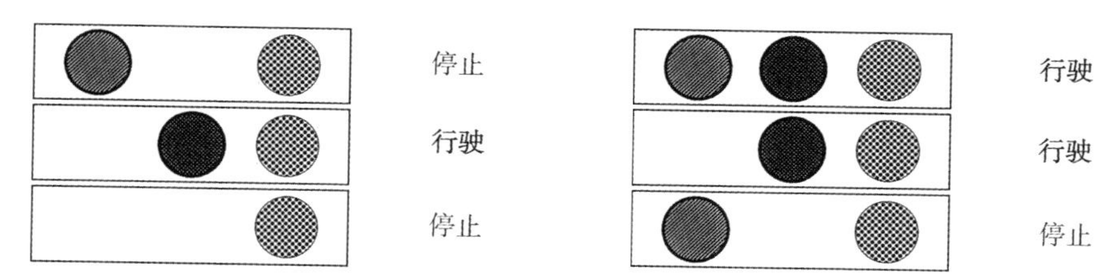

认真考虑后，你可能会对这一观点提出质疑。之前的参数模型似乎对每个输入属性都有一个旋钮。大多数参数模型仍然需要基于数据中的类别数的某种输入。因此你可以发现，在参数和非参数算法之间有一个灰色区域。即使参数模型也会受到数据中的类别数的影响，即使它的参数数量并非显式地由计数模式确定。

这也告诉我们，参数是一个通用术语，所指的仅是用于识别模式的一组数字——并不限制我们对这些数字如何使用。计数是参数，权重是参数，计数或权重的标准化变体也是参数。甚至相关系数也可以是参数。这个术语指的是用于对模式进行建模的所有数字的集合。实际上，深度学习就是一类参数模型。本书中不会进一步讨论非参数模型，但是不要忘记这一类算法也非常有趣和强大。

2.9　本章小结

在本章中，我们较深入地探讨了机器学习的各种风格。现在，你了解到机器学习算法要么是有监督的，要么是无监督的；要么是参数的，要么是非参数的。此外，我们还探索了这四组不同算法的区别之处。你现在应该已经明白，监督机器学习是一种用一个数据集预测另一个数据集的办法，而无监督学习通常将一个数据集聚成不同的类别。你知道参数算法有固定数量的参数，而非参数算法会根据数据集调整参数个数。

深度学习基于神经网络，既进行有监督学习，也进行无监督学习。到目前为止，我们一直停留在一个概念性层次上，帮你找到这个领域的整体定位和你在其中的位置。在第 3 章，你将学习如何创建属于你的第一个神经网络，所有后续章节都是基于项目的。所以，拿出你的 Jupyter Notebook，让我们开始吧！

第3章 神经网络预测导论：前向传播

本章主要内容：

- 一个能够做出预测的简单网络
- 什么是神经网络，它能够做什么？
- 进行多输入的预测
- 进行多输出的预测
- 进行多输入和多输出的预测
- 对预测进行预测

我尽量不参与预测工作。那是让你看起来像个白痴的捷径。

——沃伦·埃利斯　漫画作家、小说家、电影剧本作家

3.1　什么是预测

本章介绍预测的相关知识。

在前一章中，你学习了“预测-比较-学习”这一模式。在本章中，我们将深入研究第一步：预测。你可能还记得，预测步骤看起来如下图所示。

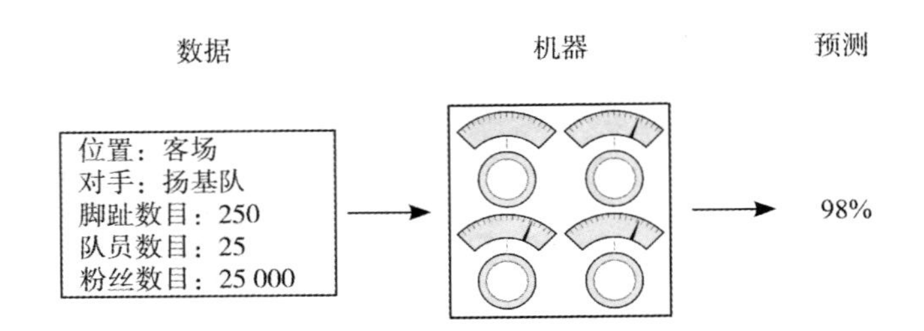

在本章中，你将了解神经网络预测的这三个不同部分(数据、机器、预测)的更多更深入的内容。让我们从第一步开始：数据。在你的第一个神经网络中，需要一次预测一个数据点，如下图所示。

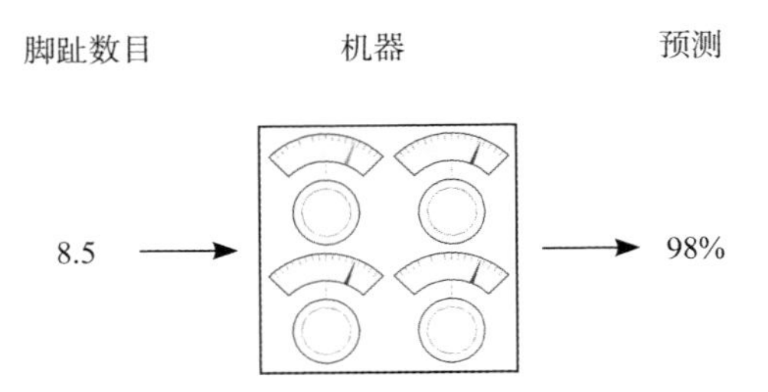

稍后，你会发现一次处理的数据点的数量对网络的形态有很大影响。你可能会好奇，“我该如何确定一次处理的数据点的数量？”答案取决于你是否认为神经网络可以通过你提供的这批数据变得更精确。

例如，如果我试图预测一张照片中是否有一只猫，我肯定需要同时拿到一张图片上的所有像素。为什么？如果我只发给你一个像素，你能否判断这张图像中是否存在猫？当然，我也不能！(顺便说一句，这是一条普遍的经验法则：神经网络总是需要你提供足够的信息，其中“足够的信息”大致可以定义为一个人为了做出相同的预测可能需要的信息量)。

现在让我们跳过网络这一部分。事实证明，只有先掌握了输入和输出数据集的形状，才能创建一个神经网络(目前，形状表示“列数”或“一次处理的数据点数量”)。让我们回到刚才预测那只棒球队获胜的概率的例子。

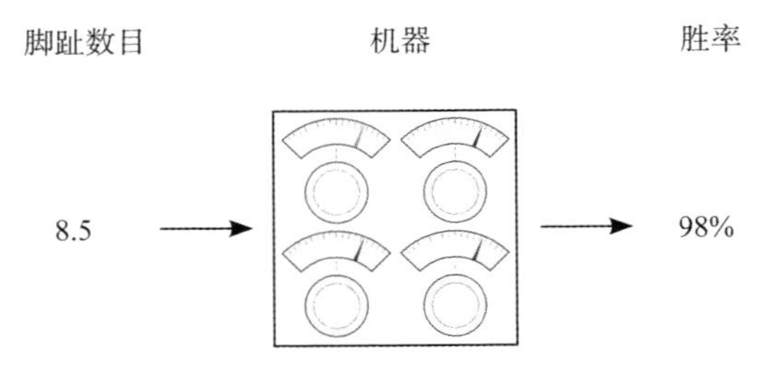

既然你知道了你要使用一个输入数据点，然后据此输出一个预测结果，那么可以着手创建神经网络了。因为只有一个输入数据点和一个输出数据点，你需要建立用一个旋钮从输入点映射到输出点的网络(抽象地说，这些“旋钮”实际上被

称为权重，我将从现在起用这个方式来指代它们)。那么，闲话少叙，以下是你的第一个神经网络，从输入“脚趾数目”到输出“是否胜利？”只有一个权值映射。

❶ 一个空白的神经网络

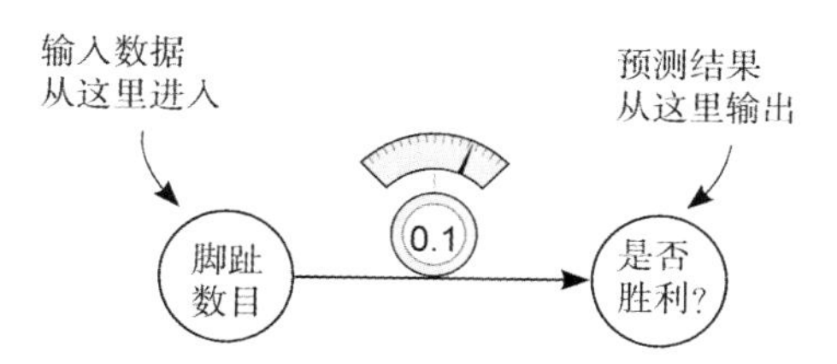
输入数据
从这里进入
预测结果
从这里输出
0.1
脚趾
数目
是否
胜利?

正如所见，这个拥有一项权重的网络一次接受一个数据点(棒球队球员脚趾数目的平均值)，然后输出一个预测结果(它是否认为球队会赢)。

3.2　能够进行预测的简单神经网络

让我们从最简单的神经网络开始。

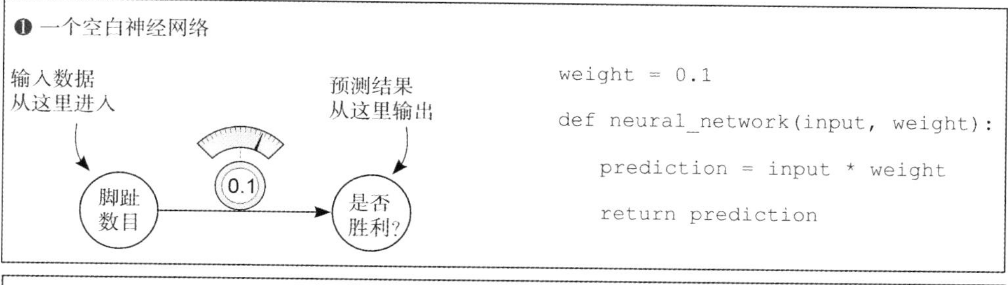
❶ 一个空白神经网络
输入数据
从这里进入
预测结果
从这里输出
0.1
脚趾
数目
是否
胜利?
weight = 0.1
def neural_network(input, weight):
prediction = input * weight
return prediction

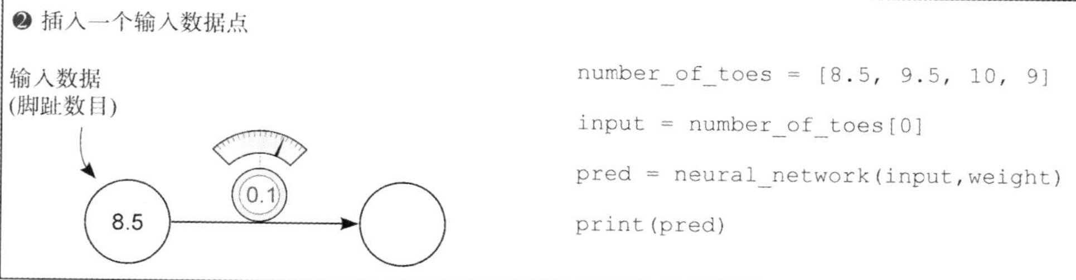
❷ 插入一个输入数据点
输入数据
(脚趾数目)
0.1
8.5
number_of_toes = [8.5, 9.5, 10, 9]
input = number_of_toes[0]
pred = neural_network(input,weight)
print(pred)

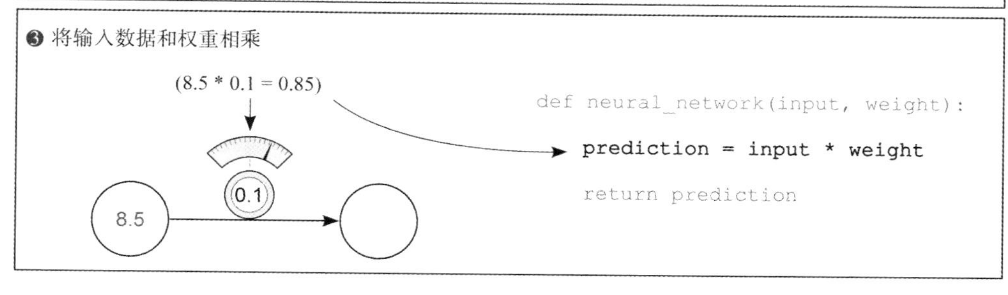
❸ 将输入数据和权重相乘
(8.5 * 0.1 = 0.85)
0.1
8.5
def neural_network(input, weight):
prediction = input * weight
return prediction

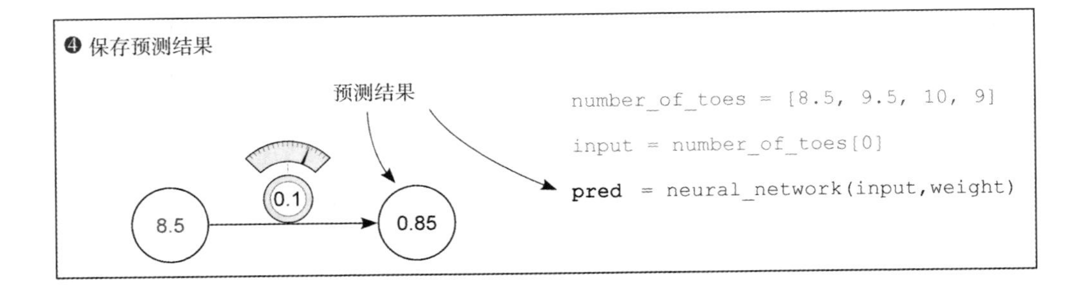
❹ 保存预测结果
预测结果
number_of_toes = [8.5, 9.5, 10, 9]
input = number_of_toes[0]
pred = neural_network(input,weight)
0.1
8.5
0.85

3.3 什么是神经网络？

这是你的第一个神经网络。

为启动一个神经网络，需要你打开 Jupyter Notebook，运行以下代码：

```
weight = 0.1

def neural_network(input, weight):

    prediction = input * weight

    return prediction
```

网络代码

现在，运行以下命令：

```
number_of_toes = [8.5, 9.5, 10, 9]

input = number_of_toes[0]

pred = neural_network(input,weight)
print(pred)
```

如何使用训练好的神经网络进行预测

你刚刚成功建立了你的第一个神经网络，并用它做了预测！恭喜你！最后一行代码打印了预测结果(pred)。它的值应该是 0.85。那么什么是神经网络呢？现在你已经知道，可以用一个以上的权重乘以输入数据进行预测。

什么是输入数据？

它是你从现实世界中记录下来的一个数字。它通常是一些很容易知道的东西，比如今天的温度，棒球运动员的击球率，或者昨天的股票价格。

什么是预测？

预测就是神经网络对输入数据进行“思考”之后告诉你的结果，如“基于当前的温度，今天有 0%的可能人们会穿运动外套”或“基于这位棒球运动员的击球率，他有 30%的可能打出一个本垒打”或“基于昨天的股票价格，今天的股票价格将是 101.52。”

这个预测总是对的吗？

不。有时神经网络会犯错，但它可以从中吸取教训。例如，如果预测过高，它将调整自己的权重，以便下次能够预测一个更低的值，反之亦然。

网络如何学习？

秘诀是试错！首先，它试图做出预测。然后，它会看到预测的结果是过高还是过低。最后，它改变权重(增大或减小)，以便下次看到相同的输入时能够给出更准确的预测。

3.4　这个神经网络做了什么？

它将输入乘以权重，将输入“缩放”一定的比例。

在前一节中，你使用神经网络做出了第一个预测。这个形式最简单的神经网络使用了乘法的力量。它接受一个输入数据点(在本例中，值为 8.5)，并将其乘以权重。如果权重为 2，那么神经网络会将输入加倍。如果权重为 0.01，则神经网络会将输入除以 100。如你所见，一部分权重值使输入更大，一部分权重值使其更小。

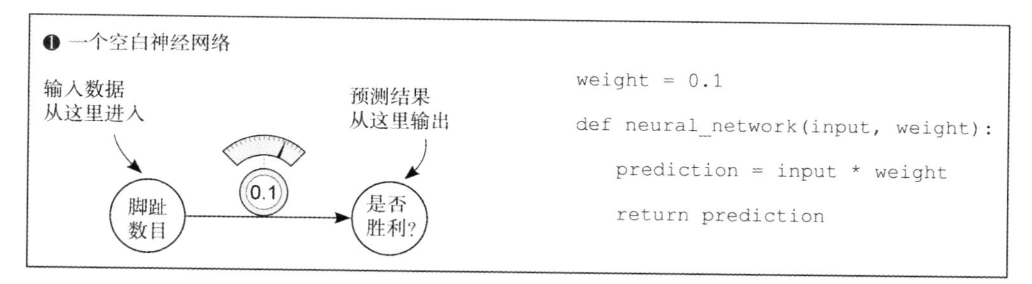


```
weight = 0.1

def neural_network(input, weight):

    prediction = input * weight

    return prediction
```

神经网络的交互界面很简单。它接受输入变量，并以此作为信息来源；拥有权重变量，以此作为知识；然后，融合信息和知识，输出预测结果。你能够见到的每一个神经网络都是这样工作的。它使用权重中的知识来解释输入数据中的信息。后面的神经网络将接受更大、更复杂的输入和权重，但这一共同的基本前提总是成立的。

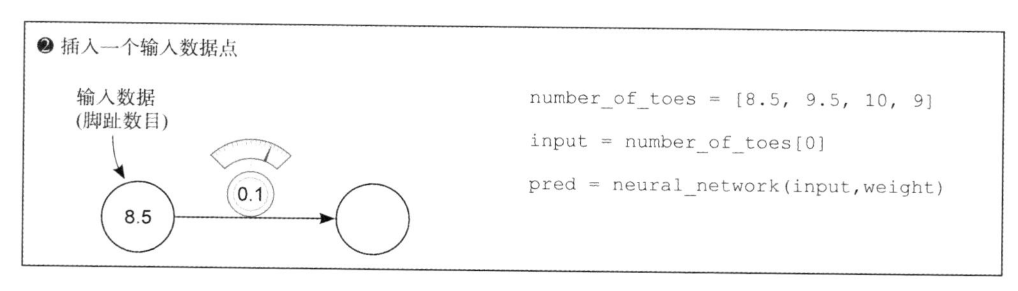


```
number_of_toes = [8.5, 9.5, 10, 9]

input = number_of_toes[0]

pred = neural_network(input,weight)
```

在本例中，信息是比赛前所统计的棒球队队员脚趾的平均数量。注意几件事情。首先，神经网络除了当前的实例，不能记住任何信息。如果在这个预测之后，你输入下一个实例 number_of_toes[1]，那么网络不会记住它在上一次的预测结果。神经网络只知道你的输入。剩下的一切都会被它忘记。之后你会学到如何通过同时提供多个输入，给神经网络一个“短期记忆”。

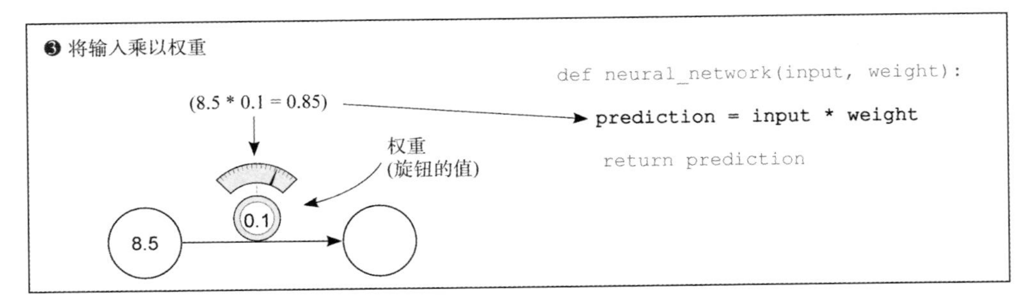

❸ 将输入乘以权重
(8.5 * 0.1 = 0.85)
权重
(旋钮的值)
0.1
8.5
def neural_network(input, weight):
prediction = input * weight
return prediction

另一种帮助你理解神经网络的权重值的方法，是将它作为网络的输入和预测之间敏感度的度量。如果权重非常高，那么即使最小的输入也可以对预测结果产生非常大的影响！如果权重很小，那么算是很大的输入也只能对预测结果产生很小的扰动。这种敏感度类似于音量。“调高权重”放大了输入对预测结果的影响：权重就是一个音量旋钮！

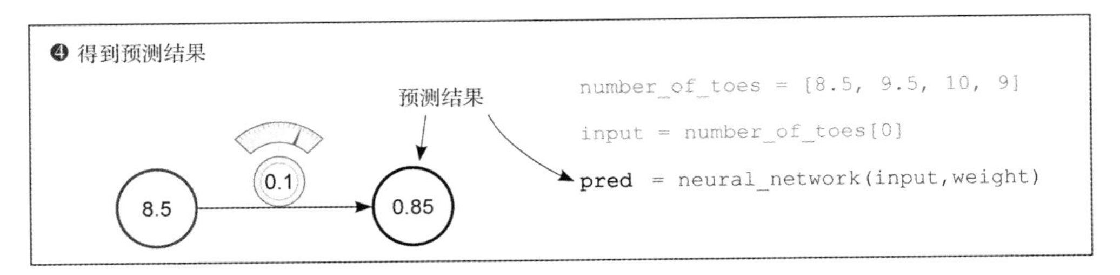

❹ 得到预测结果
预测结果
0.1
8.5
0.85
number_of_toes = [8.5, 9.5, 10, 9]
input = number_of_toes[0]
pred = neural_network(input,weight)

这种情况下，神经网络真正做的是将一个音量旋钮作用到 number_of_toes(脚趾数目)变量之上。理论上，这个音量旋钮可以告诉你，基于每个球员脚趾的平均数量，这个团队赢得这场比赛有多大的可能性。这可能行得通，也可能行不通。说实话，如果队员的脚趾数目平均为 0，他们可能会踢得很糟糕。但是棒球比赛实际比这复杂得多。在下一节中，神经网络将同时获取多个信息片段，以做出更明智的决策。

请注意，神经网络不仅可以预测正数，还可以预测负数，甚至可以将负数作为输入。也许你想预测人们今天穿外套的概率。如果温度是-10℃，那么一个负的权重(−8.9)将会预测出人们穿外套是高概率事件。

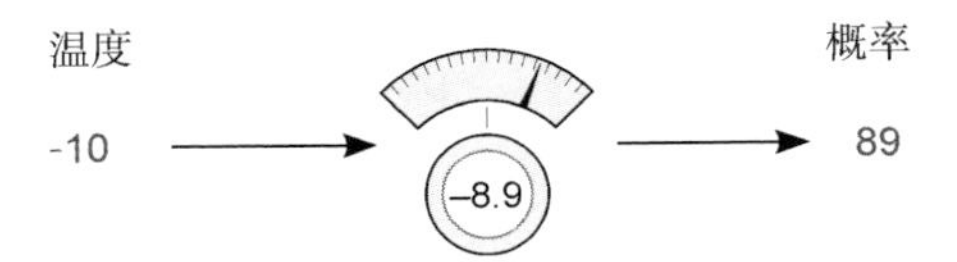

温度
-10
−8.9
概率
89

3.5 使用多个输入进行预测

神经网络可以融合多个数据点的智能。

前面那个神经网络能够以一个数据点作为输入，并基于该数据点预测出一个结果。也许你一直在想“脚趾的平均数量真的是一个很好的预测器吗？就凭它自己？”

如果你这么想，那你就想到点子上了。如果你能一次性给网络提供更多的信息，而不仅仅是每个球员的平均脚趾数，结果会怎么样？理论上，在这种情况下，该网络应该能够做出更准确的预测。事实证明，一个网络可以同时接受多个输入数据点。我们来看看下一个预测例子：

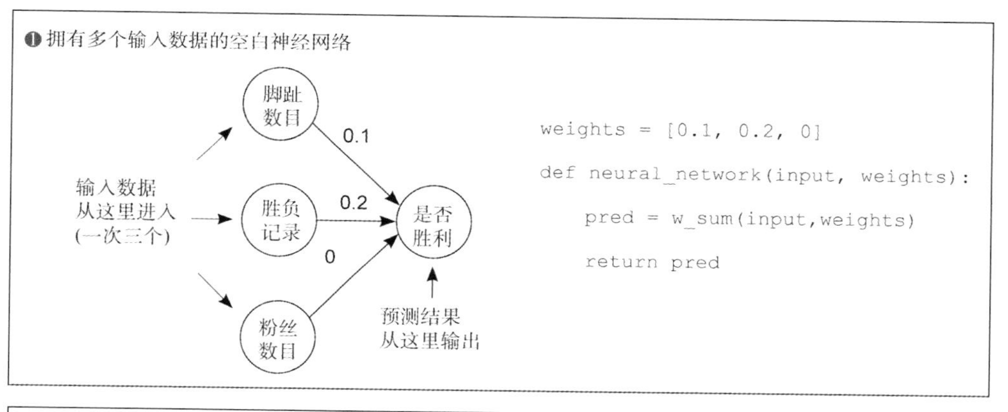

❶ 拥有多个输入数据的空白神经网络
脚趾数目
胜负记录
粉丝数目
是否胜利
0.1
0.2
0
输入数据从这里进入(一次三个)
预测结果从这里输出
weights = [0.1, 0.2, 0]
def neural_network(input, weights):
pred = w_sum(input,weights)
return pred

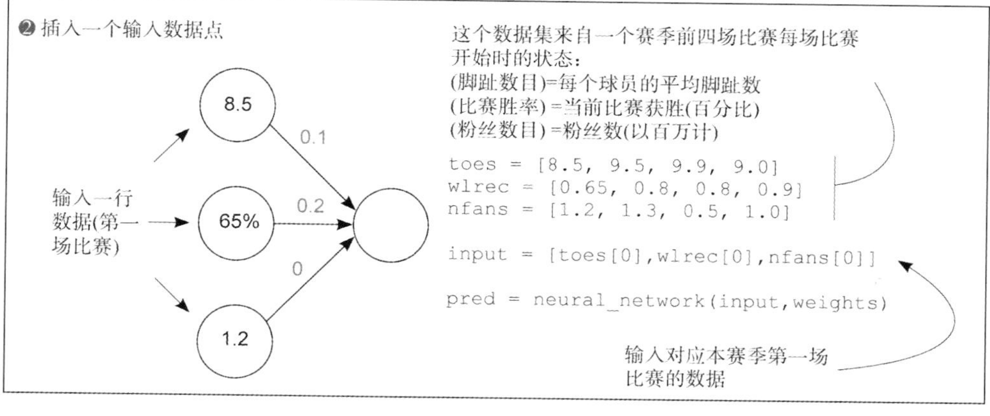

❷ 插入一个输入数据点
8.5
65%
1.2
0.1
0.2
0
输入一行数据(第一场比赛)
这个数据集来自一个赛季前四场比赛每场比赛开始时的状态：
(脚趾数目)=每个球员的平均脚趾数
(比赛胜率)=当前比赛获胜(百分比)
(粉丝数目)=粉丝数(以百万计)
toes = [8.5, 9.5, 9.9, 9.0]
wlrec = [0.65, 0.8, 0.8, 0.9]
nfans = [1.2, 1.3, 0.5, 1.0]
input = [toes[0],wlrec[0],nfans[0]]
pred = neural_network(input,weights)
输入对应本赛季第一场比赛的数据

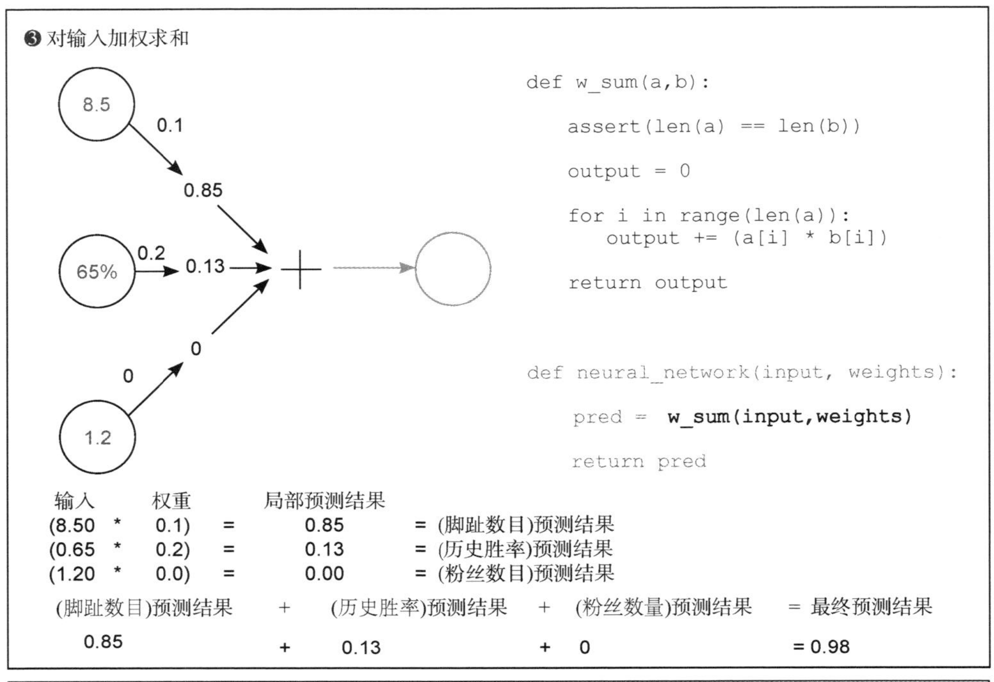

❸ 对输入加权求和
8.5
0.1
0.85
65%
0.2
0.13
0
0
1.2
def w_sum(a,b):
assert(len(a) == len(b))
output = 0
for i in range(len(a)):
output += (a[i] * b[i])
return output
def neural_network(input, weights):
pred = w_sum(input,weights)
return pred
输入 权重 局部预测结果
(8.50 * 0.1) = 0.85 = (脚趾数目)预测结果
(0.65 * 0.2) = 0.13 = (历史胜率)预测结果
(1.20 * 0.0) = 0.00 = (粉丝数目)预测结果
(脚趾数目)预测结果 + (历史胜率)预测结果 + (粉丝数量)预测结果 = 最终预测结果
0.85 + 0.13 + 0 = 0.98

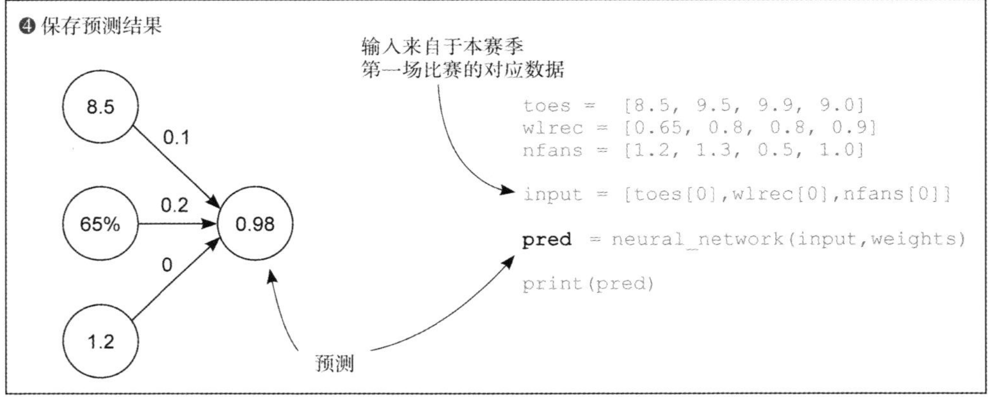

3.6 多个输入：这个神经网络做了什么？

它将三个输入乘以三项权重，并对它们求和，得到加权和。

在上一节的末尾，相信你已经认识到了简单神经网络的限制因素：它只有针对一个数据点的一个音量旋钮。在这个例子中，这个数据点是一个棒球队每个球员的平均脚趾数。你知道为了做出更准确的预测，需要建立能够同时结合多个输入的模型。幸运的是，神经网络完全有能力做到这一点。

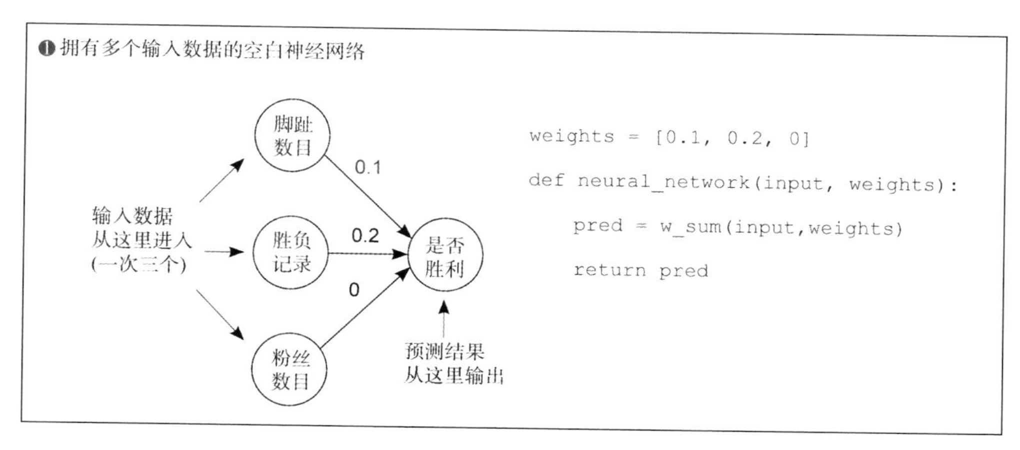

这种新的神经网络可以同时接受多个输入并做出预测。这使网络能够结合多种形式的信息，做出更明智的决定。但是它使用权重的基本机制并没有改变。你仍然把每个输入通过它自己的音量旋钮进行处理。换句话说，它将每个输入乘以对应的权重。

这里带来的新特性是，因为你有多个输入，必须把它们各自的预测结果合在一起。因此，将每个输入乘以其各自的权重，然后对所有局部预测结果进行求和。这称为输入的加权和，或者简称加权和。你在后面会看到有些人还把加权和称为点积。

相关事预测结果从这里输出项：

神经网络的界面非常简单：输入变量作为信息，权重变量作为知识，输出预测结果。

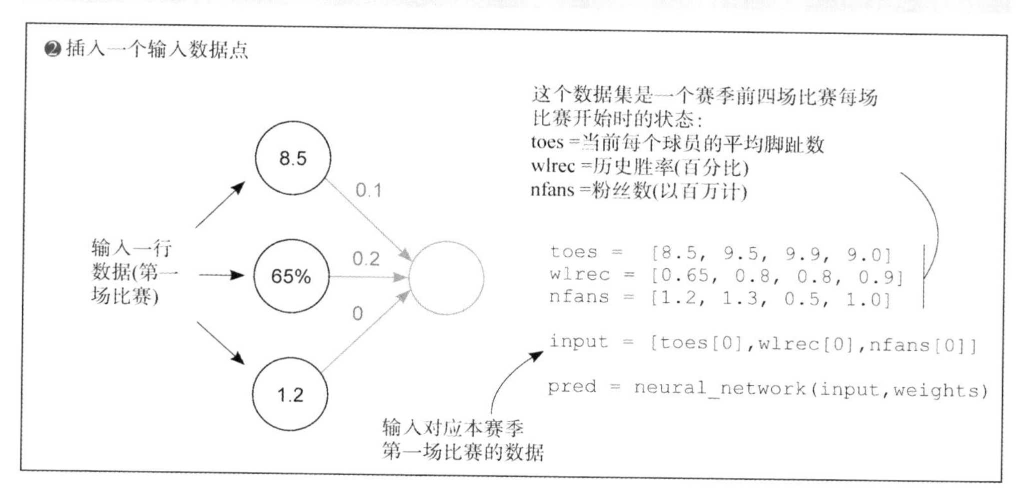

❷插入一个输入数据点
这个数据集是一个赛季前四场比赛每场比赛开始时的状态：
toes =当前每个球员的平均脚趾数
wlrec =历史胜率(百分比)
nfans =粉丝数(以百万计)
8.5
65%
1.2
0.1
0.2
0
输入一行数据(第一场比赛)
toes = [8.5, 9.5, 9.9, 9.0]
wlrec = [0.65, 0.8, 0.8, 0.9]
nfans = [1.2, 1.3, 0.5, 1.0]
input = [toes[0],wlrec[0],nfans[0]]
pred = neural_network(input,weights)
输入对应本赛季第一场比赛的数据

这种一次处理多个输入的新需求证明了引入下面这个新工具的合理性。它称为向量，如果你一直在 Jupyter Notebook 里按照着书中所提到的进行练习，那么

你已经在使用它了。向量只不过是一个数字的列表。在这个例子中，输入是一个向量，权重是一个向量。你能在前面的代码中找到更多向量吗?(还有三个)。

事实证明，当你想要完成涉及多组数字的运算时，向量是特别有用的。在本例中，要执行两个向量之间的加权和(点积)。取两个长度相等的向量(input 和 weights)，对每个向量按位相乘(input 的第一个位置上的数字乘以 weights 的第一个位置上的数字，输入的第二个位置上的数字乘以权重的第二个位置上的数字，以此类推)，然后对输出的结果进行求和。

当你在两个长度相等的向量之间，把元素按它们在向量中的位置配对(再说一遍：位置 0 对位置 0，位置 1 对位置 1，以此类推)进行数学运算时，你在做逐元素(elementwise)操作。因此，逐元素加法将两个向量按位置相加，逐元素乘法将两个向量按位置相乘。

挑战：向量操作

操作向量是深度学习的基础。看看你能不能写出执行以下操作的函数：

- def elementwise_multiplication(vec_a , vec_b)
- def elementwise_addition(vec_a , vec_b)
- def vector_sum(vec_a)
- def vector_average(vec_a)

然后，看看你能不能结合使用其中两个方法来完成点积操作！

❸ 对输入求加权和

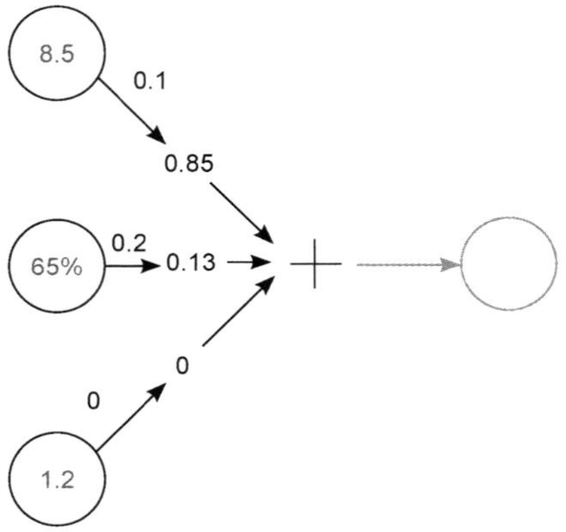

8.5 → 0.1 → 0.85
65% → 0.2 → 0.13
1.2 → 0 → 0

```
def w_sum(a,b):

    assert(len(a) == len(b))

    output = 0

    for i in range(len(a)):
        output += (a[i] * b[i])

    return output


def neural_network(input, weights):

    pred =  w_sum(input,weights)

    return pred
```

输入		权重		局部预测结果	
(8.50	*	0.1)	=	0.85	= (脚趾数目)预测结果
(0.65	*	0.2)	=	0.13	= (历史胜率)预测结果
(1.20	*	0.0)	=	0.00	= (粉丝数目)预测结果

(脚趾数目)预测结果	+	(历史胜率)预测结果	+	(粉丝数目)预测结果	= 最终预测结果
0.85	+	0.13	+	0	= 0.98

点积(加权和)的工作原理是真正理解神经网络如何做出预测的最重要部分之一。简单而言，点积让你了解两个向量之间的相似性。考虑下面这些例子。

```
a = [ 0, 1, 0, 1]      w_sum(a,b) = 0
b = [ 1, 0, 1, 0]      w_sum(b,c) = 1
c = [ 0, 1, 1, 0]      w_sum(b,d) = 1
d = [0.5, 0,0.5, 0]    w_sum(c,c) = 2
e = [ 0, 1,-1, 0]      w_sum(d,d) = 0.5
                       w_sum(c,e) = 0
```

最大加权和(w_sum(c,c)) 出现在完全相同的向量之间。相反，因为 a 和 b 没有重合的权重，它们的点积是 0。也许最有趣的加权和出现在 c 和 e 之间，因为 e 有一项和 c 重合的权重值为负。这个负权重抵消了它们之间的正相似性。但是 e 和它自身的点积会得到 2，尽管权重是负的(负负得正)。下面让我们熟悉点积运算的各种性质。

有时，可将点积的属性类比作逻辑上的 AND(与)操作。考虑下面的向量 a 和 b：

```
a = [ 0, 1, 0, 1]
b = [ 1, 0, 1, 0]
```

如果你问 a[0]和 b[0]是否都有值，答案是否定的。如果你问 a[1]和 b[1]是否都有值，答案还是否定的。因为这个问题对全部四个元素来说答案都是否，所以最终得分为 0。每个值都未能通过逻辑 AND 的测试。

```
b = [ 1, 0, 1, 0]
c = [ 0, 1, 1, 0]
```

然而，b 和 c 有一列的值同不为 0。它通过了逻辑 AND 的测试，因为 b[2]和 c[2]的权重均不为 0。这一列(且只有这一列)导致分数上升到 1。

```
c = [ 0, 1, 1, 0]
d = [0.5, 0, 0.5, 0]
```

幸运的是，神经网络也能对部分 AND 操作进行建模。这种情况下，c 和 d 跟 b 和 c 一样，都有一列的值同不为 0。但因为 d 在对应的位上的权重只有 0.5，所以最终得分只有 0.5。在神经网络中对概率进行建模时，我们利用了这一性质。

```
d = [0.5, 0, 0.5, 0]
e = [-1, 1, 0, 0]
```

在这个类比中，负的权重值往往意味着逻辑上的 NOT(非)运算符，因为任何正权值与负权值配对都会导致得分下降。此外，如果两个向量都有负权重(如 w_sum(e,e))，神经网络执行的操作将会负负得正，使得分上升。另外，有些人可能会说它除了 AND 操作还有类似于 OR(或)的操作，因为如果任何一行的权重不为 0，分数就会受到影响。因此，对于 w_sum(a,b)来说，如果 (a[0] AND b[0]) OR (a[1] AND b[1]) 为真，其他以此类推，w_sum(a,b)将返回一个正的结果。此外，如果一个元素是负数，那一列会执行 NOT 运算。

有趣的是，这给我们提供了一种可以粗略理解权重含义的办法。下面，让我们试着理解一些例子，好吗？下面的例子假设你正在执行 w_sum(input,weights)，而这些 if 语句后面跟着的 then 可以抽象地理解为 then give high score(然后就可以获得更高得分)：

```
weights = [ 1, 0, 1] => if input[0] OR input[2]
weights = [ 0, 0, 1] => if input[2]
weights = [ 1, 0, -1] => if input[0] OR NOT input[2]
weights = [ -1, 0, -1] => if NOT input[0] OR NOT input[2]
weights = [ 0.5, 0, 1] => if BIG input[0] or input[2]
```

注意，在最后一行中，weights[0]= 0.5 表示对应的 input[0]必须更大，以补偿较小的权重。正如我所提到的，这是一个非常粗糙的近似表达方式。但当我试图在头脑中描绘神经网络权重隐含的运作方式时，我发现这个办法非常有用。这种方式在未来也会为你带来很大帮助，特别是当我们以越来越复杂的方式将网络组合在一起时。

根据这些直觉，当神经网络做出预测时，这意味着什么?粗略地说，它意味着网络根据输入和权重的相似程度给出相应的分数。注意在下面的示例中，nfans 在预测中完全被忽略，因为与它关联的权重为 0。而影响最大的输入数据为 wlrec，因为它的权重为 0.2。但产生较高得分的主导因素是队员脚趾的平均数量(ntoes)，不是因为它的权重最大，而是因为这项输入与权重的乘积是目前为止最高的。

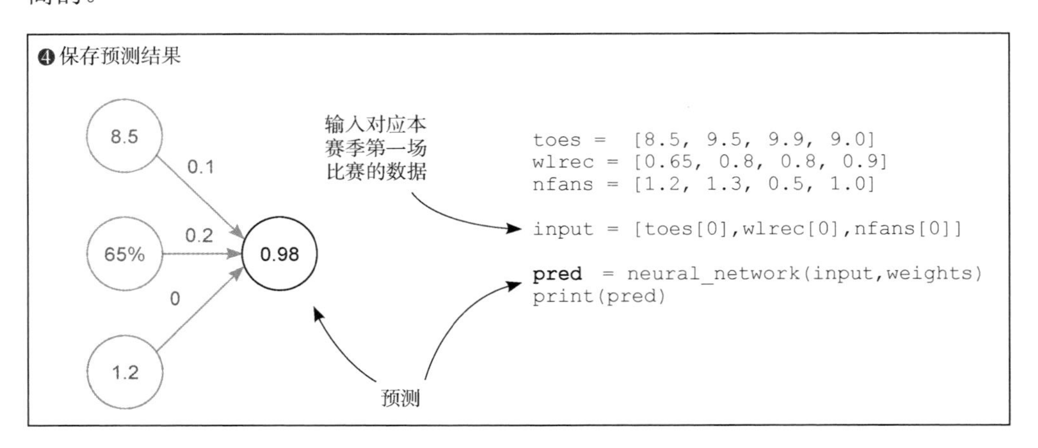
❹ 保存预测结果
8.5
0.1
65%
0.2
0.98
0
1.2
输入对应本
赛季第一场
比赛的数据
toes = [8.5, 9.5, 9.9, 9.0]
wlrec = [0.65, 0.8, 0.8, 0.9]
nfans = [1.2, 1.3, 0.5, 1.0]
input = [toes[0],wlrec[0],nfans[0]]
pred = neural_network(input,weights)
print(pred)
预测

这里还有几点需要注意。首先，你不能打乱权重的顺序：它们需要处于特定位置。此外，权重值和输入值共同决定了对最终得分的总体影响。最后，负的权重值会导致最终预测结果随着输入的增加而减小(反之亦然)。

3.7　多个输入：完整的可运行代码

下面将上一节所提到的代码片段组合在一起，它可以创建一个神经网络，并执行预测。为了表述清晰，我使用 Python 语言的基本属性(数组和变量)写出所有内容。在之后的章节中，我会为大家介绍一种更合适的方法。

之前的代码

```
def w_sum(a,b):
    assert(len(a) == len(b))

    output = 0

    for i in range(len(a)):
        output += (a[i] * b[i])

    return output
weights = [0.1, 0.2, 0]

def neural_network(input, weights):

    pred = w_sum(input,weights)

    return pred

toes = [8.5, 9.5, 9.9, 9.0]
wlrec = [0.65, 0.8, 0.8, 0.9]
nfans = [1.2, 1.3, 0.5, 1.0]

input = [toes[0],wlrec[0],nfans[0]]
pred = neural_network(input,weights)
print(pred)
```

输入对应于本赛季第一场比赛的每一项数据

有一个名为 NumPy 的 Python 库——这个名字指的是“numerical Python”(数值化 Python)。对于创建向量和执行常见函数(如点积运算)来说，它的代码效率很高。不再啰嗦，这里是利用 NumPy 实现相同功能的代码。

NumPy 代码

```
import numpy as np

weights = np.array([0.1, 0.2, 0])

def neural_network(input, weights):

    pred = input.dot(weights)
```

```
    return pred

toes = np.array([8.5, 9.5, 9.9, 9.0])
wlrec = np.array([0.65, 0.8, 0.8, 0.9])
nfans = np.array([1.2, 1.3, 0.5, 1.0])

input = np.array([toes[0],wlrec[0],nfans[0]])    ← 输入对应于本赛季第一场比赛的每一项数据

pred = neural_network(input,weights)
print(pred)
```

两个网络都应该输出 0.98。注意，在 NumPy 代码中，你不需要显式地创建一个 w_sum 函数。相反，NumPy 有一个 dot 函数(dot product 的缩写，指的是点乘)，你可以直接调用它。我们后面提到的许多函数在 NumPy 中都有对应的函数实现。

3.8 预测多个输出

神经网络也可以只用一个输入做出多个预测。

多输出可能是比多输入更简单的扩展。预测过程与三个单一权重的独立神经网络是一样的。

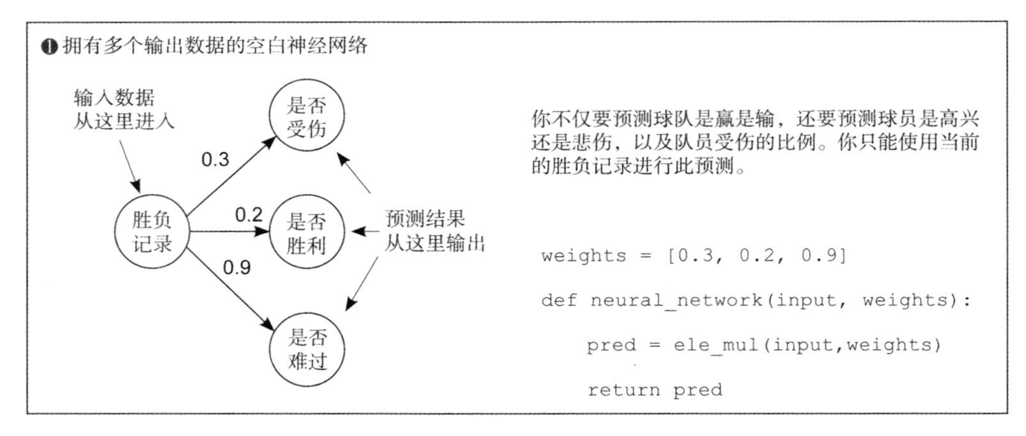
❶ 拥有多个输出数据的空白神经网络
输入数据从这里进入
胜负记录
0.3
0.2
0.9
是否受伤
是否胜利
是否难过
预测结果从这里输出
你不仅要预测球队是赢是输，还要预测球员是高兴还是悲伤，以及队员受伤的比例。你只能使用当前的胜负记录进行此预测。
weights = [0.3, 0.2, 0.9]
def neural_network(input, weights):
    pred = ele_mul(input,weights)
    return pred

在这一案例中，需要注意的最重要的一点是，这三项预测结果完全独立。与具有多输入和单输出的神经网络不同，这个网络实际上表现为三个独立的子网络，每个子网络接收相同的输入数据。这使得这一神经网络易于实现。

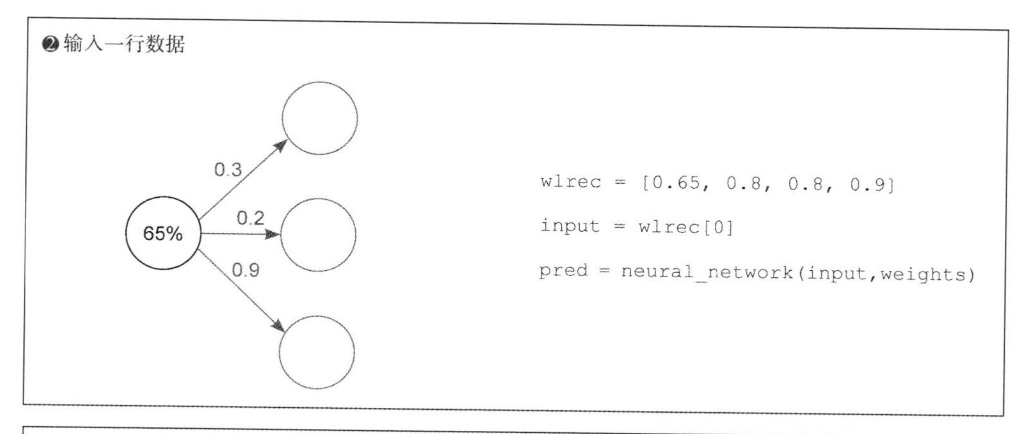
❷输入一行数据
0.3
0.2
0.9
65%
wlrec = [0.65, 0.8, 0.8, 0.9]
input = wlrec[0]
pred = neural_network(input,weights)

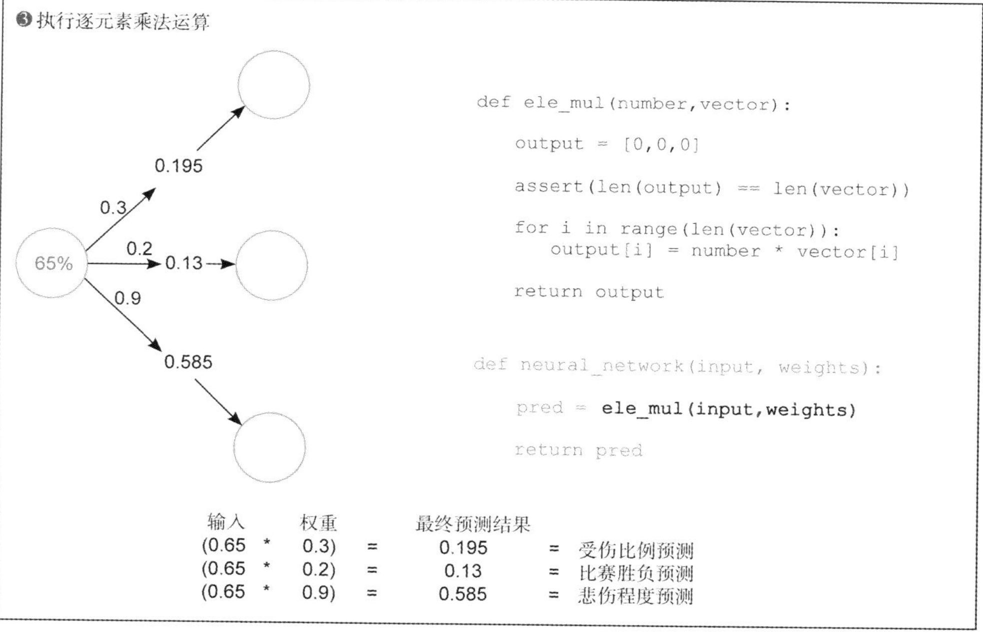
❸执行逐元素乘法运算
0.195
0.3
0.2
0.13
0.9
0.585
65%
def ele_mul(number,vector):
output = [0,0,0]
assert(len(output) == len(vector))
for i in range(len(vector)):
output[i] = number * vector[i]
return output
def neural_network(input, weights):
pred = ele_mul(input,weights)
return pred
输入　权重　最终预测结果
(0.65 * 0.3) = 0.195 = 受伤比例预测
(0.65 * 0.2) = 0.13 = 比赛胜负预测
(0.65 * 0.9) = 0.585 = 悲伤程度预测

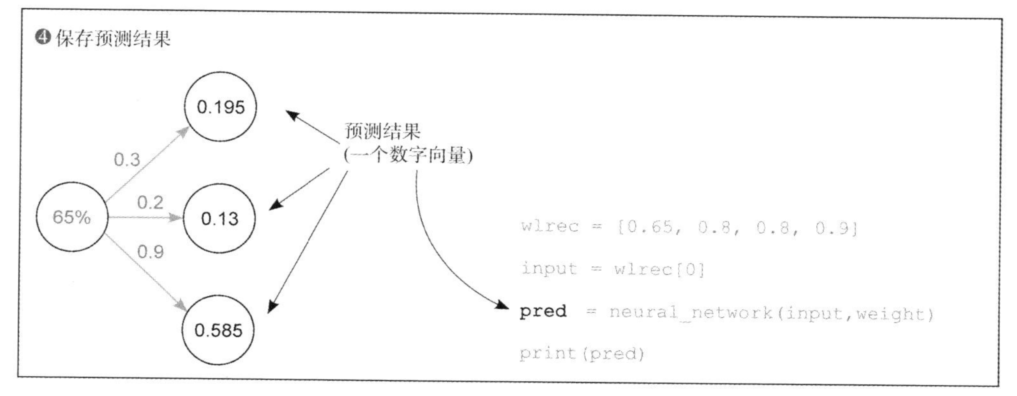
❹保存预测结果
0.195
0.3
0.2
0.13
0.9
0.585
65%
预测结果
(一个数字向量)
wlrec = [0.65, 0.8, 0.8, 0.9]
input = wlrec[0]
pred = neural_network(input,weight)
print(pred)

3.9 使用多个输入和输出进行预测

基于给定的多个输入，神经网络可以对多个输出进行预测。

最后，构建多输入网络的方法和构建多输出网络的方法可以结合起来构建一个同时有多输入和多输出的网络。与之前一样，权重将每个输入节点连接到每个输出节点，并以通常的方式进行预测。

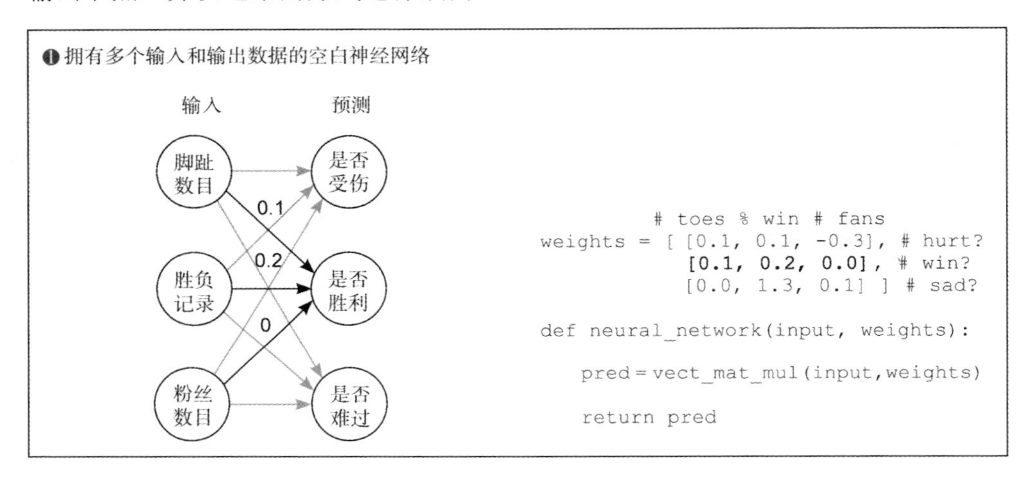


```
               # toes % win # fans
weights = [ [0.1, 0.1, -0.3], # hurt?
            [0.1, 0.2, 0.0], # win?
            [0.0, 1.3, 0.1] ] # sad?

def neural_network(input, weights):

    pred = vect_mat_mul(input,weights)

    return pred
```

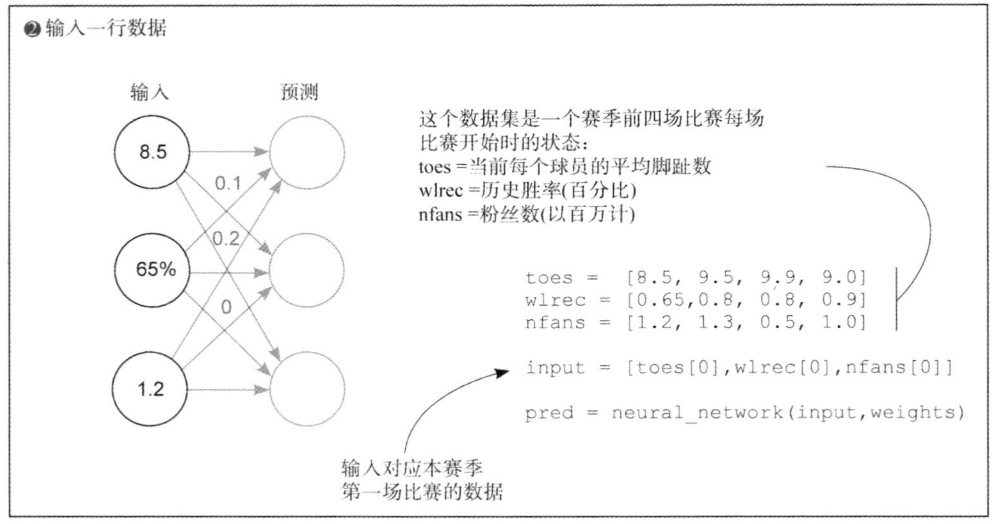

❷输入一行数据
输入
预测
8.5
65%
1.2
0.1
0.2
0
这个数据集是一个赛季前四场比赛每场比赛开始时的状态：
toes =当前每个球员的平均脚趾数
wlrec =历史胜率(百分比)
nfans =粉丝数(以百万计)
输入对应本赛季第一场比赛的数据


```
toes =  [8.5, 9.5, 9.9, 9.0]
wlrec = [0.65,0.8, 0.8, 0.9]
nfans = [1.2, 1.3, 0.5, 1.0]

input = [toes[0],wlrec[0],nfans[0]]

pred = neural_network(input,weights)
```

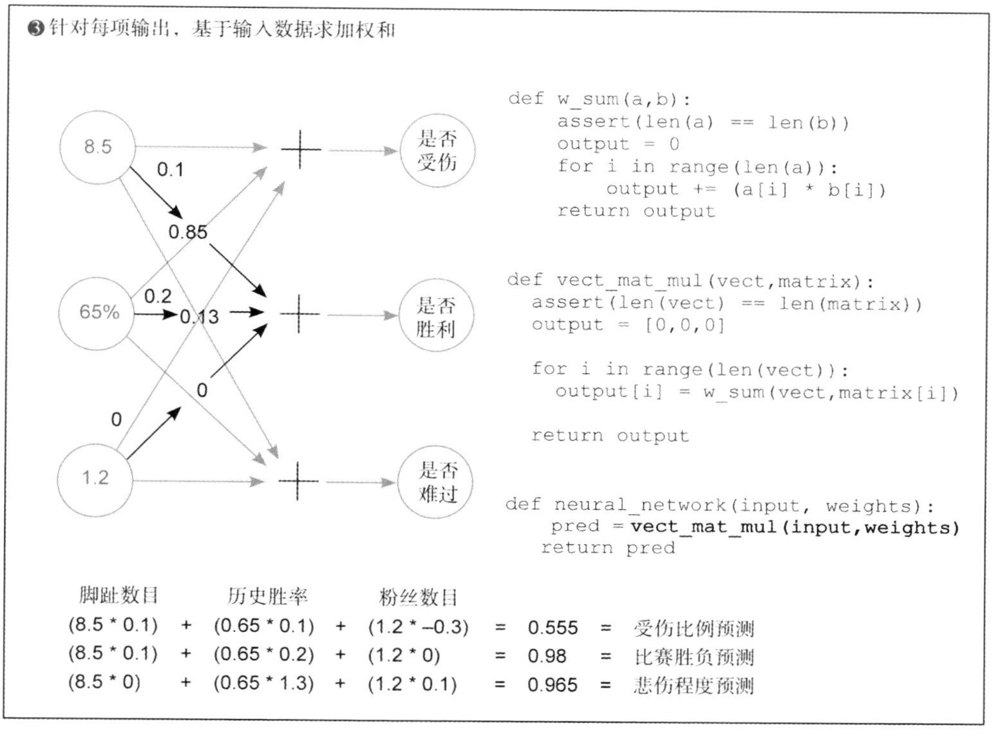

❸针对每项输出，基于输入数据求加权和
8.5
0.1
0.85
65%
0.2
0.13
0
0
1.2
是否受伤
是否胜利
是否难过
def w_sum(a,b):
    assert(len(a) == len(b))
    output = 0
    for i in range(len(a)):
        output += (a[i] * b[i])
    return output
def vect_mat_mul(vect,matrix):
  assert(len(vect) == len(matrix))
  output = [0,0,0]
  for i in range(len(vect)):
    output[i] = w_sum(vect,matrix[i])
  return output
def neural_network(input, weights):
    pred = vect_mat_mul(input,weights)
    return pred
脚趾数目　历史胜率　粉丝数目
(8.5 * 0.1) + (0.65 * 0.1) + (1.2 * –0.3) = 0.555 = 受伤比例预测
(8.5 * 0.1) + (0.65 * 0.2) + (1.2 * 0) = 0.98 = 比赛胜负预测
(8.5 * 0) + (0.65 * 1.3) + (1.2 * 0.1) = 0.965 = 悲伤程度预测

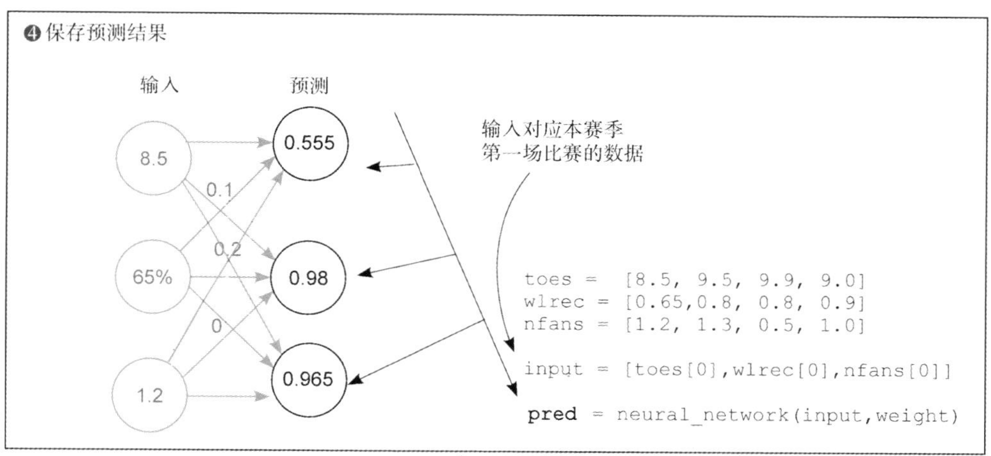

3.10 多输入多输出神经网络的工作原理

它对输入数据执行三次独立的加权和操作，产生三个预测结果。

你可以从两个角度来看待这一网络结构：将其看成来自每个输入节点的三个

权重，或者将其看成影响每个输出节点的三个权重。现在来看，我认为后者更便于理解。不妨把这个神经网络想象成三个独立的点积操作：针对输入分别做三次独立的求加权和。每个输出节点都会针对输入节点进行自己的加权和操作，并做出相应预测。

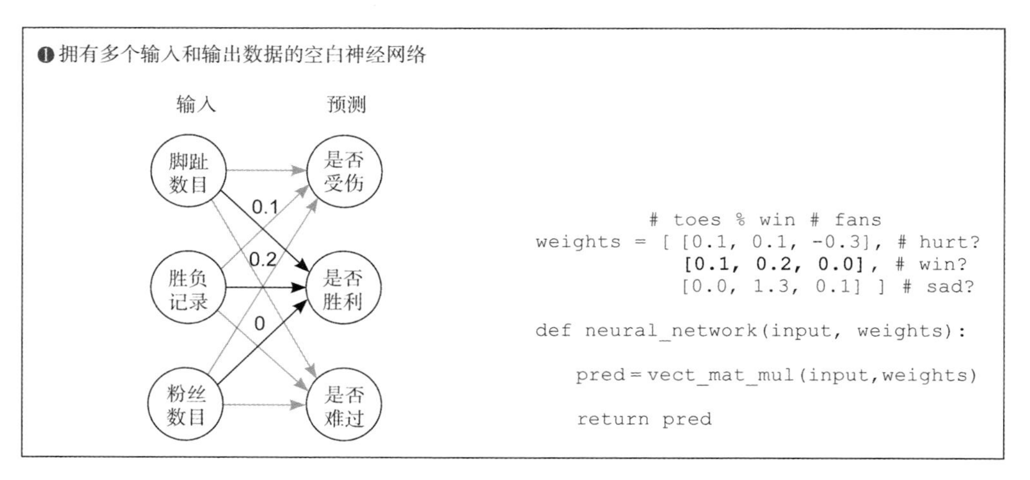
❶拥有多个输入和输出数据的空白神经网络
输入
预测
脚趾数目
胜负记录
粉丝数目
是否受伤
是否胜利
是否难过
0.1
0.2
0
# toes % win # fans
weights = [[0.1, 0.1, -0.3], # hurt?
[0.1, 0.2, 0.0], # win?
[0.0, 1.3, 0.1]] # sad?
def neural_network(input, weights):
pred = vect_mat_mul(input,weights)
return pred

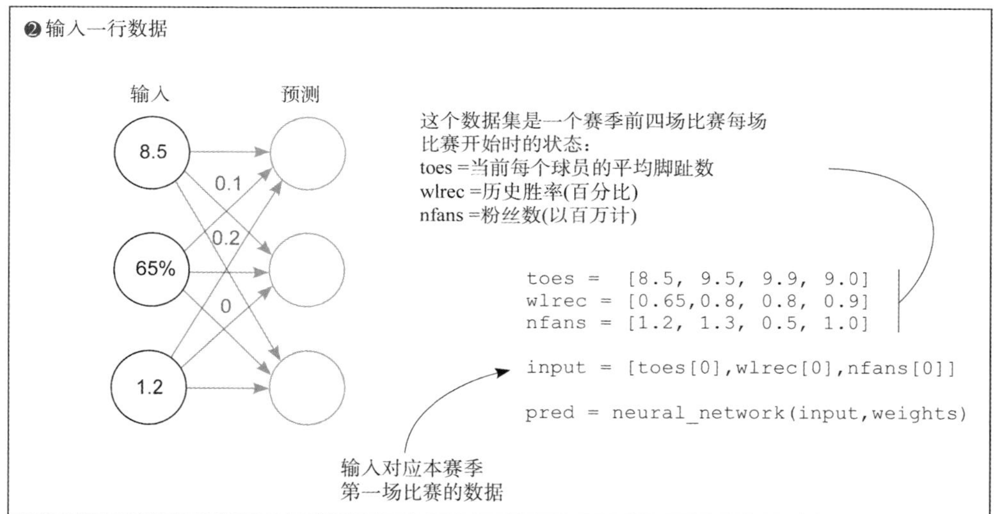
❷输入一行数据
输入
预测
8.5
65%
1.2
0.1
0.2
0
这个数据集是一个赛季前四场比赛每场比赛开始时的状态：
toes =当前每个球员的平均脚趾数
wlrec =历史胜率(百分比)
nfans =粉丝数(以百万计)
toes = [8.5, 9.5, 9.9, 9.0]
wlrec = [0.65,0.8, 0.8, 0.9]
nfans = [1.2, 1.3, 0.5, 1.0]
input = [toes[0],wlrec[0],nfans[0]]
pred = neural_network(input,weights)
输入对应本赛季第一场比赛的数据

如前所述，我们选择把这个网络看成一系列加权和操作。因此，上面的代码创建了一个名为 vect_mat_mul 的新函数。这个函数对每一行权重进行遍历(每一行都是向量)，并使用 w_sum 函数进行预测。它实际上连续执行了三个加权和，然后将预测结果存储在一个名为 output 的向量中。在这个例子中，权重的数目确实要多一些，但它并不比你前面见过的其他网络先进多少。

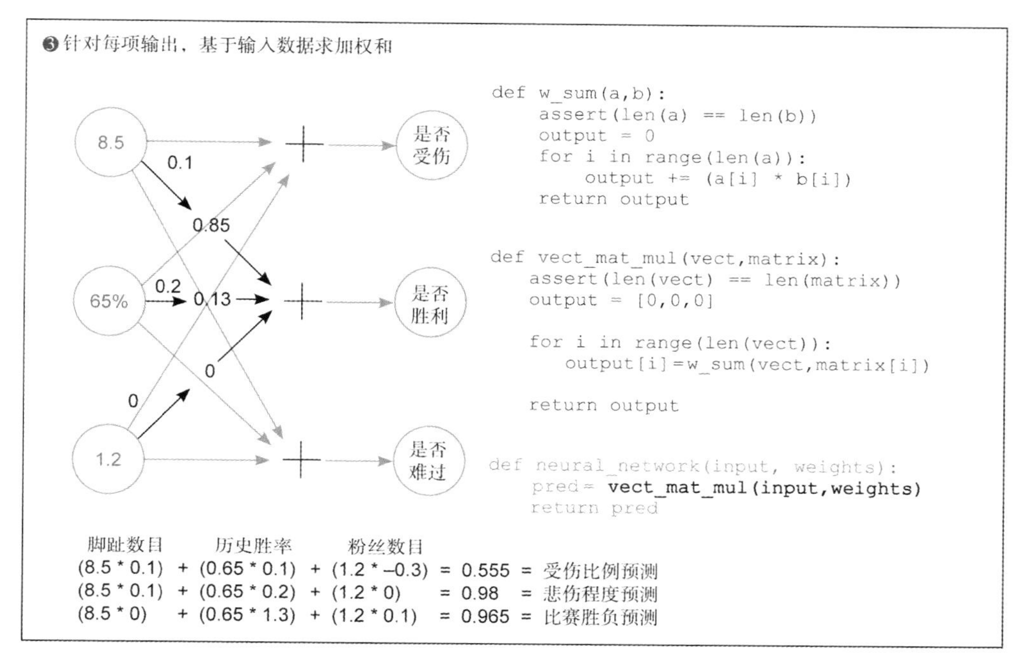

❸针对每项输出，基于输入数据求加权和
8.5
65%
1.2
0.1
0.85
0.2
0.13
0
0
是否受伤
是否胜利
是否难过
def w_sum(a,b):
    assert(len(a) == len(b))
    output = 0
    for i in range(len(a)):
        output += (a[i] * b[i])
    return output
def vect_mat_mul(vect,matrix):
    assert(len(vect) == len(matrix))
    output = [0,0,0]
    for i in range(len(vect)):
        output[i]=w_sum(vect,matrix[i])
    return output
def neural_network(input, weights):
    pred= vect_mat_mul(input,weights)
    return pred
脚趾数目　历史胜率　粉丝数目
(8.5 * 0.1) + (0.65 * 0.1) + (1.2 * –0.3) = 0.555 = 受伤比例预测
(8.5 * 0.1) + (0.65 * 0.2) + (1.2 * 0) = 0.98 = 悲伤程度预测
(8.5 * 0) + (0.65 * 1.3) + (1.2 * 0.1) = 0.965 = 比赛胜负预测

我想借助这个向量数组和这一系列加权和逻辑引入两个新的概念。看到步骤 1 中的权重变量了吗？它是一个由向量构成的数组。向量的数组称为矩阵。这就像听起来一样简单。常见函数均使用矩阵进行运算。其中一种称为向量矩阵乘法。这一系列加权和的逻辑其实就是：取一个向量，将它和矩阵中的每一行做点积运算。在下一节中你会发现 NumPy 有一些专门的函数可为此提供帮助。

注意，如果你熟悉线性代数，更正式的定义是将权重存储/处理为列向量，而不是行向量。我们会很快纠正这一说法。

3.11　用预测结果进一步预测

神经网络可以堆叠!

如下图所示，还可以将一个网络的输出提供给另一个网络作为输入。这相当于两个连续的向量矩阵乘法。你可能还不清楚为什么需要这样做预测；但有些数据集(例如图像分类问题)所包含的模式对于单一权重矩阵来说过于复杂。之后我们会讨论这些模式的实质。你暂时只需要知道我们可以这么做就足够了。

❶ 拥有多个输入和输出数据的空白神经网络

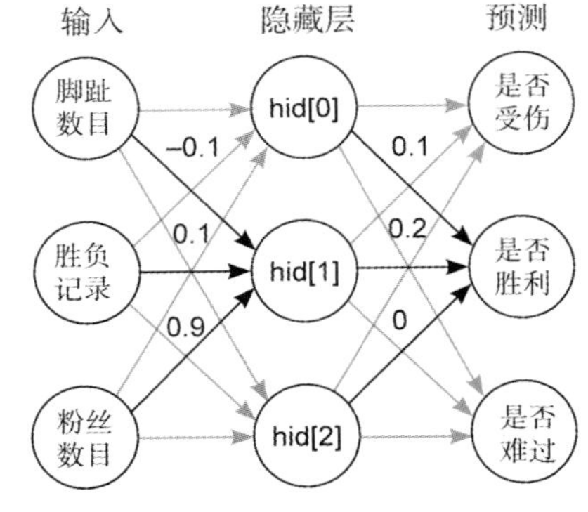


```
          # toes % win # fans
ih_wgt = [ [0.1, 0.2, -0.1], # hid[0]
           [-0.1,0.1, 0.9] , # hid[1]
           [0.1, 0.4, 0.1] ] # hid[2]

           #hid[0] hid[1] hid[2]
hp_wgt = [ [0.3, 1.1, -0.3], # hurt?
           [0.1, 0.2, 0.0] , # win?
           [0.0, 1.3, 0.1] ] # sad?

weights = [ih_wgt, hp_wgt]

def neural_network(input, weights):

    hid = vect_mat_mul(input,weights[0])
    pred = vect_mat_mul(hid,weights[1])
    return pred
```

❷ 对隐藏层进行预测

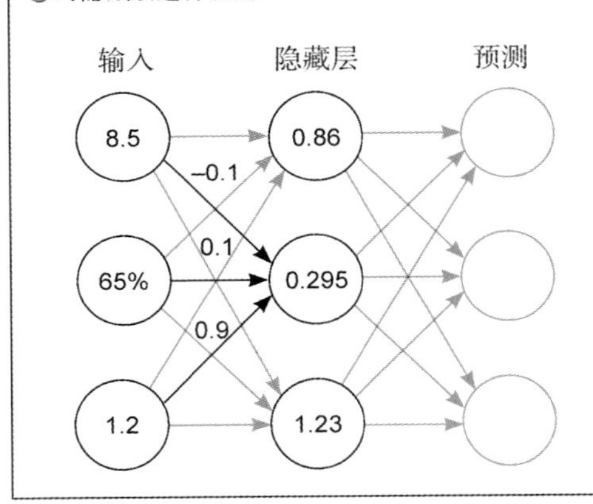

输入对应本赛季第一场比赛的数据

```
toes =  [8.5, 9.5, 9.9, 9.0]
wlrec = [0.65,0.8, 0.8, 0.9]
nfans = [1.2, 1.3, 0.5, 1.0]

input = [toes[0],wlrec[0],nfans[0]]

pred = neural_network(input,weights)
def neural_network(input, weights):

    hid = vect_mat_mul(input,weights[0])
    pred = vect_mat_mul(hid,weights[1])
    return pred
```

❸ 对输出层进行预测(并存储预测结果)

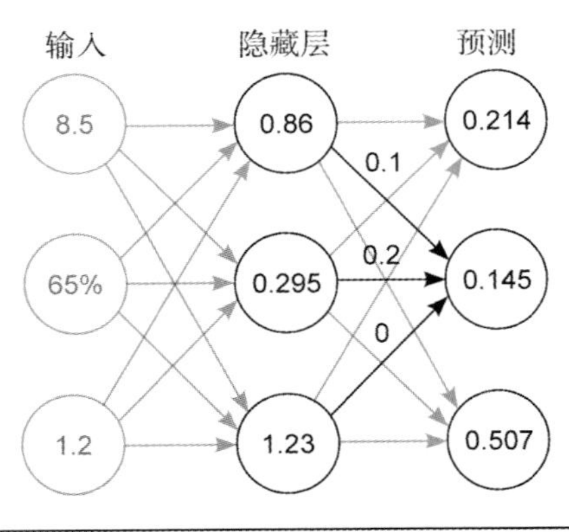


```
def neural_network(input, weights):

    hid=vect_mat_mul(input,weights[0])
    pred=vect_mat_mul(hid,weights[1])
    return pred

toes =  [8.5, 9.5, 9.9, 9.0]
wlrec = [0.65,0.8, 0.8, 0.9]
nfans = [1.2, 1.3, 0.5, 1.0]

input = [toes[0],wlrec[0],nfans[0]]

pred = neural_network(input,weights)
print(pred)
```

输入对应本赛季第一场比赛的数据

下面的程序显示了如何使用名为 NumPy 的 Python 库执行上述流程所对应的

操作。使用诸如 NumPy 的库可让代码执行得更快，更容易读写。

NumPy 版本

```
import numpy as np

# toes % win # fans
ih_wgt = np.array([
            [0.1, 0.2, -0.1], # hid[0]
            [-0.1,0.1, 0.9], # hid[1]
            [0.1, 0.4, 0.1]]).T # hid[2]

# hid[0] hid[1] hid[2]
hp_wgt = np.array([
            [0.3, 1.1, -0.3], # hurt?
            [0.1, 0.2, 0.0], # win?
            [0.0, 1.3, 0.1] ]).T # sad?

weights = [ih_wgt, hp_wgt]

def neural_network(input, weights):

    hid = input.dot(weights[0])
    pred = hid.dot(weights[1])
    return pred

toes = np.array([8.5, 9.5, 9.9, 9.0])
wlrec = np.array([0.65,0.8, 0.8, 0.9])
nfans = np.array([1.2, 1.3, 0.5, 1.0])

input = np.array([toes[0],wlrec[0],nfans[0]])

pred = neural_network(input,weights)
print(pred)
```

3.12　NumPy 快速入门

NumPy 能为你做一些事情。让我们揭开 NumPy 的面纱。

在本章中，我们已经讨论了两种新的数学工具：向量和矩阵。同时，你还掌握了向量和矩阵上的各种操作，包括点积、逐元素乘法和加法、向量矩阵乘法。关于这些操作，你已经编写了一系列基本 Python 函数，能对简单的 Python 列表对象进行操作。

在短时间内，为确保你完全理解其中的内容，我们鼓励你继续编写和使用这些函数。不过，鉴于上文中已经提到了 NumPy 以及一系列比较重要的运算，我想在这里简要介绍一下基本的 NumPy 用法，为之后顺利过渡到完全依赖 NumPy 进行编程的章节做好准备。让我们再次从基础开始：向量和矩阵。

在 NumPy 中，你能够以多种方式创建向量和矩阵。大多数神经网络模型中常用的运算技巧已经在前面的代码中列出。注意创建一个向量和一个矩阵的过程是相同的。如果你创建一个只有一行的矩阵，你就创建了一个向量。而且，与通常在数学中做的一样，我们通过列出行、列来创建矩阵。我这么说，只是为了让你们记住顺序：先是行，然后是列。让我们来看看一些可以对这些向量和矩阵做的运算：

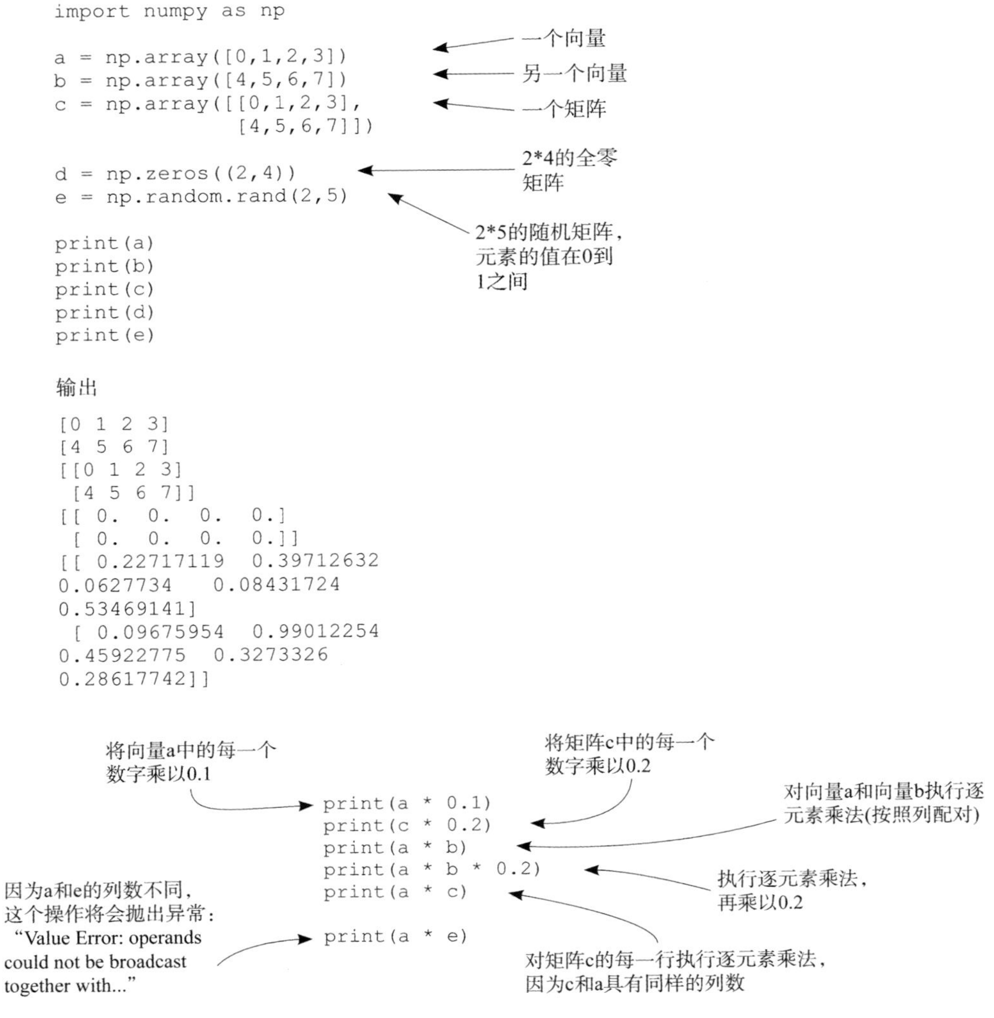

请运行前面的所有代码。你会有点“前冥冥而后昭昭”的感觉。当你用*函数对两个变量进行乘法操作时，NumPy 会自动检测正在处理的变量类型，并试图完成你想要执行的操作。这可能非常方便，但有时会造成 NumPy 代码有点难读。在整个过程中，请密切注意每个变量的类型。

根据一般的经验法则，做任何逐元素操作(包括+、−、*、/)的两个变量必须具有相同数量的列，或者其中一个变量只有一列。例如，print(a * 0.1)将一个向量乘以一个数字(标量)。NumPy 认为，“噢，我打赌，我应该在这里做向量-标量乘法”，然后它会用标量(0.1)乘以向量中的每个值。这看起来与 print(c * 0.2)完全相同，只是 NumPy 知道 c 是一个矩阵。因此，它执行标量-矩阵乘法，将 c 中的每个元素乘以 0.2。因为标量只有一列，你可以用它乘以(或除、加、减)任何数。

接下来，我们来看一下 print(a * b)。NumPy 首先确定它们都是向量。因为两个变量都有不止一列，NumPy 会检查它们是否具有相同的列数。因为确实相同，所以 NumPy 知道可以根据每个元素在向量中的位置将对应的元素做乘法。加法、减法和除法也是一样。

print(a * c)这个操作可能是最难以捉摸的。a 是一个有四列的向量，c 是一个 2×4 的矩阵。它们都有不止一列，因此 NumPy 需要检查它们是否具有相同的列数。因为确实相同，所以 NumPy 将向量 a 乘以 c 的每一行(就像它把每一行当成一个向量，执行逐元素向量乘法一样)。

同样，最令人困惑的部分是，如果你不知道对应的变量是标量、向量还是矩阵，那么所有这些操作看起来都一样。当你“阅读 NumPy 代码”时，实际上是在做两件事：阅读这些操作，并跟踪每个操作的形状(每个操作所对应的行数和列数)。这需要一定的练习，但最终它会成为你的第二天性。让我们看几个 NumPy 中的矩阵乘法示例，注意每个矩阵输入和输出的形状。

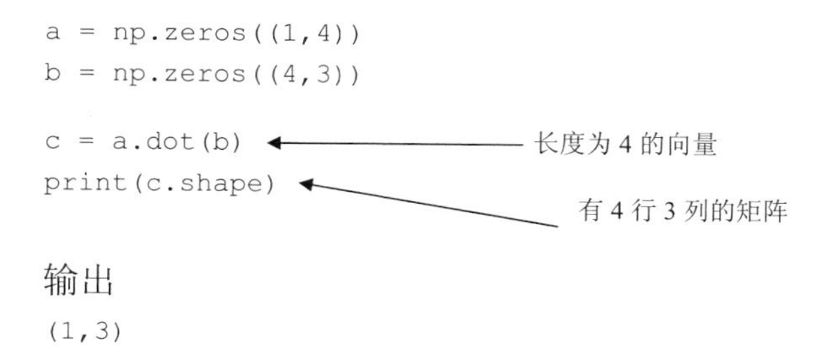

a = np.zeros((1,4))
b = np.zeros((4,3))
c = a.dot(b)
print(c.shape)
长度为 4 的向量
有 4 行 3 列的矩阵
输出
(1,3)

使用 dot 函数有一个重要原则：如果你把要操作的变量的行数和列数描述放在一起考虑，那么，在相邻的两个变量中，相邻的数字应该总是相同的。在本例中，对(1,4) (4,3)进行点积操作，将不会有任何问题，输出的形状是(1,3)。

对于变量的形状来说，你可以这样想，不管对向量还是矩阵进行点积操作：它们的形状(相对应的行数和列数)必须一致。左边矩阵的列数必须等于右边矩阵的行数，就像(a, b).dot(b, c) = (a, c)一样。

```
a = np.zeros((2,4))   ← 有 2 行 4 列的矩阵
b = np.zeros((4,3))   ← 有 4 行 3 列的矩阵
```

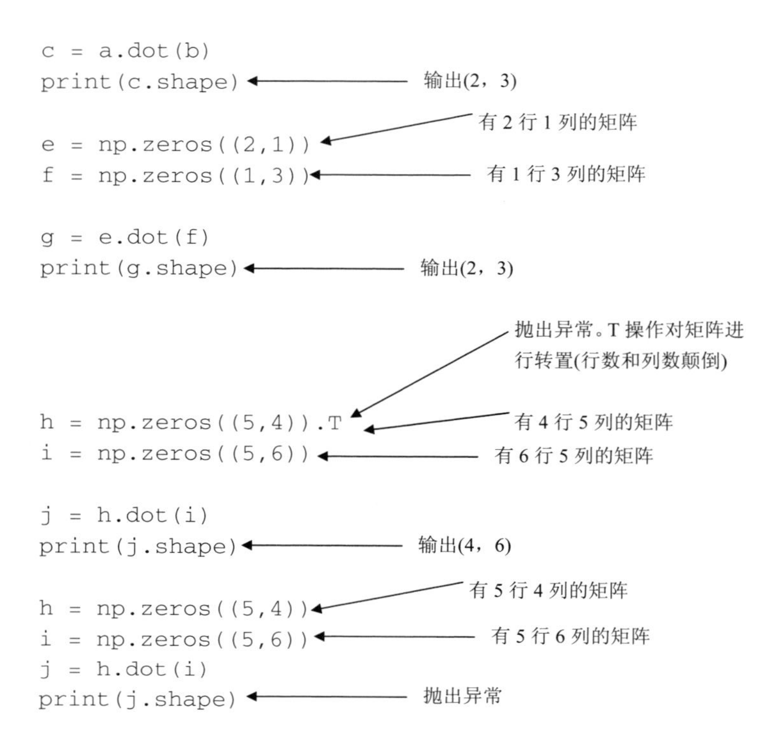

c = a.dot(b)
print(c.shape)
输出(2，3)
有2行1列的矩阵
e = np.zeros((2,1))
f = np.zeros((1,3))
有1行3列的矩阵
g = e.dot(f)
print(g.shape)
输出(2，3)
抛出异常。T操作对矩阵进行转置(行数和列数颠倒)
h = np.zeros((5,4)).T
有4行5列的矩阵
i = np.zeros((5,6))
有6行5列的矩阵
j = h.dot(i)
print(j.shape)
输出(4，6)
有5行4列的矩阵
h = np.zeros((5,4))
i = np.zeros((5,6))
有5行6列的矩阵
j = h.dot(i)
print(j.shape)
抛出异常

3.13 本章小结

为了预测，神经网络对输入重复执行加权求和操作。

在本章中，你已经见到了越来越复杂的各种神经网络。我希望我阐释清楚了下面这一点：我们可以重复应用相对更少更简单的规则，来创建更大更高级的神经网络。网络的智能程度取决于你赋予它的权重值。

本章所阐述的一切都是所谓正向传播的一种形式，在其中，神经网络接收输入数据并做出预测。之所以我们这样称呼，是因为我们通过网络将激励信号向前进行传播。在这些示例中，激励信号是所有非权重的数字，且对于每个预测都是唯一的。

在第4章中，你将学习如何设置权重，使神经网络能够做准确的预测。正如预测是基于将一系列简单技术重复堆叠在一起，权重的学习也是一系列简单技术在网络架构上的多次组合。下一章见！

第 4 章 神经网络学习导论：梯度下降

本章主要内容：

- 神经网络的预测结果准确吗?
- 为什么要测量误差?
- 冷热法学习
- 基于误差计算方向和幅度
- 梯度下降
- 学习只是减少错误
- 导数与如何用导数学习
- 发散和学习率

对假设有效性的唯一检验是将其预测结果与经验进行比较。

——米尔顿·弗里德曼 实证经济学论文集

(芝加哥大学出版社，1953)

4.1 预测、比较和学习

在第 3 章中，我们介绍了“预测-比较-学习”这一模式，并深入了解了第一步：预测。在这一过程中，你已经学到了大量知识，包括神经网络的主要组成部分(节点和权重)、数据集如何适配网络(与同一批输入的数据点数量相匹配)以及如何使用神经网络进行预测。

这一过程可能引出下面的问题，“为让神经网络能够准确进行预测，我们应该如何设置权重？”本章将致力于回答这个问题，我们将介绍这一模式下的两个步骤：比较和学习。

4.2 什么是比较

比较为预测的“误差”提供度量。

一旦做出了预测，下一步就是评估预测结果有多准确。这似乎是一个简单的概念，但你会发现，想出一个好方法来衡量误差是深度学习中最重要和最复杂的课题之一。

在日常生活中，也许你并没有意识到，但是你可能已经尝试了许多有关衡量误差的工作。也许你(或你身边的人)会放大那些更明显的错误而忽略那些非常小的错误。在本章中，你将会学到如何用数学方法教神经网络做到这一点。你还会发现，误差总是正的！不妨用射箭作为类比：无论射得比目标低一英寸还是高一英寸，误差都只有一英寸。在神经网络学习模型中的“比较”这一步中，我们需要考虑测量误差所具有的这些性质。

请注意，在本章中，我们只介绍一种简单的测量误差的方法：均方误差。它只是评估神经网络准确性的众多方法之一。

“比较”这一步会让你知道自己的模型错了多少，但这还不足以让它真正学会。“比较”在逻辑上的输出是“冷/热”这一类信号。给定预测的结果，你可以通过计算得到一个表示“很多”或“很少”的误差度量。它不会告诉你为什么你错了，你在什么方向产生了失误，或者你应该做什么来纠正错误。或多或少地，它能够表示“严重失误”“轻微失误”或“完美预测”。关于如何处理错误，我们将在下一步“学习”中进一步介绍。

4.3 学习

“学习”告诉权重应该如何改变以降低误差。

“学习”就是关于误差的归因，或者可以说是一门能够找出每项权重在产生误差的过程中如何发挥作用的艺术。它是深度学习中的“踢皮球”。在本章中，我们将占用相当大的篇幅来研究深度学习中最流行的“踢皮球”方法：梯度下降。

在“预测”步骤结束时，“学习”这一步会为每项权重计算一个数字。这个数字告诉我们，如果想要减少误差，权重应该向哪个方向变化。然后，我们根据这个数字对权重做出相应调节，直到达到目的。

4.4 比较：你的神经网络是否做出了好的预测？

让我们测量误差并找出答案！

在 Jupyter Notebook 中执行以下代码。它应该打印出 0.3025：

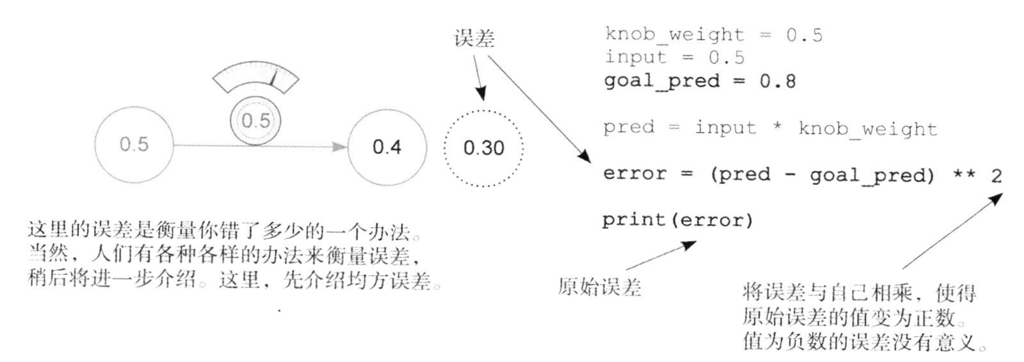

误差
0.5
0.5
0.4
0.30
这里的误差是衡量你错了多少的一个办法。
当然，人们有各种各样的办法来衡量误差，
稍后将进一步介绍。这里，先介绍均方误差。
原始误差
将误差与自己相乘，使得
原始误差的值变为正数。
值为负数的误差没有意义。


```
knob_weight = 0.5
input = 0.5
goal_pred = 0.8

pred = input * knob_weight

error = (pred - goal_pred) ** 2

print(error)
```

goal_pred 变量是什么？

与 input 变量类似，goal_pred 是你从真实世界的某个地方所得到的数字。通常情况下，这个数字很难通过直接观察获得，比如在给定温度下，“穿运动外套的人的百分比”；或者给定某个击球手的表现时，“此击球手这次能否打出本垒打”。

为什么需要对误差进行平方运算？

想象一位射手对准靶子进行射击。当箭矢击中靶心上方 2 英寸时，射手射偏了多少？当箭矢击中靶心下方 2 英寸时，射手又射偏了多少？两次射击中，弓箭手离目标都只差 2 英寸。对“误差的量”进行平方运算的主要原因是它能够迫使输出值为正(pred-goal_pred)的值在某些情况下可能是负的，这显然与真实世界中对误差的定义不同。

平方运算难道不会使较大的误差(>1)变大而使较小的误差(<1)变小吗？

的确如此……这看起来是一种奇怪的测量误差的方法，但实践证明，放大那些更大的误差和减小那些较小的误差并没有什么问题。稍后，你将使用这种误差计算方法来帮助神经网络进行学习，届时你将会希望它更关注大的错误，同时不必太在意那些小的错误。优秀的父母也是这样的：他们常常会忽略那些小的失误(比如说折断了铅笔的笔芯)，但如果犯了大错(比如说撞坏汽车)，他们可能会发疯。现在，明白平方运算的价值了吗？

4.5 为什么需要测量误差？

测量误差能够简化问题。

训练神经网络的目的是做出正确的预测。这就是你想要的。在最实际的情况下(如前一章所述)，你希望神经网络所收到的输入可以被轻松计算(例如今天的股价)，且能够预测难以计算的目标(例如明天的股价)。这就是神经网络很有用的原因所在。

事实证明，修改 knob_weight(节点权重)使网络正确预测 goal_forecast(预测目标)，要比修改 knob_weight 使 error==0(误差为 0)稍微复杂一些。用这种方法看问题往往更简洁。总的来看，这两项表述说的是同一件事，但是将误差取到 0 似乎更直接。

在测量误差的不同方法中，误差的优先级不同。

如果这听起来有点夸张，没关系，但是请回顾一下我之前说过的：在计算均方误差时，小于 1 的数会变小，而大于 1 的数会变大。你将改变所谓的纯误差(pred-goal_pred)，使得较大的误差变得非常大，而较小的误差很快会变得无关紧要。

如果使用均方误差这种方法来测量损失，则较大的误差将被优先考虑，而较小的会被忽略掉。当存在较大的绝对误差(例如 10)时，你会告诉自己这是非常大的损失(10**2 == 100)；相反，当眼前的绝对误差比较小(比如 0.01)时，你会告诉自己这个损失非常小(0.01**2 == 0.0001)。现在，明白我说的处理误差的优先级是什么意思了吗?训练过程能够修正你对误差的认识，放大那些较大的误差，并忽略那些较小的误差。

相反，如果取绝对误差而不是取均方误差，就不会有这种优先级排序。我们会根据误差的绝对值进行优化——这也可以，但是不一样。稍后将对此进行详细介绍。

为什么只需要正的误差?

最终，你将使用数百万对 input→goal_prediction(输入→预测目标)来进行训练，在此基础上，你仍然希望能够做出准确的预测。因此，你希望能够将平均误差降到 0。

如果误差可以是正的，也可以是负的，那么会出现问题。想象一下，如果你想要使神经网络正确预测两个数据点——也就是两对 input→goal_prediction。如果第一个预测的误差是 1000，而第二个产生的误差是-1000，那么平均误差将为 0！你会自欺欺人地认为自己预测得很完美，但是实际上每次预测的误差高达 1000！

这简直太可怕了。因此，你会希望每次预测的误差总是正的，这样当你对它们进行平均时，它们就不会发生像互相抵消这种意外的错误。

4.6　最简单的神经学习形式是什么？

用冷热法学习。

归根到底，学习实际上只关乎一件事：就是调整权重——将 knob_weight 旋钮向上或者向下拨动——以降低误差。如果你一直这样做，使得误差趋于 0，也就完成了学习的过程！那么，你如何知道是把旋钮调高还是调低呢？嗯，不妨把各个方向都试一下，看看哪一个能减少误差！无论哪个方向的调节成功地减少了误差，我们就可以基于此相应更新 knob_weight。这种方法简单但有效。在你一遍又一遍地重复这件事之后，最终误差会逐渐趋向于 0，也就说明神经网络预测精度较高。

冷热学习

冷热学习指的是通过扰动权重来确定向哪个方向调整可以使得误差的降低幅度最大，基于此将权重的值向那个方向移动，不断重复这个过程，直到误差趋于 0。

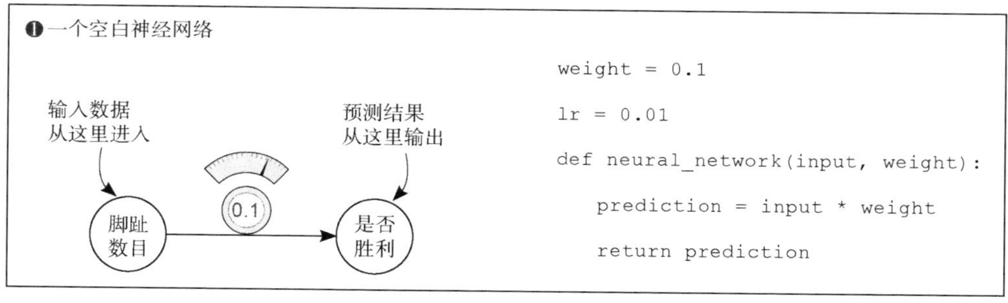


```
weight = 0.1

lr = 0.01

def neural_network(input, weight):

    prediction = input * weight

    return prediction
```

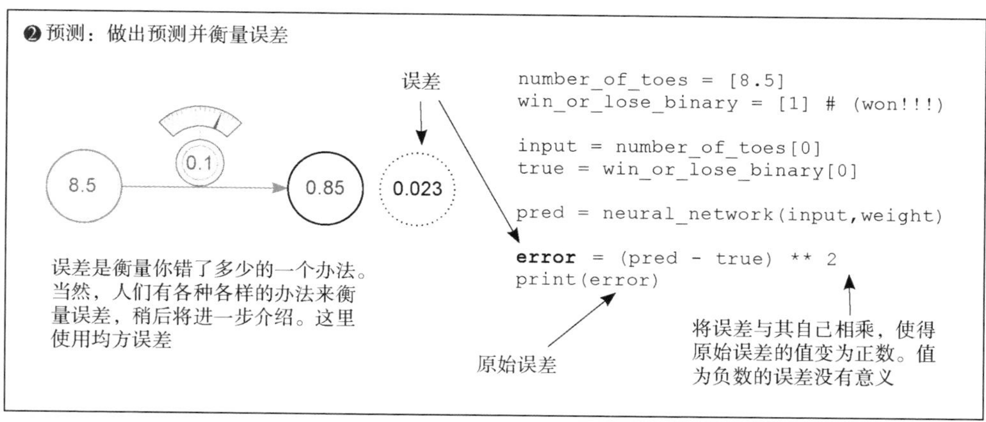

❷预测：做出预测并衡量误差
误差
0.1
8.5
0.85
0.023
误差是衡量你错了多少的一个办法。当然，人们有各种各样的办法来衡量误差，稍后将进一步介绍。这里使用均方误差
原始误差
将误差与其自己相乘，使得原始误差的值变为正数。值为负数的误差没有意义


```
number_of_toes = [8.5]
win_or_lose_binary = [1] # (won!!!)

input = number_of_toes[0]
true = win_or_lose_binary[0]

pred = neural_network(input,weight)

error = (pred - true) ** 2
print(error)
```

❸ 比较：基于更大的权重值做出预测，并衡量误差

我们希望能够调节权重以得到更小的误差。先试着基于weight+lr 和 weight-lr来调节权重的值，来看看哪个方向带来的误差更小

误差 更大

8.5 0.11 0.85 0.004

```
lr = 0.1

p_up = neural_network(input,weight +lr)

e_up  = (p_up - true) ** 2
print(e_up)
```

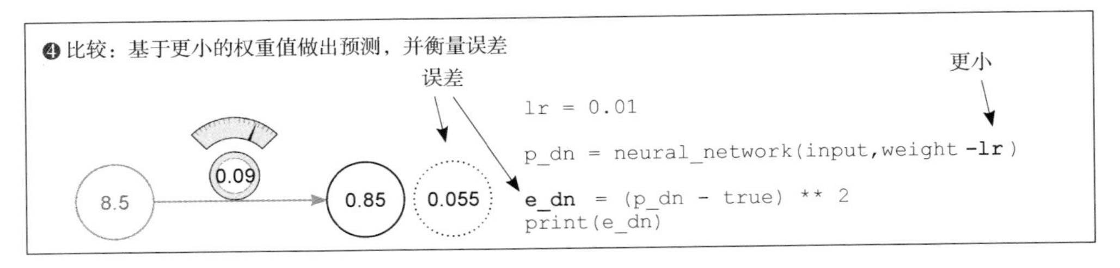
❹ 比较：基于更小的权重值做出预测，并衡量误差
误差
更小
lr = 0.01
p_dn = neural_network(input,weight -lr)
e_dn = (p_dn - true) ** 2
print(e_dn)
8.5
0.09
0.85
0.055

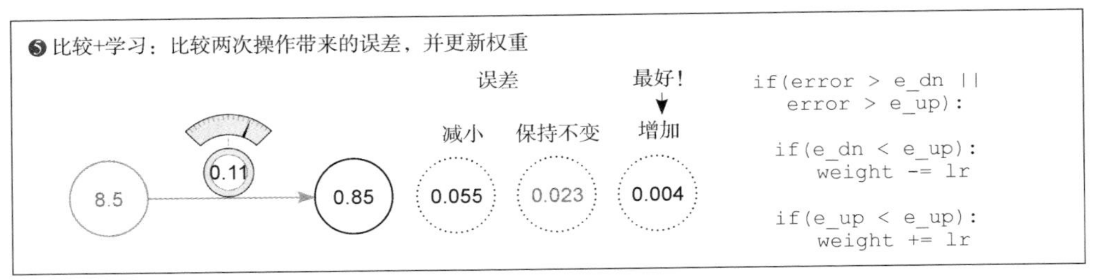
❺ 比较+学习：比较两次操作带来的误差，并更新权重
误差
最好！
减小
保持不变
增加
8.5
0.11
0.85
0.055
0.023
0.004
if(error > e_dn ||
error > e_up):
if(e_dn < e_up):
weight -= lr
if(e_up < e_up):
weight += lr

这最后的五个步骤是冷热学习的一个完整迭代。幸运的是，这个迭代已经让我们非常接近正确答案本身(新误差只有 0.004)。但正常情况下，必须重复这个过程很多次才能找到正确的权重。有些人必须训练他们的网络数周或数月，才能找到足够好的权重配置。

这揭示了在神经网络中学习的本质：搜索。为了获得最佳的权重配置，我们不断进行搜索，直到网络的误差降到 0(完美预测)。与所有其他形式的搜索一样，你可能无法找到自己希望寻找的内容，即使最终能找到，也往往需要相当一段时间。接下来，我们将用冷热学习来完成一个稍微有点困难的预测任务，在这一过程中，你可以对搜索行为有进一步的了解。

4.7 冷热学习

这也许是最简单的学习方式。

打开 Jupyter Notebook，执行以下代码(对神经网络的新修改以粗体显示)。这

段代码试图正确预测出值 0.8：

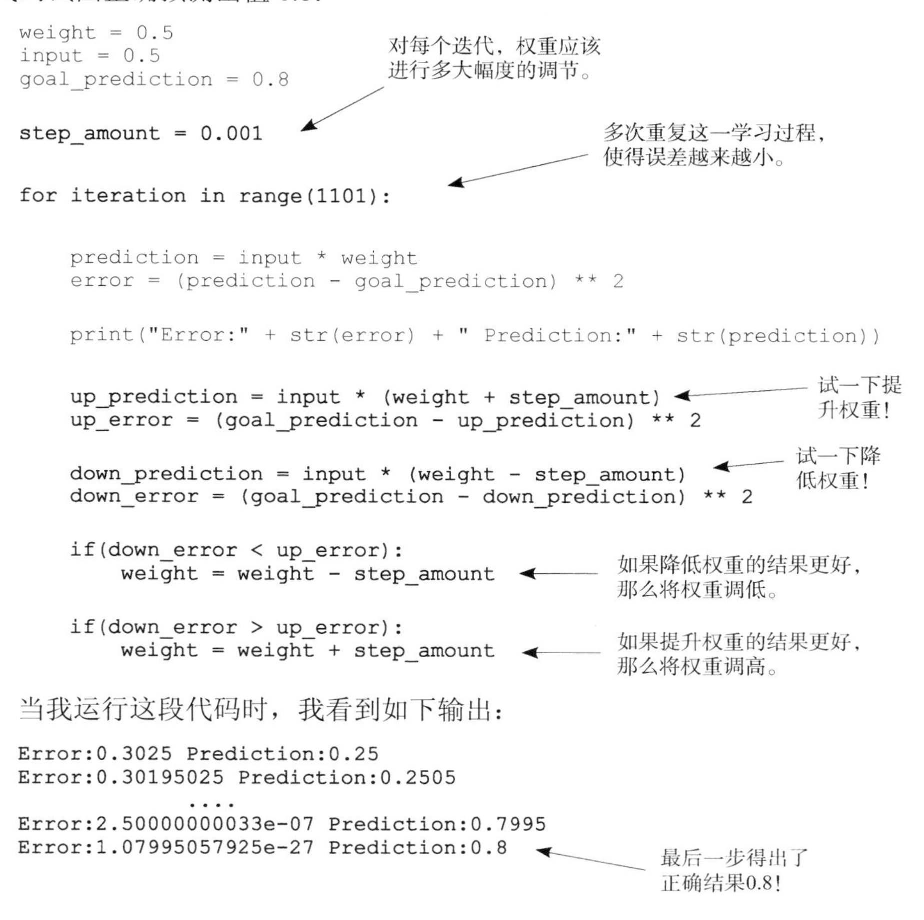
对每个迭代，权重应该进行多大幅度的调节。
多次重复这一学习过程，使得误差越来越小。
试一下提升权重！
试一下降低权重！
如果降低权重的结果更好，那么将权重调低。
如果提升权重的结果更好，那么将权重调高。
最后一步得出了正确结果0.8！

```
weight = 0.5
input = 0.5
goal_prediction = 0.8

step_amount = 0.001

for iteration in range(1101):

    prediction = input * weight
    error = (prediction - goal_prediction) ** 2

    print("Error:" + str(error) + " Prediction:" + str(prediction))

    up_prediction = input * (weight + step_amount)
    up_error = (goal_prediction - up_prediction) ** 2

    down_prediction = input * (weight - step_amount)
    down_error = (goal_prediction - down_prediction) ** 2

    if(down_error < up_error):
        weight = weight - step_amount

    if(down_error > up_error):
        weight = weight + step_amount
```

当我运行这段代码时，我看到如下输出：

```
Error:0.3025 Prediction:0.25
Error:0.30195025 Prediction:0.2505
                ....
Error:2.50000000033e-07 Prediction:0.7995
Error:1.07995057925e-27 Prediction:0.8
```

4.8　冷热学习的特点

它很简单。

冷热学习非常简单。在上一次做出预测之后，模型又进行了两次预测，一次的权重稍微高一些，另一次的权重稍微低一些。然后，权重实际进行调节的量取决于哪个方向所得到的误差更小。重复这一过程足够多次，最终误差将降低到 0。

为什么需要迭代 1101 次？

这个例子中的神经网络经过 1101 次迭代后达到 0.8。如果迭代的次数超过这个值，它就会在略高于或略低于 0.8 这个区间中间来回摆动，使得打印出的错误日志不那么美观。请随意尝试不同的设置。

问题 1：效率低下。

你必须通过多次预测才能进行一次权重的更新。这似乎非常低效。

问题 2：有时准确预测出目标是不可能的。

给定一个 step_amount(步幅大小)值，除非权重恰好分毫不差地落在距离初始权重 n*step_amount(n 倍数的步幅大小)的位置，否则，最终会超出某个小于 step_amount 的值。这一情况发生时，网络预测的输出值就会开始在 goal_prediction 周围来回波动。我们不妨将 step_amount 设置为 0.2，来看一下实际情况。如果将 step_amount 设置为 10，那么网络的输出结果将会一塌糊涂。当我尝试这么做时，可以看到以下输出。它永远不会接近 0.8！

```
Error:0.3025 Prediction:0.25
Error:19.8025 Prediction:5.25
Error:0.3025 Prediction:0.25
Error:19.8025 Prediction:5.25
Error:0.3025 Prediction:0.25
....
....无限重复....
```

真正的问题是，即使你知道调节权重的正确方向，你也没办法知道正确的幅度。相反，你只是随机选择一个固定的数值作为步幅大小(step_amount)。此外，这个数值的选择与误差无关。不管误差是大是小，step_amount 都是相同的。所以，冷热学习可能有点令人失望。因为每次更新权重都要进行三次预测，它的效率很低，而 step_amount 是任意选择的，这可能让你学不到正确的权重值。

如果你有一种方法来计算每项权重调节的方向和幅度，而不需要反复进行预测，那会怎样？

4.9 基于误差调节权重

让我们测量误差，找出权重调节的方向和幅度！

请打开 Jupyter Notebook，执行以下代码。

这里看到的是一种更高级学习形式，叫作梯度下降。该方法允许你在用粗体显示的那一行代码中同时进行方向和幅度的计算，对权重进行调整以减少错误。

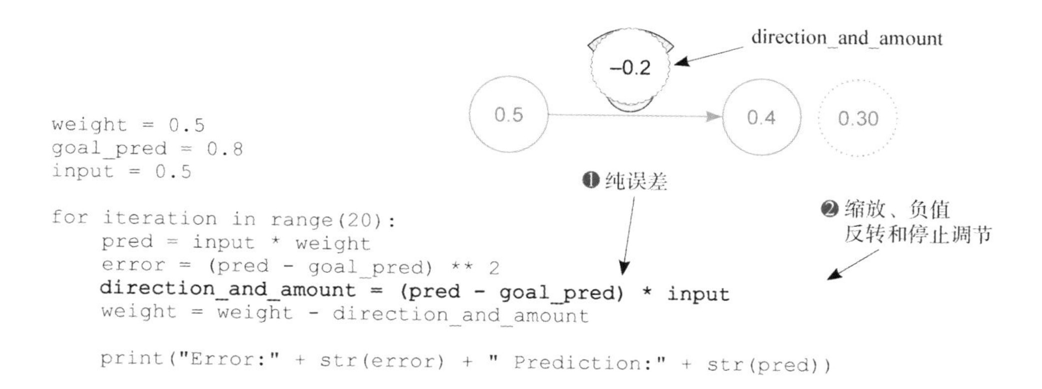


```
weight = 0.5
goal_pred = 0.8
input = 0.5

for iteration in range(20):
    pred = input * weight
    error = (pred - goal_pred) ** 2
    direction_and_amount = (pred - goal_pred) * input
    weight = weight - direction_and_amount

    print("Error:" + str(error) + " Prediction:" + str(pred))
```

direction_and_amount(方向和数量)是什么？

direction_and_amount 指的是我们希望如何更改权重。它由两部分组成，第一部分(图中❶所示)是我所说的纯误差，它等于(pred-goal_pred)，也就是预测值和真实值的差值，稍后会对此进行详细介绍。第二部分(图中❷所示)是与输入的相乘操作，用于执行缩放、负值反转和停止调节，对纯误差进行修正以更新权重。

什么是纯误差？

纯误差是(pred-goal_pred)，也就是预测值和真实值的差值。它表示当前错误的原始方向和幅度。如果它是一个正数，那么你的预测就太高了，反之亦然。如果它是一个很大的数字，那么你就错了很多，以此类推。

什么是缩放、负值反转和停止？

这三个属性的共同作用是将纯误差转换为我们需要的权重调节的绝对幅度。它们通过处理三种主要的边界情况来做到这一点，在这些边界情况下，纯误差不足以对权重进行良好的修正。

什么是停止调节？

停止调节用于消除对纯净误差的第一个(也是最简单的一个)影响，往往来自于其与输入相乘造成的误差。想象一下把 CD 碟片插入立体声播放机。如果你把音量调到最大，但 CD 播放机是关着的，那么音量的变化就无关紧要了。在神经网络中，停止调节用于解决这个问题。如果输入为 0，那么它将强制 direction_and_amount 也为 0。当输入为 0 时，模型不会进行学习(或者说更改音量)，因为没有什么可以学习的。所有权重值都会产生相同的误差，对它进行调节不会有什么区别，因为预测的结果总是 0。

什么是负值反转?

这可能是最困难和最重要的一项修正。通常当输入为正时，向上提升权重的值能使预测结果也向上提升。但是如果输入是负的，那么权重的调节就会突然改变方向！当输入为负时，向上提升权重的值将使预测值下降。这就是反转！你如何解决这个问题?如果输入是负的，那么将纯误差乘以输入将改变direction_and_amount的符号。这就是负值反转，即使输入是负的，我们也要确保权重朝着正确方向移动。

什么是缩放?

缩放是对纯误差的第三项修正，也由输入引起。从逻辑上讲，如果输入很大，则权重更新也会变得很大。这更像是一种副作用，因为它经常可能失去控制。稍后，我们将使用alpha来处理这种情况。

当运行前面的代码时，应该会看到以下输出：

```
Error:0.3025 Prediction:0.25
Error:0.17015625 Prediction:0.3875
Error:0.095712890625 Prediction:0.490625
                    ...
Error:1.7092608064e-05 Prediction:0.79586567925
Error:9.61459203602e-06 Prediction:0.796899259437
Error:5.40820802026e-06 Prediction:0.797674444578
```

最后一步产生了正确的结果：0.8!

在这个例子中，我们介绍了梯度下降工作的方式——当然，这个案例可能过于简化。接下来，你将在更实际的环境中看到它。有些术语会有所不同，但我将以一种更清晰的方式进行介绍，以使其适用于其他类型的网络(例如具有多个输入和输出的网络结构)。

4.10 梯度下降的一次迭代

这一迭代将对单个训练示例(input→true)执行权重更新。

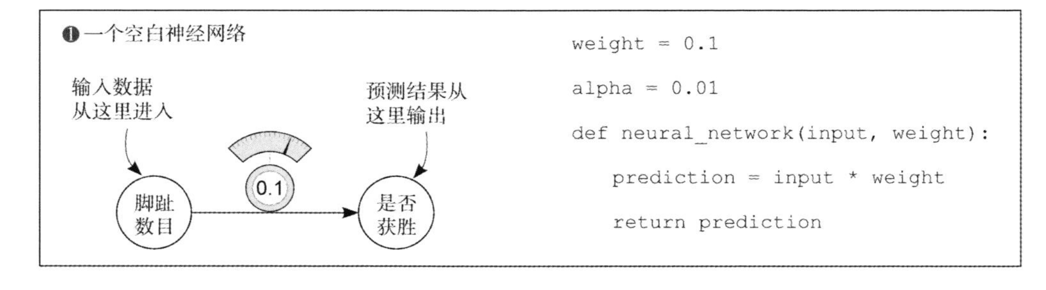
❶一个空白神经网络
输入数据
从这里进入
预测结果从
这里输出
0.1
脚趾
数目
是否
获胜
weight = 0.1
alpha = 0.01
def neural_network(input, weight):
prediction = input * weight
return prediction

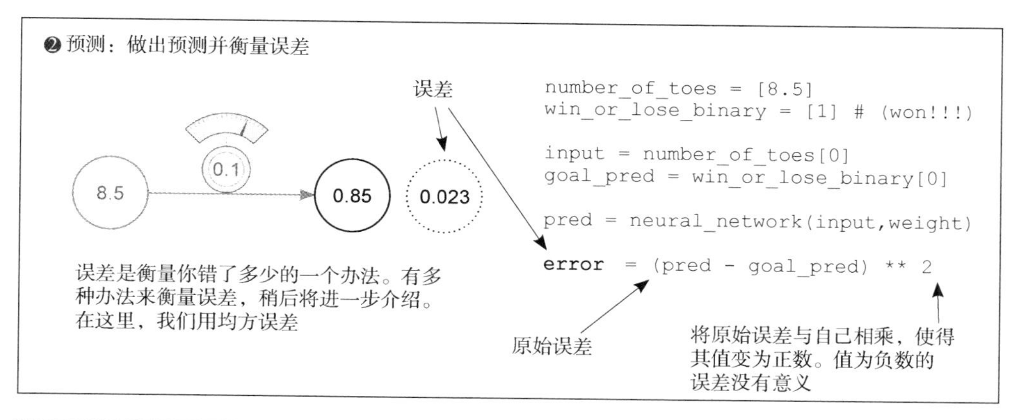
❷ 预测：做出预测并衡量误差
误差
8.5
0.1
0.85
0.023
number_of_toes = [8.5]
win_or_lose_binary = [1] # (won!!!)
input = number_of_toes[0]
goal_pred = win_or_lose_binary[0]
pred = neural_network(input,weight)
error = (pred - goal_pred) ** 2
误差是衡量你错了多少的一个办法。有多种办法来衡量误差，稍后将进一步介绍。在这里，我们用均方误差
原始误差
将原始误差与自己相乘，使得其值变为正数。值为负数的误差没有意义

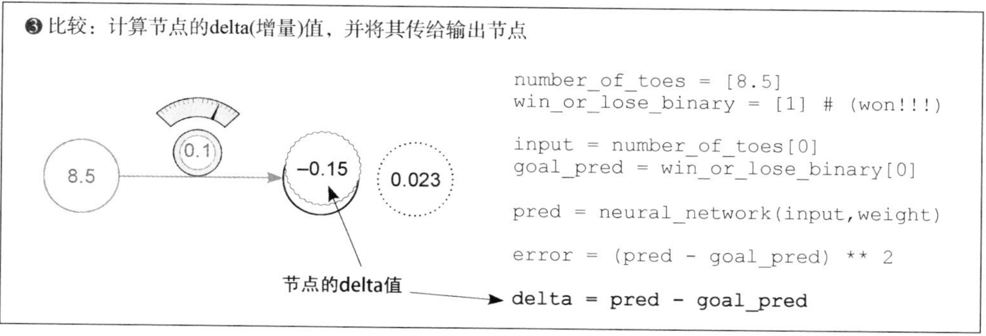
❸ 比较：计算节点的delta(增量)值，并将其传给输出节点
8.5
0.1
–0.15
0.023
number_of_toes = [8.5]
win_or_lose_binary = [1] # (won!!!)
input = number_of_toes[0]
goal_pred = win_or_lose_binary[0]
pred = neural_network(input,weight)
error = (pred - goal_pred) ** 2
节点的delta值
delta = pred - goal_pred

delta 是测量这一节点的误差的方法。预测的真值是 1.0，此时神经网络给出了 0.85 的预测，所以我们发现预测值要比真值低了 0.15. 因此，delta 的值是-0.15。

前面提到的梯度下降和当前迭代实现的主要区别是新的变量 delta。它是节点过高或过低的原始计量。现在，我们首先计算希望输出节点有多大不同，而非直接计算 direction_and_amount。此后，我们再计算 direction_and_amount 并相应更改权重(如步骤 4 所示，将其重新命名为 weight_delta，也就是权重增量)：

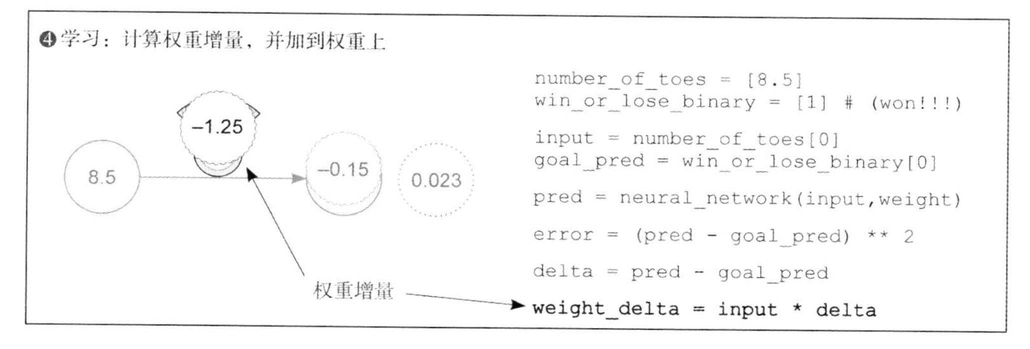
❹ 学习：计算权重增量，并加到权重上
8.5
–1.25
–0.15
0.023
number_of_toes = [8.5]
win_or_lose_binary = [1] # (won!!!)
input = number_of_toes[0]
goal_pred = win_or_lose_binary[0]
pred = neural_network(input,weight)
error = (pred - goal_pred) ** 2
delta = pred - goal_pred
权重增量
weight_delta = input * delta

weight_delta 是一个用于度量权重所导致的网络犯错的指标。计算它的方法是将权重的输出节点增量(delta)乘以权重的输入。因此，在我们逐个创建权重增量

weight_delta 时，需要基于权重对应的输入的值，将输出节点增量(delta)进行缩放操作。这就解释了前面提到的 direction_and_amount 的三个属性：缩放、负值反转和停止调节。

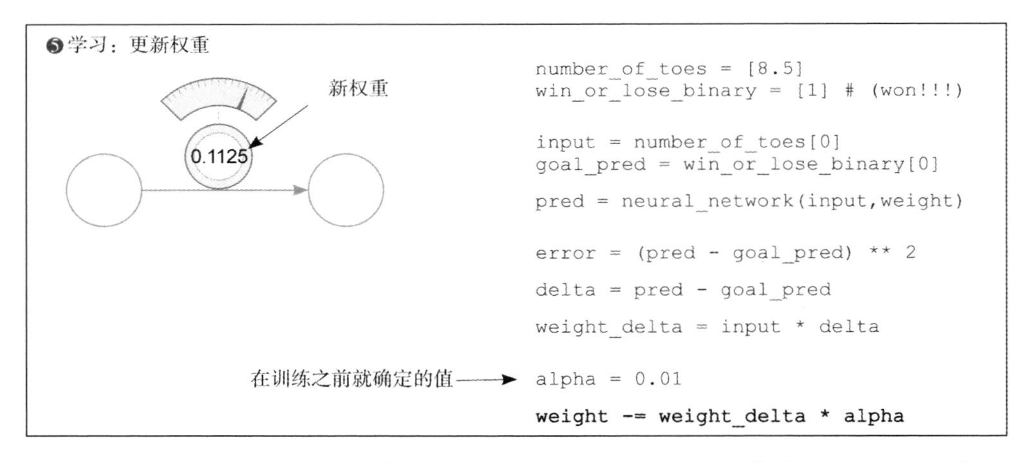
❺学习：更新权重
新权重
0.1125
number_of_toes = [8.5]
win_or_lose_binary = [1] # (won!!!)
input = number_of_toes[0]
goal_pred = win_or_lose_binary[0]
pred = neural_network(input,weight)
error = (pred - goal_pred) ** 2
delta = pred - goal_pred
weight_delta = input * delta
在训练之前就确定的值
alpha = 0.01
weight -= weight_delta * alpha

在使用 weight_delta 更新权重值前，可将它乘以一个小数值 alpha。这让你可以控制网络的学习速度。如果网络学得太快，它可以修正网络更新的速度，避免过度调整。稍后会对此进行详细介绍。请注意，这里权重更新的增量与冷热学习的结果是相同的(小幅增加)。

4.11 学习就是减少误差

可以修改权重以减少误差。

把前面出现的几段代码放在一起，我们现在有了以下代码：

```
for iteration in range(4):

    pred = input * weight
    error = (pred - goal_pred) ** 2
    delta = pred - goal_pred
    weight_delta = delta * input
    weight = weight - weight_delta
    print("Error:" + str(error) + " Prediction:" + str(pred))
```

这几行代码包含着一个秘密

学习的黄金法则

这种方法致力于按照正确的方向和正确的幅度调整每个权重，使误差减小到 0。

所有你要做的事情，就是找出正确的方向和幅度来改变权重，使误差减小。这里的秘诀在于 pred(预测值)和 error(误差)的计算方式。注意，在 error 的计算中使用了 pred 的值。下面用生成 pred 变量的代码来替换 pred 变量。

```
error = ((input * weight) - goal_pred) ** 2
```

这根本不会改变误差的值！它只是把两行代码组合在了一起，直接计算误差的值 error。记住，这里的 input(输入)和 goal_pred(真值)是确定的值——它们分别是 0.5 和 0.8，需要在网络开始训练之前就完成对它们的设置。如果你用对应的值替换掉它们的变量名，秘密就变得更清楚了：

```
error = ((0.5 * weight) - 0.8) ** 2
```

秘密

对于任何 input(输入)和 goal_pred(真值)，结合有关于 prediction (预测值)和 error(误差)的公式，我们可在误差和权重之间定义一个精确的关系。在上例中：

```
error = ((0.5 * weight) - 0.8) ** 2
```

假设我们把权重增加了 0.5。如果误差和权重之间有确切的关系，你应该能够计算出这一操作对误差产生了什么样的影响。如果想往某个特定方向移动误差怎么办？这能做到吗？

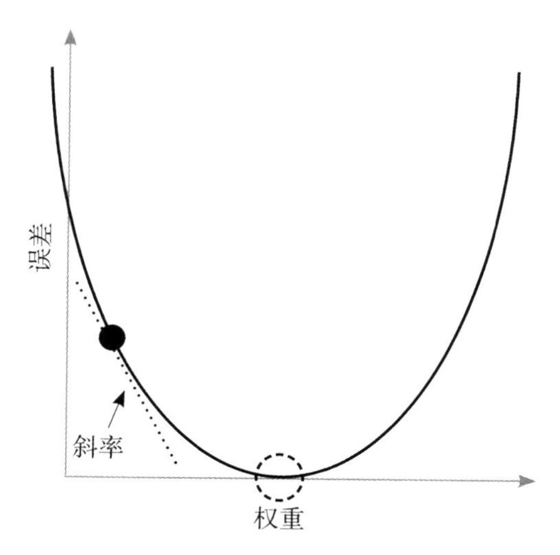

根据前一个公式中的关系，这个图表示了在整个取值空间中权重所对应的误差值。这是一个漂亮的碗形。图中的黑色圆点表示了当前的 weight(权重)和 error(误差)所在的位置。下方虚线描绘出的圆圈则是我们最终想要的权重位置(此时误差 error == 0)。

重要信息

不管你在碗形曲线的哪个位置，斜率都指向碗的底部(此处误差最小)。你可以用这个斜率来帮助神经网络减少误差。

4.12 回顾学习的步骤

我们最终会到达碗的底部吗?

```
weight, goal_pred, input = (0.0, 0.8, 1.1)

for iteration in range(4):
    print("-----\nWeight:" + str(weight))
    pred = input * weight error = (pred - goal_pred) ** 2
    delta = pred - goal_pred
    weight_delta = delta * input
    weight = weight - weight_delta
    print("Error:" + str(error) + " Prediction:" + str(pred))
    print("Delta:" + str(delta) + " Weight Delta:" + str(weight_delta))
```

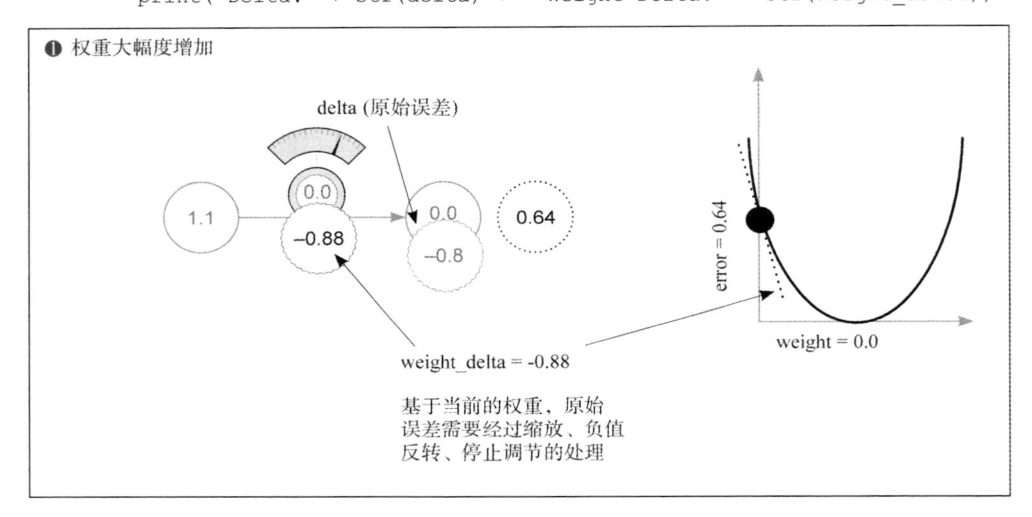

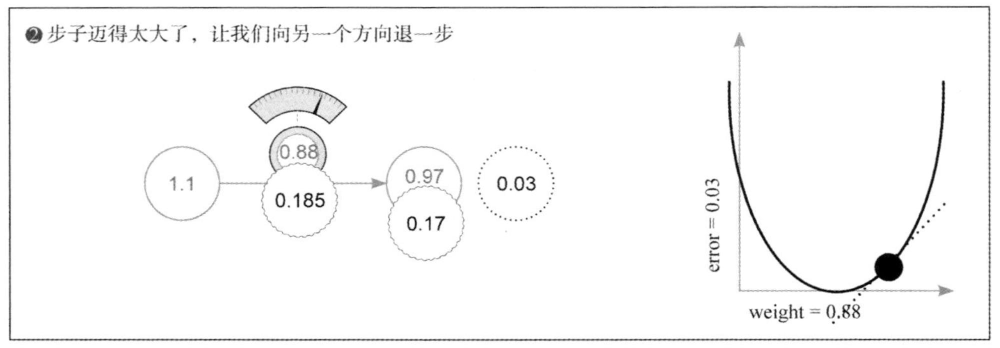

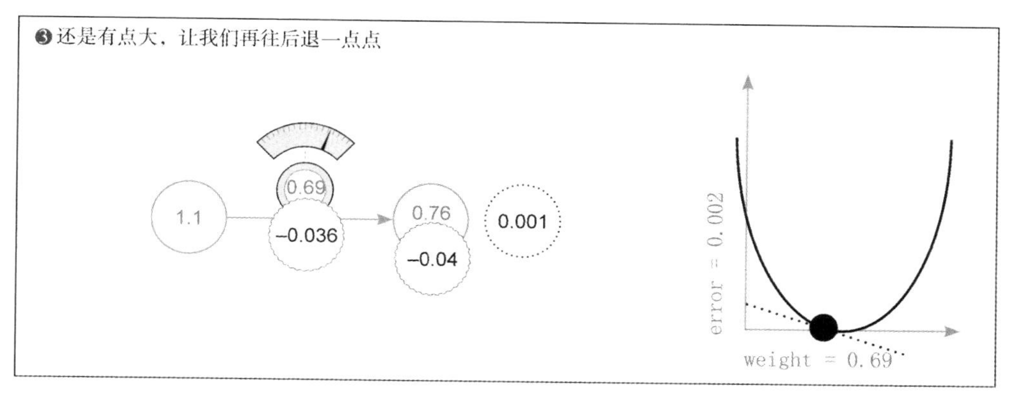

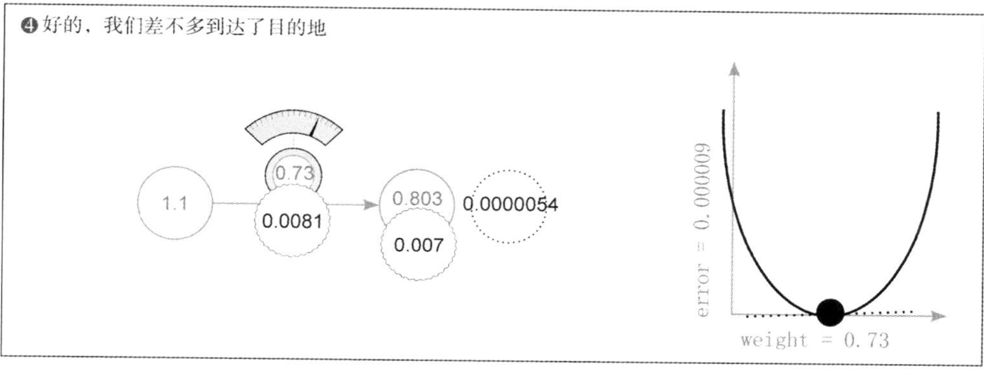

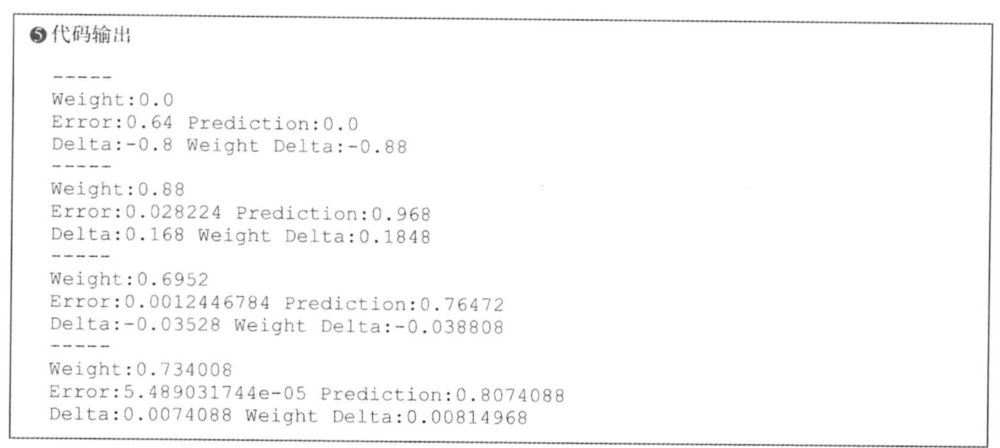
❺代码输出

```
-----
Weight:0.0
Error:0.64 Prediction:0.0
Delta:-0.8 Weight Delta:-0.88
-----
Weight:0.88
Error:0.028224 Prediction:0.968
Delta:0.168 Weight Delta:0.1848
-----
Weight:0.6952
Error:0.0012446784 Prediction:0.76472
Delta:-0.03528 Weight Delta:-0.038808
-----
Weight:0.734008
Error:5.489031744e-05 Prediction:0.8074088
Delta:0.0074088 Weight Delta:0.00814968
```

4.13　权重增量到底是什么？

让我们回顾一下函数这一概念。函数是什么?你是如何理解的呢?

考虑以下这个函数。

```
def my_function(x):
    return x * 2
```

函数能够接受一系列数字作为输入，并给出另一个数字作为输出。你可以想象一下，这意味着函数定义了输入数据和输出数据之间的某种关系。基于此，也许你能明白为什么函数学习有着非常强大的能力：它允许将一系列数字(如图像像素)转换为其他数字(如图像中包含猫的概率)。

每个函数都有所谓的可动部分(moving parts)，也就是可以进行调整或更改，以使函数生成不同输出的变量。考虑前面示例中的 my_function，问问你自己，“是什么控制了这个函数的输入和输出之间的关系?”答案是 2。针对以下函数，请问自己同样的问题：

```
error = ((input * weight) - goal_pred) ** 2
```

是什么控制了输入(input)和输出(error)之间的关系？有很多因素——这个函数有点复杂！goal_pred、input、**2、weight 等，外加所有的括号和代数运算(加法、减法等)，它们都会在误差(error)的计算中起一定作用。调整其中任何一个都会改变误差的值。这一点很重要。

作为思考练习，你可以考虑更改 goal_pred(要预测的值)以减少误差。这很愚蠢，但完全可行。在生活中，你可以把这种行为(将目标设置成你已经能做到的)叫作“放弃”。你正在尝试着否认你所犯的错！这是没用的。

如果你改变 input(输入)直到错误变为 0 呢？嗯，这就像试着创造一个你想看到的世界，而不是真实的世界。你正在更改输入数据，直到预测出想要预测的内容为止——这就是 inceptionism(创始主义)的工作原理，谷歌尝试过用这种方法生成图像。

现在考虑改变 2 这个系数，或者相关的加减乘除运算符。这只是改变了计算误差的方式。如果误差的计算方式实际上不能很好地度量模型犯了多少错误(基于前面提到的误差度量应该有的属性)，那么误差计算就没有意义。这也不行。

还剩下什么？剩下的唯一变量就是权重。调整它不会改变你对世界的感知，不会改变你的目标，也不会破坏你的误差测量方法。改变权重表示函数正在试图匹配数据中的模式。通过强迫函数剩下的部分保持不变，我们需要使函数能够正确地对数据中存在的某些模式建模。它只允许修改网络进行预测的方式。

总之，我们需要修改误差计算函数的特定部分，直到误差值变为 0。这个误差函数是基于各种变量的组合计算的，有些变量可以改变(权重)，有些则不能改变(输入数据、预测真值和误差度量)。

```
weight = 0.5
goal_pred = 0.8
input = 0.5
```

```
for iteration in range(20):
    pred = input * weight
    error = (pred - goal_pred) ** 2
    direction_and_amount = (pred - goal_pred) * input
    weight = weight - direction_and_amount

    print("Error:" + str(error) + " Prediction:" + str(pred))
```

重要信息

除了输入，你可以修改 pred(预测值)计算中的任何内容。

在本书接下来的内容中(或者说，相当数量的深度学习研究人员在他们接下来的职业生涯中)，将会尝试一切你能想象的 pred 计算，以使模型能够做出好的预测。学习就是自动改变预测函数以进行良好的预测——也就是说，使函数的误差逐渐趋于 0。

既然你知道你可以改变什么，你该如何着手去改变呢？这就是最妙的部分了。它就是机器学习，对吧？在下一节中，我们将详细讨论这个问题。

4.14　狭隘的观点

概念定义：学习就是调整权重，将误差减小到 0。

在这一章中，到目前为止，我们一直在反复强调，学习实际上就是调整权重以使误差减小到 0。这就是秘诀。说实话，知道怎样做到这一点的关键完全在于理解权重和误差之间的关系。如果你理解了这种关系，你就能知道如何调整权重来减少误差。

我所说的“理解关系”是什么意思?理解两个变量之间的关系，就是理解改变一个变量会如何改变另一个变量。这种情况下，你真正希望得到的是这两个变量之间相互影响的程度，或者说敏感度。敏感度是(相互影响的)方向和数量的另一个名称。你想知道 error 对 weight 的变化有多敏感。你想知道当你改变权重时误差的变化方向和变化量。这就是目标。到目前为止，为了帮助你更好地理解这种关系，我们已经介绍了两种不同的方法。

当你调整权重(冷热学习)并研究它对误差的影响时，其实是在做实验，以研究这两个变量之间的关系。就像我们走进一个房间，里面有 15 个未标记的不同电灯开关。你开始尝试着拨动这些开关，试图了解它们与房间里各种灯的明暗的关系。现在，你正在做同样的事情来研究权重和误差之间的关系：你上下调节 weight，观察它是如何改变 error 的。一旦知道了它们之间的关系，就可以用两个简单的 if 语句把 weight 向正确方向移动。

```
if(down_error < up_error):
weight = weight - step_amount

if(down_error > up_error):
weight = weight + step_amount
```

现在，让我们回到先前那个将预测值和误差计算的逻辑结合在一起的公式。如前所述，这里悄悄地定义了误差和权重之间的确切关系：

```
error = ((input * weight) - goal_pred) ** 2
```

这一行代码就是最大的秘密。这是一个公式。它告诉 error 和 weight 之间存在的关系。这个关系是精确的。它是可计算的，也是普遍存在的。现在如此，将来也永远如此。

现在，基于这个公式，我们应该如何改变 weight，以使 error 移动到某个特定的方向？这个问题问到了点子上。现在，停下来。停下来欣赏这一刻。这个公式就代表着这两个变量之间的关系，现在你要找出如何改变一个变量，使另一个变量朝特定方向移动。事实证明，对于任何公式都有这样做的方法。你将使用它来降低 error 的值。

4.15 插着小棍的盒子

想象一下，你面前现在有一个硬纸盒，盒子上伸出来两根圆棍——它们的一端通过两个小洞露在盒子外面。蓝色的小棍伸出盒子的长度有 2 英寸，而红色的小棍伸出盒子 4 英寸。想象一下，我告诉你这些小棍是连在一起的，但我不会告诉它们是如何连在一起的。你得做实验才能弄明白。

所以，你拿着蓝色的小棍，把它往里推 1 英寸，在你推的时候，看到红色的杆也向盒子里面缩进去 2 英寸。然后，你把蓝色的小棍拉出来 1 英寸，红色的小棍也跟着拉出来 2 英寸。现在，你学到了什么?嗯，红色小棍和蓝色小棍之间似乎存在着一定的关系。无论蓝色小棍移动多少，红色小棍都会移动两倍。你可能会认为，下面这句话是对的：

```
红色小棒的长度= 蓝色小棒的长度 * 2
```

事实证明，对于“当我拉动这部分时，另一部分移动了多少?”这件事情有一个正式的定义。它被称为导数，它真正的意思是“当 Y 部分产生了一些变化，X 部分相应会移动多少？”

在红蓝小棍的例子中，导数是“当我拉动蓝色小棍的时候，红色小棍会移动多少？”答案是 2。有且只有 2 这一个数字。为什么是 2？这就是由这个公式决定的倍数对应关系：

(红色小棒的长度) = (蓝色小棒的长度) * 2 ←—— 导数

注意，两个变量之间总是存在导数。你可以知道，在你改变一个变量时，另一个变量是如何运动的。如果导数是正的，那么当你改变一个变量时，另一个就会向同样的方向移动。如果导数是负的，当你改变一个变量时，另一个就会向相反的方向移动。

考虑几个例子。因为 red_length(红色小棍的长度)对 blue_length(蓝色小棍的长度)的导数是 2，所以这两个数的方向是相同的。更具体地说，红色小棍将与蓝色小棍往同一个方向移动两倍的距离。如果导数是-1，红色小棍会向相反的方向移动相同的距离。因此，给定一个函数，如果你改变其中一个变量，则它的导数代表了另一个变量发生变化的方向和幅度。这正是我们要找的。

4.16　导数：两种方式

还是有点不确定？让我们从另一个角度来看。

我听过人们用两种方式解释导数。一种方法是，将它理解成函数中的一个变量在你移动另一个变量时是如何变化的。另一种说法是，导数是直线或曲线上一点的斜率。事实证明，如果你把一个函数画出来，你画出来的曲线的斜率就等于“当你改变一个变量时，另一个变量随之改变的量”。下面，来画一下我们最喜欢的函数：

```
error = ((input * weight) - goal_pred) ** 2
```

记住，goal_pred 和 input 是保持不变的，所以可以重写这个函数：

```
error = ((0.5 * weight) - 0.8) ** 2
```

因为只剩下两个变量在变化(其余的都是固定的)，所以可以遍历每个权重并计算相应的误差。让我们把它们画出来。

正如所见，这个图看起来像一个大 U 型曲线。注意这里的中间位置也有一个点使得误差为 0。还要注意，在这个点的右边，曲线的斜率是正的，在这个点的左边，曲线的斜率是负的。也许更有趣的是，离我们想要找到的目标权重(使得 error 为 0 的 weight)越远，斜率就越大。

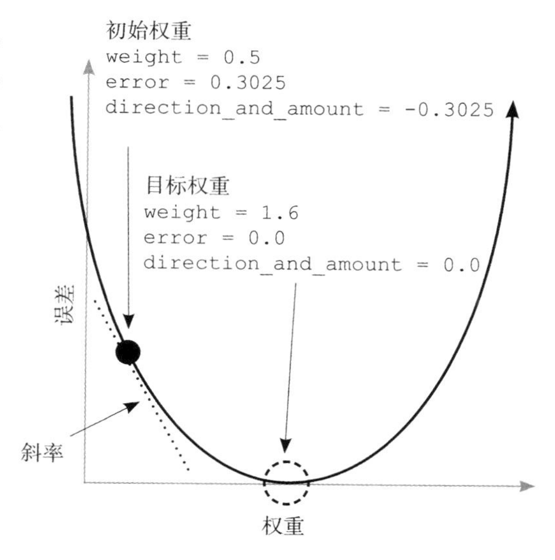

这些都是有用的属性。斜率的符号表示方向，斜率的陡度表示量。你可以使用这两种方法来帮助找到目标权重。

即使现在，当我看着这条曲线时，我也很容易忘记它代表什么。这类似于冷热学习法。如果你试过所有可能的权重值并把它们画出来，就可以得到这条曲线。

关于导数，值得注意的是，我们可以透过本节开始时出现的计算误差(error)的繁杂公式直接看到这条曲线。你可以计算出任意权重值所对应的曲线斜率(导数)。然后，你可以用这个斜率(导数)来计算往哪个方向移动可以减小 error。更棒的是，根据斜率的陡度，你至少可以知道你离斜率为 0 的最优点有多远(尽管不是那么精确)。

4.17 你真正需要知道的

有了导数，你可以在任何公式中选择任意两个变量，了解它们是如何相互作用的。

看看这个复杂的函数:

```
y = (((beta * gamma) ** 2) + (epsilon + 22 - x)) ** (1/2)
```

关于导数，你需要知道的是，对于任何函数(即使是上面这个庞然大物)，你都可以选择其中任意两个变量并理解它们之间的关系。像之前我们所做的那样，对于任何函数，你都可以选择两个变量并在 x-y 坐标系上绘图。对于任何函数，你都可以选择两个变量，计算出当你更改其中一个变量时，另一个变量发生了多大的变化。因此，对于任何函数，你都可以学习到如何改变一个变量，以在某个方向上移动另一个变量。很抱歉在这里啰嗦了这么多遍，但重要的是你要从骨子里记住这一点。

注意，在这本书中，你将学会如何建立神经网络。神经网络实际上就是一件事情：一堆你可以用来计算误差函数的权重。对于任何误差函数(无论它是多么复杂)，基于任意权重值，都可以计算出网络的最终误差。有了这些信息，就可以改变神经网络中的每一项 weight，将 error 减小到 0，这就是你要做的事情。

4.18 你不需要知道的

微积分

总的来说，如果要学会计算任何函数中任意两个变量之间的关系的所有方法，在大学里大概需要三个学期的时间。说实话，如果把三个学期都学完了，然后才开始学习如何做深度学习，你就会发现自己只会用到所学知识的一小部分。实际上，微积分就是记忆和练习所有可能存在的函数的每一个可能的导数规则。

在这本书中，因为我很懒——我的意思是，高效，我将介绍现实生活中通常做的事情：在参考资料中查找导数。你只需要知道导数代表着什么就够了。它表示某个函数中两个变量之间的关系，当你改变其中一个变量的时候，你据此知道另一个将会如何改变。它只是两个变量之间的影响的敏感度。

我知道，“两个变量之间的影响的敏感度”这一句话里面可能包含有很多信息，但是它就是这样的。注意，这可能包括正敏感度(当变量向相同方向移动时)、负敏感度(当它们向相反的方向移动时)和零敏感度(不管你对其中一个变量做什么，另一个变量均保持不变)。例如，对于 y = 0 * x 来说，不管我们如何移动 x， y 总是 0。

现在，我们对导数的介绍差不多已经足够了。让我们回到梯度下降。

4.19　如何使用导数来学习

weight_delta (误差增量)就是你的导数。

error 和 error 对 weight 的导数有什么不同？error 用来衡量你错了多少的量。而导数定义了权重的每一个取值和你错了多少之间的关系。换句话说，它告诉我们，改变 weight 的值能够对 error 的值造成什么样的影响。那么，现在我们知道了这个知识，应该如何利用它来使误差向特定方向移动呢？

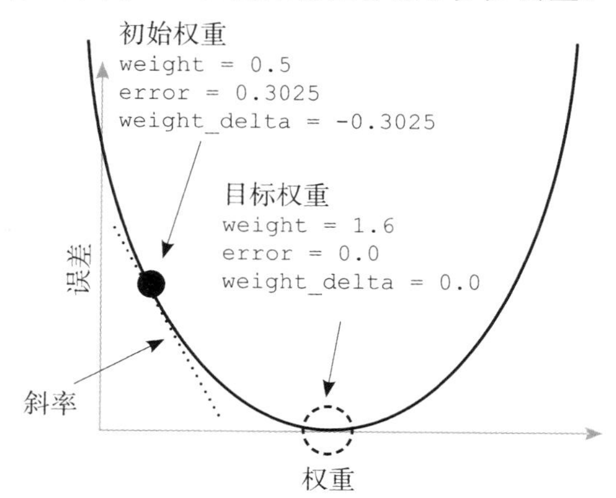

我们已经掌握了在某个函数中两个变量之间存在的关系，但是我们应该如何利用这种关系呢？事实证明，这是非常直观的。让我们再看一下这个权重-误差曲线。黑色实心点是权重开始取值的位置：(0.5)。而虚线圆点是你想要它到达的地方：目标权重。你看见那个黑点上的虚线了吗？那就是斜率，也就是导数。它能够告诉你，在曲线上的这个黑点的位置，当改变权重时误差会跟着变化多少。注意它的方向是朝下的，也就是说斜率是负的。

直线或曲线的斜率总是与 error 最低点的方向相反。所以，如果斜率是负的，就增加 weight 来寻求最小 error。下面我们来尝试一下。

那么，如何使用导数来找到 error 的最小值(也就是上面的权重-误差曲线图中的最低点)呢？你可以按照沿斜率的反方向移动——也就是导数的反方向。不妨对 weight 逐步取值，计算它对 error 的导数(现在你正在寻找两个变量之间的关系：weight 和 error)，然后向斜率的相反方向变化权重的值。这会让你取到 error 的最小值。

我们再重申一下目标，你需要记住：为使得误差减小，我们尽力去寻找权重应该变化的方向和幅度。导数给出了函数中任意两个变量之间的关系。我们可以用导数来确定权重和误差之间的关系。然后把权重的值向导数的相反方向移动，就能得到使误差更小的权重值。瞧！这就是神经网络学习。

这种学习(寻找误差最小值)的方法称为梯度下降法。这个名字应该很直观。将权重值往梯度(导数)值的相反方向移动，可以使 error 趋向于 0。当我讲“相反方向”的时候，我指的是当梯度为负时，权重的值增加，反之亦然。就像重力一样。

4.20 看起来熟悉吗？

```
weight = 0.0
goal_pred = 0.8
input = 1.1

for iteration in range(   4):
    pred = input * weight
    error = (pred - goal_pred) ** 2
    delta = pred - goal_pred
    weight_delta = delta * input
    weight = weight - weight_delta

    print("Error:" + str(error) + " Prediction:" + str(pred))
```

导数：当给定权重值变化的时候，误差改变的速度

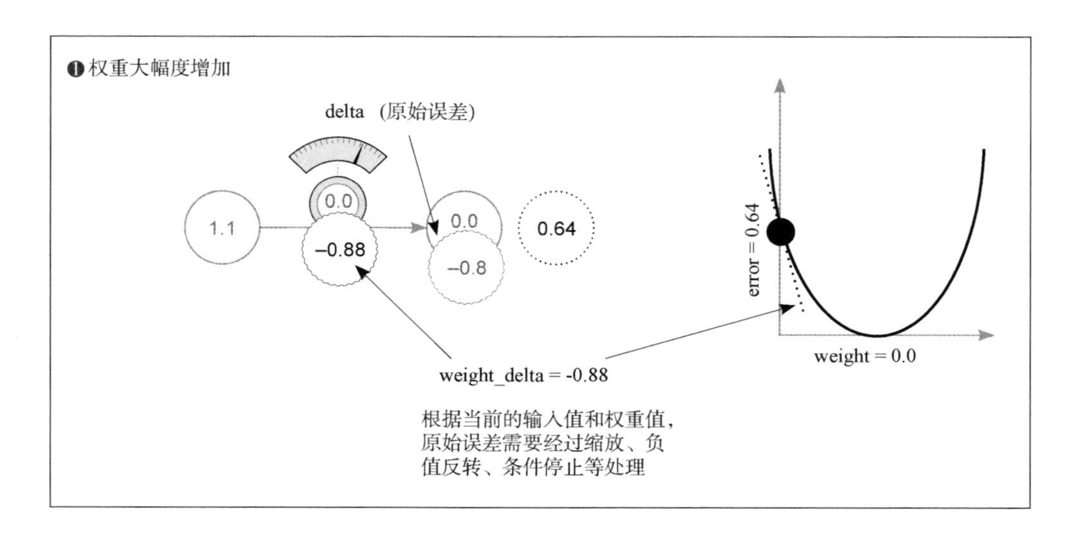

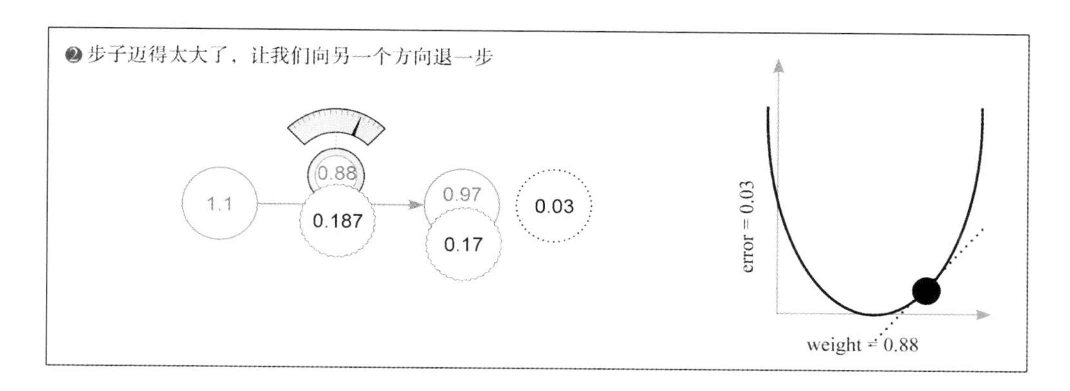

4.21　破坏梯度下降

用代码说话!

```
weight = 0.5
goal_pred = 0.8
input = 0.5

for iteration in range(20):
    pred = input * weight
    error = (pred - goal_pred) ** 2
    delta = pred - goal_pred
    weight_delta = input * delta
    weight = weight - weight_delta
    print("Error:" + str(error) + " Prediction:" + str(pred))
```

运行这段代码后，我们得到如下输出结果：

```
Error:0.3025 Prediction:0.25
Error:0.17015625 Prediction:0.3875
Error:0.095712890625 Prediction:0.490625
                    ...
Error:1.7092608064e-05 Prediction:0.79586567925
Error:9.61459203602e-06 Prediction:0.796899259437
Error:5.40820802026e-06 Prediction:0.797674444578
```

这段代码的效果还不错，现在，让我们试着把它弄坏。我们有初始权重 weight、目标真值 goal_pred 和输入数据 input。你可以把它们设置为任意值——神经网络应该能够计算出如何使用权重预测给定输入的输出。不妨多尝试一下，看看你能不能找到有些组合是神经网络无法预测的。我发现，试图破坏一些东西是一种很好的学习方法。

现在，我们试着把输入设为 2，但仍然试着让算法预测出 0.8。会发生什么呢？

看看程序执行的结果：

```
Error:0.04 Prediction:1.0
Error:0.36 Prediction:0.2
Error:3.24 Prediction:2.6
          ...
Error:6.67087267987e+14 Prediction:-25828031.8
Error:6.00378541188e+15 Prediction:77484098.6
Error:5.40340687069e+16 Prediction:-232452292.6
```

哇！这个结果可不是我们想要的。预测的结果爆炸了!它们从负数变成正数，又从正数变成负数，来回往复，但每一步都离真正的答案越来越远。换句话说，对权重的每次更新都会造成过度修正。下一节将介绍更多关于如何对抗这种现象的知识。

4.22 过度修正的可视化

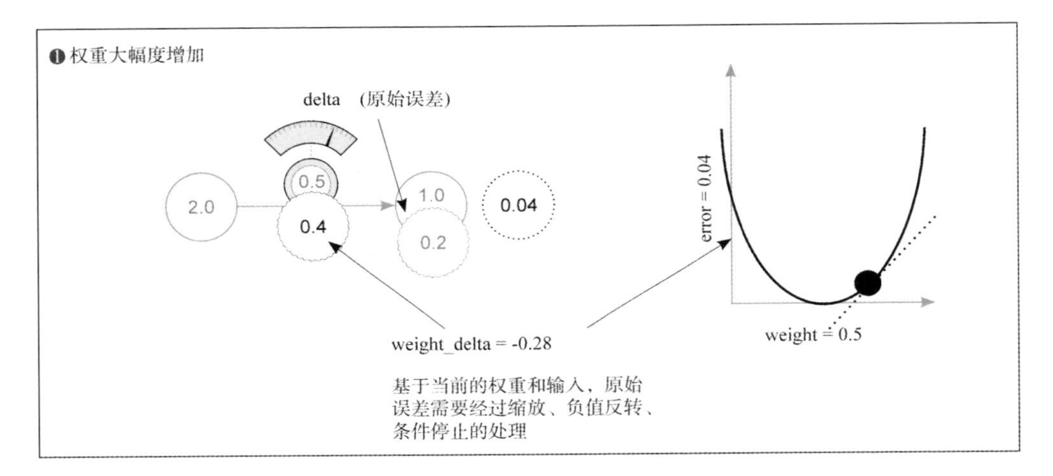

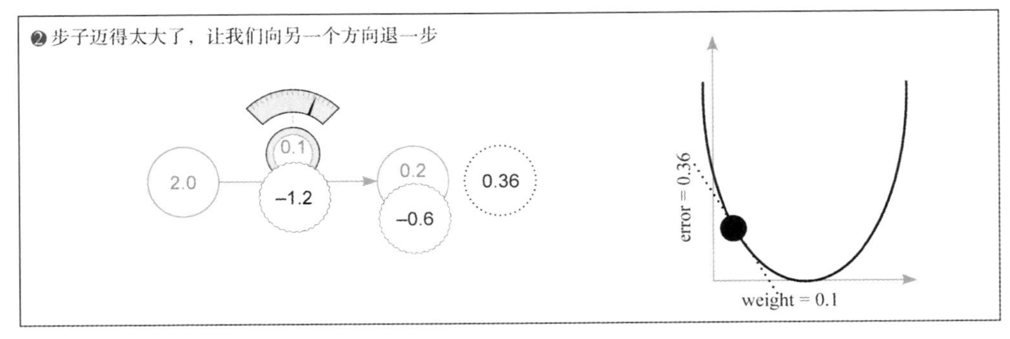

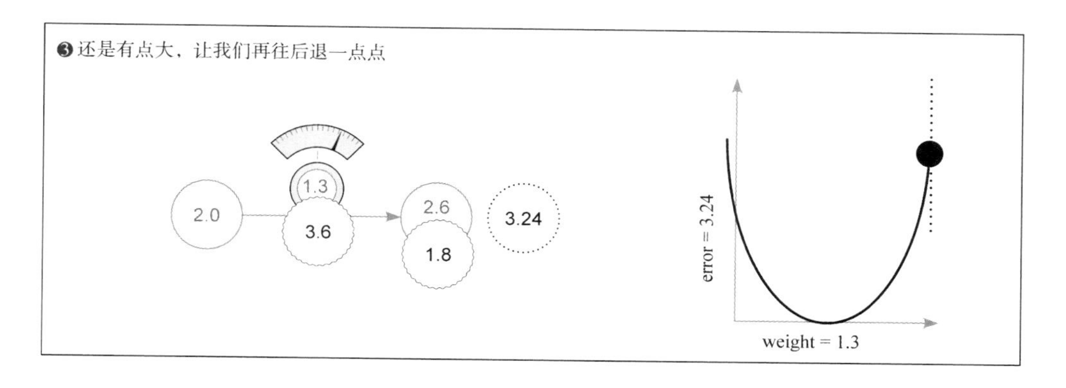

4.23 发散

有时候，神经网络的输出会爆炸。为什么呢？

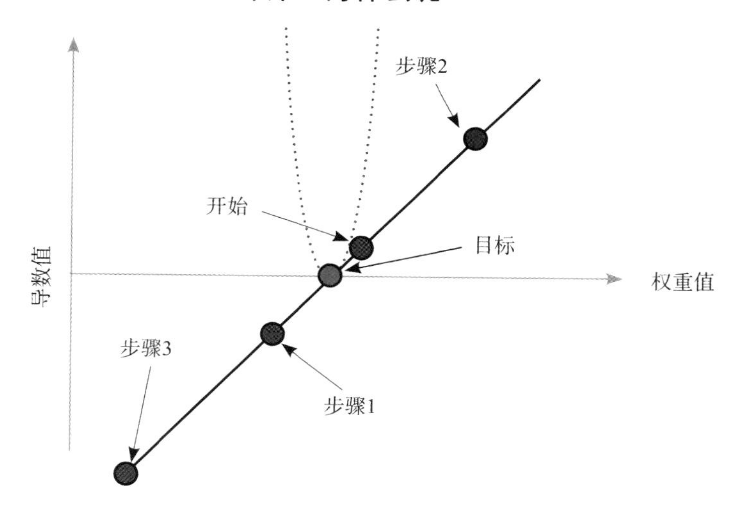

到底发生了什么？误差的激增是由于输入变大了。再回顾一下我们更新权重的方法：

```
weight = weight - (input * (pred - goal_pred))
```

如果输入足够大，即使误差很小，也会使权值的增量很大。当你的权重增量很大而误差的量很小的时候，会发生什么？网络会矫枉过正。如果新的误差更大，网络就会尝试着更多地纠正错误。这就导致了你之前看到的现象，称为发散。

如果你有一个值较大的输入数据，则预测输出会对权重的变化非常敏感(因为 pred = input * weight)。这可能导致网络矫枉过正。换句话说，虽然权重仍然从 0.5 开始，但这一点的导数非常陡峭。看到图中 U 型误差曲线有多窄了吗？

这很直观。如何进行预测？用输入乘以权重。所以，如果输入很大，则权重的少量变化就会导致预测的大幅度变化，也就是说让误差对权重的变化非常敏感。换句话说，导数会变得很大。我们应该如何把它变小呢？

4.24 引入α

这是防止过度修正权重的最简单方法。

你想解决什么问题？如果输入的值太大，则权重可能会矫枉过正。症状是什么？那就是当你矫枉过正时，新的导数的大小甚至比开始时还要大(尽管符号是相反的)。

现在，停下来想一想。再次查看前一节中的图示，了解问题的表现。第二步迈出去之后，我们离目标更远了，也意味着导数的绝对值变得更大。这使得我们的第三步更加远离目标，比步骤2迈的还要远。神经网络会持续这样发散下去。

这种症状就属于过犹不及。对于这种发散的表现，我们的解决方案是将权值的增量乘以一个系数，让它变得更小。大多数情况下，这个方法表现为将权值增量乘以一个介于0和1之间的实数，称为α(alpha)。请注意，这种方法不会对核心问题产生任何影响——也就是说输入还是那个较大的值。同时也会减少那些不太大的输入所对应的权重增量。

即使对于最先进的神经网络，合适的alpha值也常常是靠猜测来找到的。随着时间的推移，你会看到误差的变化。如果它逐渐开始发散(上升)，那么alpha值就太高了，你需要把它调低一点。如果学习进展太慢，那么alpha值太低，你需要把它调高一点。除了简单的梯度下降，我们还有一系列其他方法来解决这个问题，但梯度下降法仍然很受欢迎。

4.25 在代码中实现α

alpha参数在哪里起作用？

你刚刚了解到，alpha参数能够减少权重的增量，使其不会矫枉过正。那么，代码应该怎样实现呢？你之前是按照下面的公式更新权重：

```
weight = weight - derivative
```

将alpha参数融合到实现中，只需要进行相当小的一个变化，如下所示。注意，如果alpha的值比较小(如0.01)，就可以大幅度减少权重更新的量，防止权重矫枉过正：

```
weight = weight - (alpha * derivative)
```

这很容易。让我们回到本章开头的代码，在这段超级小型的实现中添加 alpha，并将 input 的值设置为 2(之前导致求解失败的输入数值)，执行这段代码：:

```
weight = 0.5
goal_pred = 0.8
input = 2
alpha = 0.1

for iteration in range(20):
    pred  = input * weight
    error = (pred - goal_pred) ** 2
    derivative = input * (pred - goal_pred)
    weight = weight - (alpha * derivative)

    print("Error:" + str(error) + " Prediction:" + str(pred))

Error:0.04 Prediction:1.0
Error:0.0144 Prediction:0.92
Error:0.005184 Prediction:0.872

            ...

Error:1.14604719983e-09 Prediction:0.800033853319
Error:4.12576991939e-10 Prediction:0.800020311991
Error:1.48527717099e-10 Prediction:0.800012187195
```

alpha值非常小(或者非常大)时，会发生什么？
将alpha设置成负数时，又会发生什么？

瞧！现在，最小的神经网络也能做出很好的预测。我是如何知道应该把 alpha 的值设为 0.1 的呢？老实说，我做过了各种尝试，这个值看起来成功了。尽管近年来深度学习的进步简直称得上疯狂，但是对于 alpha 这个值的设置，大多数人只是尝试了几个不同的数量级的 alpha——如(10,1,0.1,0.01,0.001,0.0001)，然后以此为基础对它进行调整，看看什么样的设置效果最好。与其说它是科学，不如说它是艺术。当然，后面还有更高级的方法，但是现在，请动手尝试各种 alpha，直到你得到一个看起来工作得很好的模型。开始你的练习吧！

4.26　记忆背诵

是时候真正掌握这些内容了。

这听起来可能有点严肃，但我找不到更好的办法来强调我从这项练习中发现的价值了：我们来看一下，在阅读完前面的章节之后，你是不是可以根据脑海中的记忆，在一个 Jupyter Notebook(如有必要，Python 代码文件也可以)中构建出创建神经网络的代码。我知道这看起来有点过分，但是就个人经验而言，直到我能够完成这个任务时，我才有了使用神经网络的顿悟时刻。

为什么会这样？首先，对于初学者来说，确认自己已经掌握了所有信息的唯一方法是试图从头脑中产生它。神经网络有很多小的动态组成部位，很容易就不小心漏掉一个。

为什么这对本书的其余部分也很重要？在接下来的章节中，我将以更快的节奏引用本章中讨论过的概念，这样就可以将大量时间用在更有用的材料上。下面这一点非常重要，当我说“在权重更新过程中，请添加你的 alpha 值”时，你马上就能认出我指的是本章中的哪些概念。

也就是说，记住一小段神经网络代码是很有好处的，至少对于我个人，以及过去在这个问题上采纳了我的建议的许多人来说，都是如此。

通用梯度下降：一次学习多个权重 第5章

本章主要内容：

- 多输入的梯度下降学习
- 冻结权重的意义和用途
- 多输出梯度下降学习
- 多输入多输出梯度下降学习
- 可视化权重
- 可视化点积

你不能通过对规则的遵守来学会走路。你需要从实践中学习，在哪里跌倒，就从哪里爬起来。

理查德·布兰森，http://mng.bz/oVgd

5.1 多输入梯度下降学习

梯度下降也适用于多输入。

在前一章中，你学习了如何使用梯度下降来更新权重。在本章中，我们将或多或少地展示如何使用相同的技术来更新一个包含多个权重的网络。让我们从比较复杂的情况开始，好吗？下图显示了具有多个输入的网络如何学习。

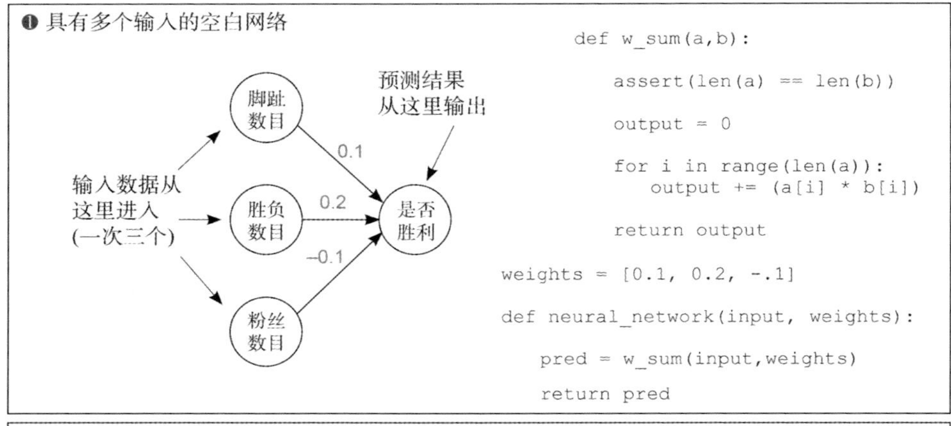


```
def w_sum(a,b):

    assert(len(a) == len(b))

    output = 0

    for i in range(len(a)):
        output += (a[i] * b[i])

    return output

weights = [0.1, 0.2, -.1]

def neural_network(input, weights):

    pred = w_sum(input,weights)

    return pred
```

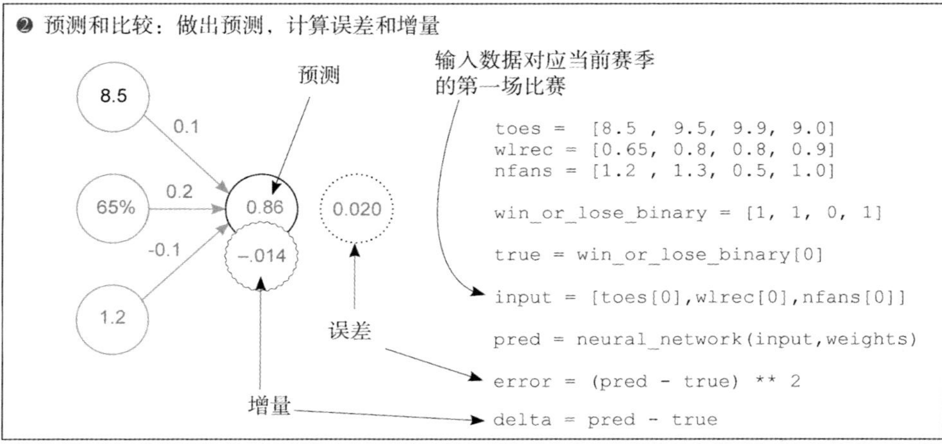


```
toes =  [8.5 , 9.5, 9.9, 9.0]
wlrec = [0.65, 0.8, 0.8, 0.9]
nfans = [1.2 , 1.3, 0.5, 1.0]

win_or_lose_binary = [1, 1, 0, 1]

true = win_or_lose_binary[0]

input = [toes[0],wlrec[0],nfans[0]]

pred = neural_network(input,weights)

error = (pred - true) ** 2

delta = pred - true
```

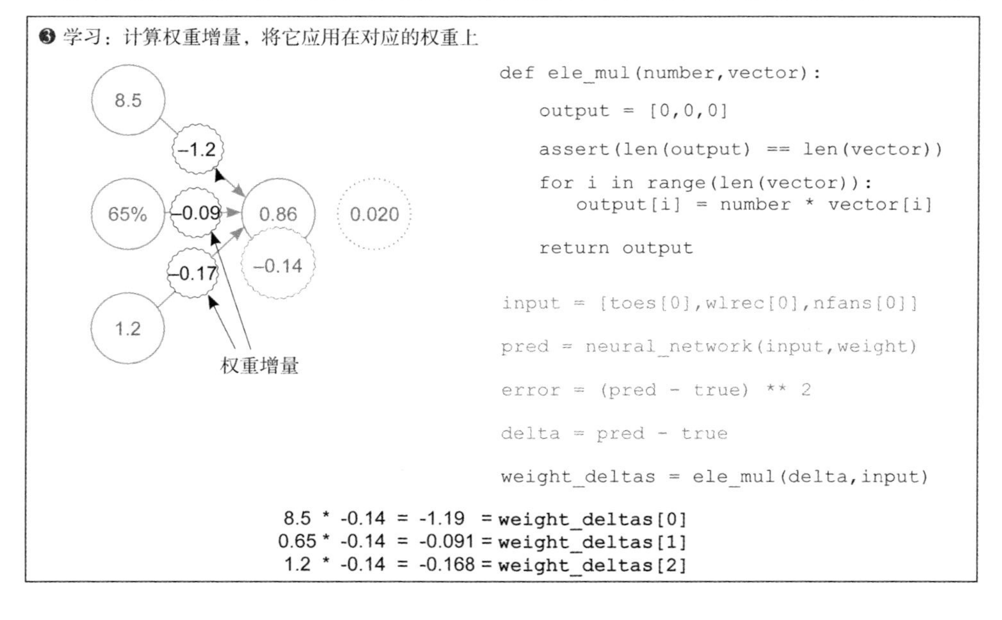


```
def ele_mul(number,vector):

    output = [0,0,0]

    assert(len(output) == len(vector))

    for i in range(len(vector)):
        output[i] = number * vector[i]

    return output

input = [toes[0],wlrec[0],nfans[0]]

pred = neural_network(input,weight)

error = (pred - true) ** 2

delta = pred - true

weight_deltas = ele_mul(delta,input)
```

```
8.5  * -0.14 = -1.19  = weight_deltas[0]
0.65 * -0.14 = -0.091 = weight_deltas[1]
1.2  * -0.14 = -0.168 = weight_deltas[2]
```

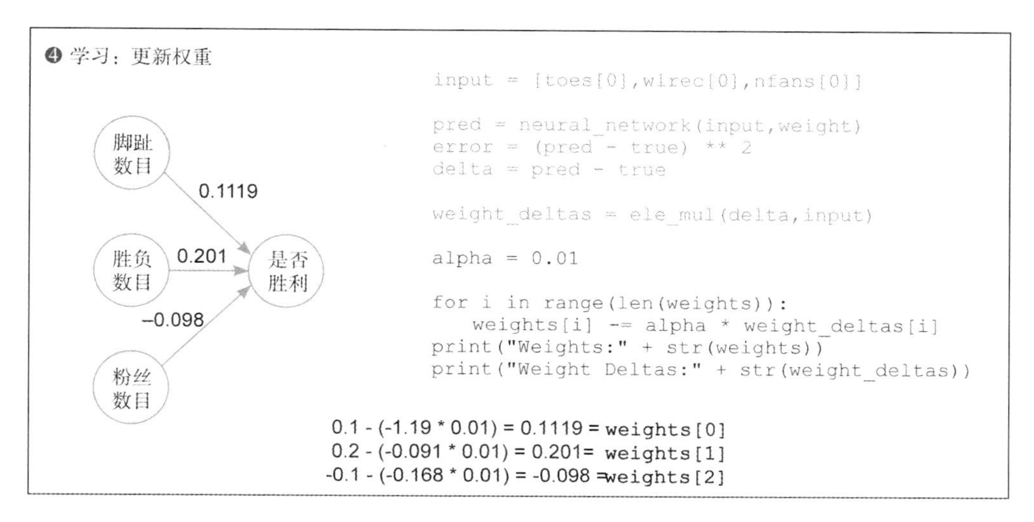

❹ 学习：更新权重
脚趾数目
胜负数目
粉丝数目
是否胜利
0.1119
0.201
-0.098
input = [toes[0],wirec[0],nfans[0]]
pred = neural_network(input,weight)
error = (pred - true) ** 2
delta = pred - true
weight_deltas = ele_mul(delta,input)
alpha = 0.01
for i in range(len(weights)):
    weights[i] -= alpha * weight_deltas[i]
print("Weights:" + str(weights))
print("Weight Deltas:" + str(weight_deltas))
0.1 - (-1.19 * 0.01) = 0.1119 = weights[0]
0.2 - (-0.091 * 0.01) = 0.201= weights[1]
-0.1 - (-0.168 * 0.01) = -0.098 =weights[2]

这个图中没有什么新东西。每个 weight_delta 都是通过将它的输出乘以它的输入来计算的。在本例中，因为这三个权重共享同一个输出节点，所以它们也共享该节点的 delta。但是由于它们的 input(输入值)不同，不同的权重对应着不同的 weight_delta(权重增量)。需要进一步注意的是，可以重用前面的 ele_mul 函数，因为需要将每个权重值乘以相同的 delta 值。

5.2　多输入梯度下降详解

执行起来很简单，理解起来也很有趣。

当与单权值神经网络放在一起进行对比时，多输入梯度下降似乎在实践中更容易理解一点。但是，因为它所涉及的特性非常有吸引力，还是值得我们在这里讨论一下的。首先把它们放在一起，仔细看一下。

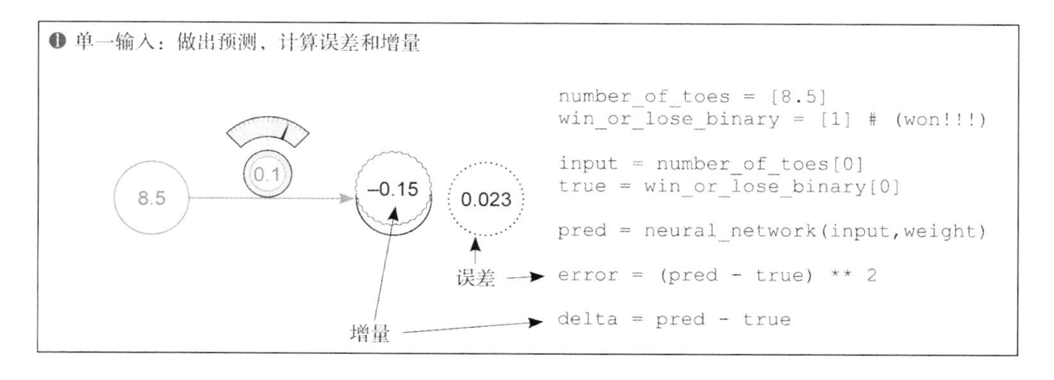

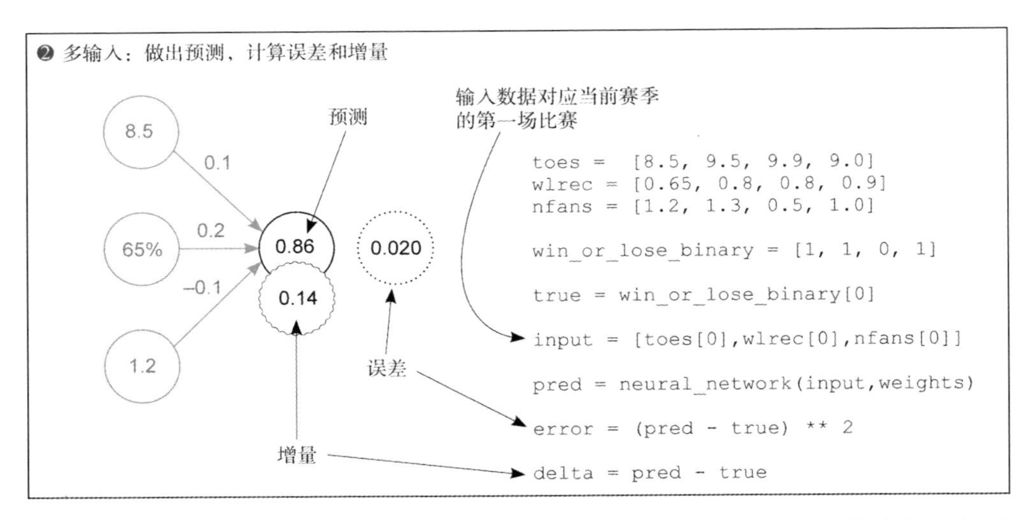
❷ 多输入：做出预测、计算误差和增量
8.5
65%
1.2
0.1
0.2
−0.1
0.86
0.14
0.020
预测
误差
增量
输入数据对应当前赛季的第一场比赛
toes = [8.5, 9.5, 9.9, 9.0]
wlrec = [0.65, 0.8, 0.8, 0.9]
nfans = [1.2, 1.3, 0.5, 1.0]
win_or_lose_binary = [1, 1, 0, 1]
true = win_or_lose_binary[0]
input = [toes[0],wlrec[0],nfans[0]]
pred = neural_network(input,weights)
error = (pred - true) ** 2
delta = pred - true

直到生成输出节点上的 delta 之前，单输入和多输入梯度下降的算法都是相同的(除了我们在第 3 章中研究的预测差异)。我们做出预测，并用相同的方式来计算 error 和 delta。但还存在下面的问题：当只有一个权重时，我们只需要一个输入，以生成一个 weight_delta(权重增量)。现在你有三个权重。如何生成三个 weight_delta 呢？

如何将节点上的单个 delta 值转换为三个 weight_delta 值？

回顾一下 delta 和 weight_delta 的定义和目的。delta 用于衡量你希望一个节点的值有多大变化。这种情况下，你可以直接计算当前这个节点的值与你希望得到的节点的值之间的差值(pred - true)。正的增量表示节点值过高，负的增量表示节点值过低。

> **delta**
>
> 在当前的训练示例中，用于衡量你所希望的当前节点的值的变化，以便完美地预测结果。

另一方面，weight_delta 是对权重所移动的方向和数量的估计，以降低由导数推导而来的 node_delta 的值。如何将 delta 转化为 weight_delta？将它乘以权重的输入。

> **weight_delta**
>
> 一项基于导数的对权重移动的方向和数量的估计，目标是降低 node_delta，需要考虑关于缩放、负值反转、条件停止的处理。

我们不妨从单个权重的角度考虑一下这个问题，如右图所示。

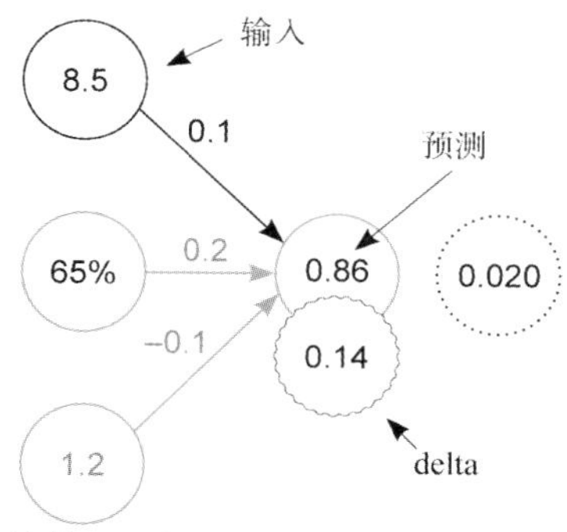
输入
8.5
0.1
预测
65%
0.2
0.86
0.020
–0.1
0.14
1.2
delta

delta：嗨，输入——是的，说的就是你们三个。下次，请预测高一些的值。

单个权重：嗯，如果我的输入是 0，那么权重值不会有任何影响，我也不会改变任何事情(条件停止)。如果我的输入是负的，那么我应该减少而不是增加权重值(负值反转)。还有，如果输入是正的而且相当大，那么我认为我个人的预测会对大家一起产生的输出产生很重要的影响。我需要把我的权重值相应移动很多来补偿(缩放)。

于是，单个权重的值增加了。

这三条属性(或者说语句)，到底说明了什么？它们(包括条件停止、负值反转和缩放)都说明权重对 delta 的作用受到了输入数据的影响。因此，每项 weight_delta 都是 delta 基于输入数据的一种修正版本。

这让我们回到了最初的问题：如何将一个 delta(节点)转换为三项 weight_delta？好吧，因为每项权重都有一个唯一的输入，并共享一个 delta，我们可以使用每个权值的输入乘以 delta，来创建对应的 weight_delta。让我们看一下这个过程。

在接下来的两幅图中，可以看到在以前的单输入结构和新的多输入结构中，weight_delta 是如何生成的。要发现它们之间的相似性，最简单的方法可能是阅读每张附图下方的伪代码。注意，多权重版本将 delta(0.14)乘以每个输入，以创建各种 weight_delta。这是一个简单的过程。

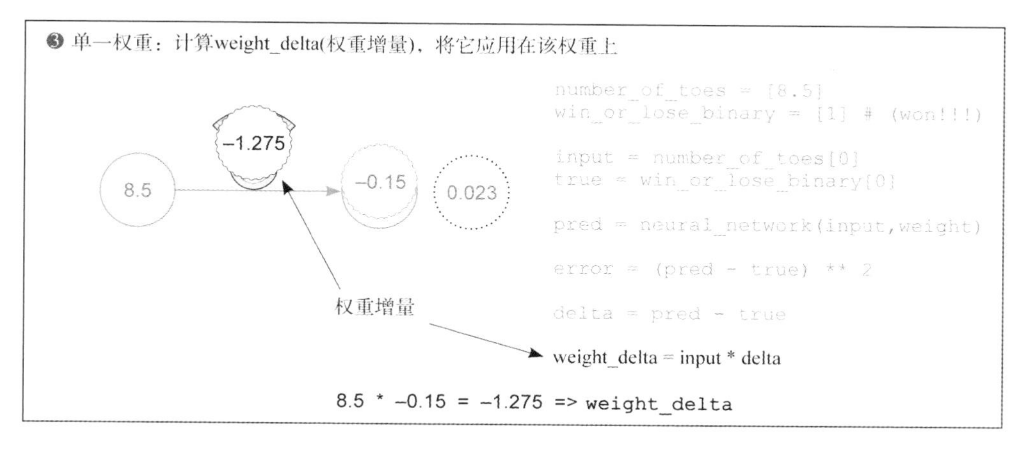
❸ 单一权重：计算weight_delta(权重增量)，将它应用在该权重上
–1.275
8.5
–0.15
0.023
权重增量
number_of_toes = [8.5]
win_or_lose_binary = [1] # (won!!!)
input = number_of_toes[0]
true = win_or_lose_binary[0]
pred = neural_network(input,weight)
error = (pred - true) ** 2
delta = pred - true
weight_delta = input * delta
8.5 * –0.15 = –1.275 => weight_delta

❹ 多项输入：计算weight_delta(权重增量)，将它应用在对应的权重上

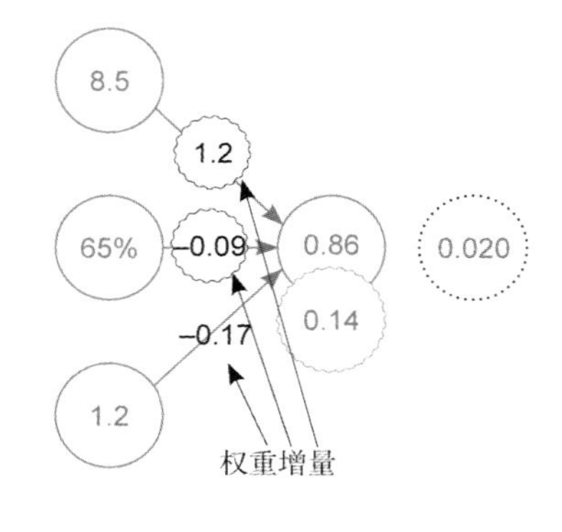


```
def ele_mul(number,vector):

    output = [0,0,0]

    assert(len(output) == len(vector))

    for i in range(len(vector)):
        output[i] = number * vector[i]

    return output

input = [toes[0],wlrec[0],nfans[0]]

pred = neural_network(input,weights)

error = (pred - true) ** 2

delta = pred - true

weight_deltas = ele_mul(delta,input)
```

```
 8.5 * 0.14 = 1.2  => weight_deltas[0]
0.65 * 0.14 = 0.09 => weight_deltas[1]
 1.2 * 0.14 = 0.17 => weight_deltas[2]
```

❺ 更新单项权重

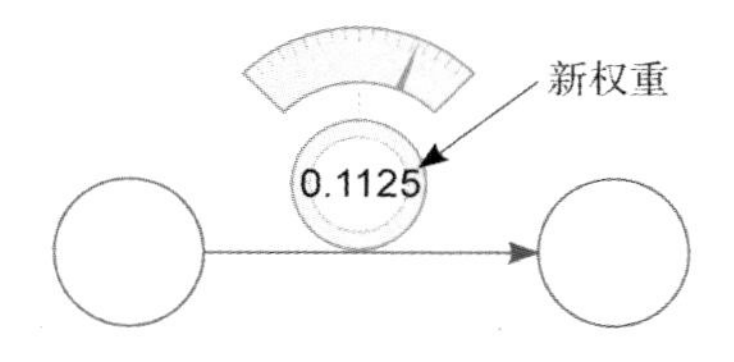

你用一个较小的数字alpha乘以weight_delta，然后用它对权重进行更新。这项操作让你能够控制神经网络学习的速度。如果学习速度太快，权重更新的幅度会过大，以至于出现矫枉过正的现象。请注意，在冷热学习中，权重以同样的方式(微量修正)进行更新

```
number_of_toes = [8.5]
win_or_lose_binary = [1] # (won!!!)

input = number_of_toes[0]
true = win_or_lose_binary[0]

pred = neural_network(input,weight)

error = (pred - true) ** 2

delta = pred - true

weight_delta = input * delta

alpha = 0.01 ← 在训练之前确定

weight -= weight_delta * alpha
```

最后一步也和单输入网络几乎相同。一旦有了 weight_delta 的值，就可以把它们乘以 alpha，然后从权重中减去它们。从字面上看，它和之前的过程是一样的，只是将这个过程复制到多个权重之间，而不是只复制到一个权重。

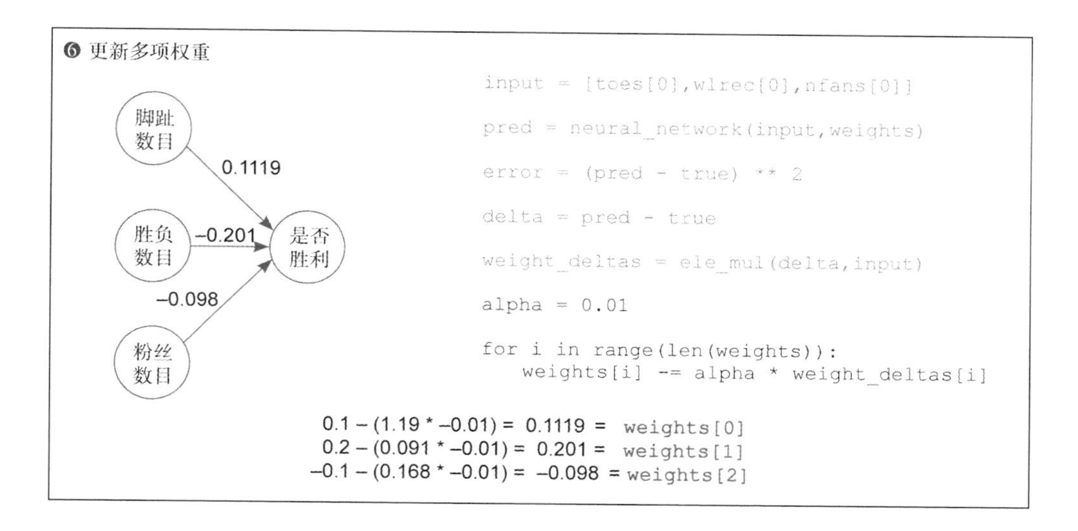
⑥ 更新多项权重
脚趾数目
胜负数目
粉丝数目
是否胜利
0.1119
-0.201
-0.098
input = [toes[0],wlrec[0],nfans[0]]
pred = neural_network(input,weights)
error = (pred - true) ** 2
delta = pred - true
weight_deltas = ele_mul(delta,input)
alpha = 0.01
for i in range(len(weights)):
weights[i] -= alpha * weight_deltas[i]
0.1 – (1.19 * –0.01) = 0.1119 = weights[0]
0.2 – (0.091 * –0.01) = 0.201 = weights[1]
–0.1 – (0.168 * –0.01) = –0.098 = weights[2]

5.3 回顾学习的步骤

```
def neural_network(input, weights):
  out = 0
  for i in range(len(input)):
    out += (input[i] * weights[i])
  return out

def ele_mul(scalar, vector):
  out = [0,0,0]
  for i in range(len(out)):
    out[i] = vector[i] * scalar
  return out

toes =  [8.5, 9.5, 9.9, 9.0]
wlrec = [0.65, 0.8, 0.8, 0.9]
nfans = [1.2, 1.3, 0.5, 1.0]

win_or_lose_binary = [1, 1, 0, 1]
true = win_or_lose_binary[0]

alpha = 0.01
weights = [0.1, 0.2, -0.1]
input = [toes[0],wlrec[0],nfans[0]]
```

(continued)

```
for iter in range(3):

  pred = neural_network(input,weights)

  error = (pred - true) ** 2
  delta = pred - true

  weight_deltas=ele_mul(delta,input)

  print("Iteration:" + str(iter+1))
  print("Pred:" + str(pred))
  print("Error:" + str(error))
  print("Delta:" + str(delta))
  print("Weights:" + str(weights))
  print("Weight_Deltas:")
  print(str(weight_deltas))
  print(
  )

  for i in range(len(weights)):
    weights[i]-=alpha*weight_deltas[i]
```

我们可以画出三条独立的误差/权重曲线，每条曲线对应一个权重。与前面一样，这些曲线的斜率(虚线)反映了 weight_delta 的值。请注意，曲线ⓐ的斜率比其他的更陡。如果它们输出的权重和误差值相同，那么为什么对于ⓐ来说，weight_delta 要比其他函数更陡呢？因为ⓐ的输入值比其他的都要明显高出不少，因此导数也更高。

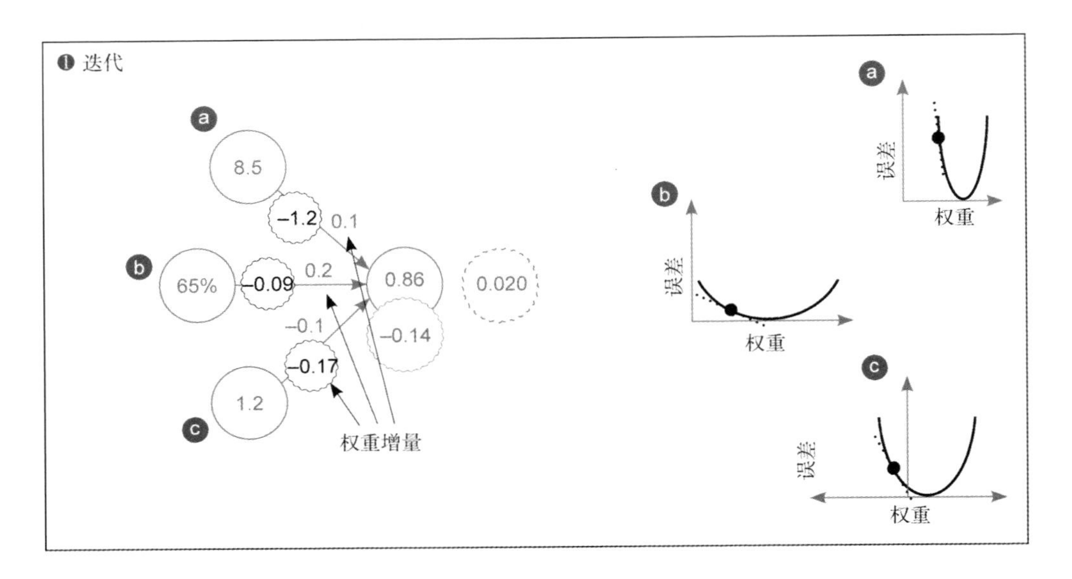

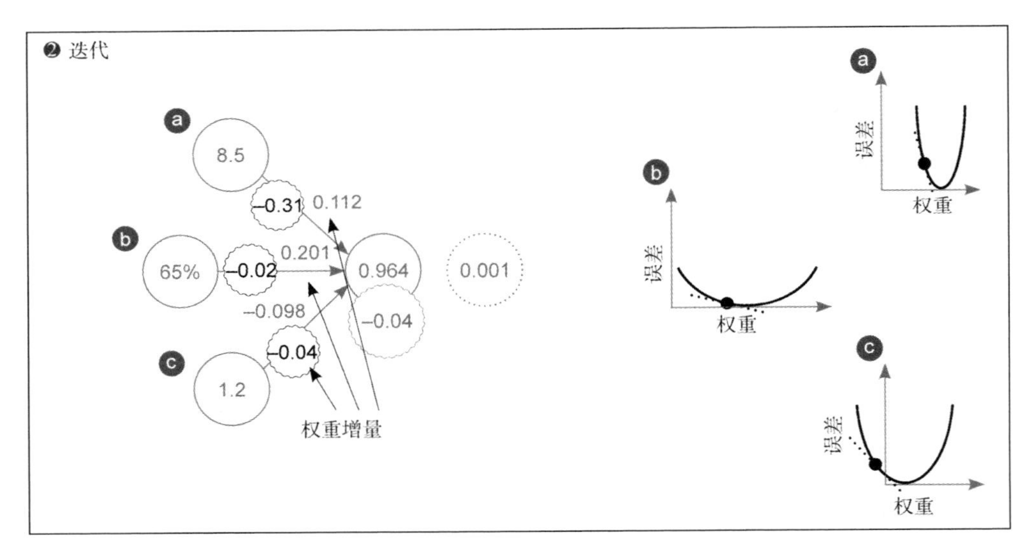

这里有一些额外的注意事项。大部分的学习(权重改变)都是在输入值最大的权重(项ⓐ)上进行的，因为输入能够显著地改变斜率。这不一定在所有的条件下都是有利的。因此，当数据集具有这样的特征时，为了鼓励学习的过程用到所有权重，我们需要引入一个名为标准化的子领域。基于斜率的显著差异，我们必须将 alpha 设置得比预想中的还要低(0.01 而不是 0.1)。试着把 alpha 值设为 0.1：你看懂权重项ⓐ是如何使它发散的吗？

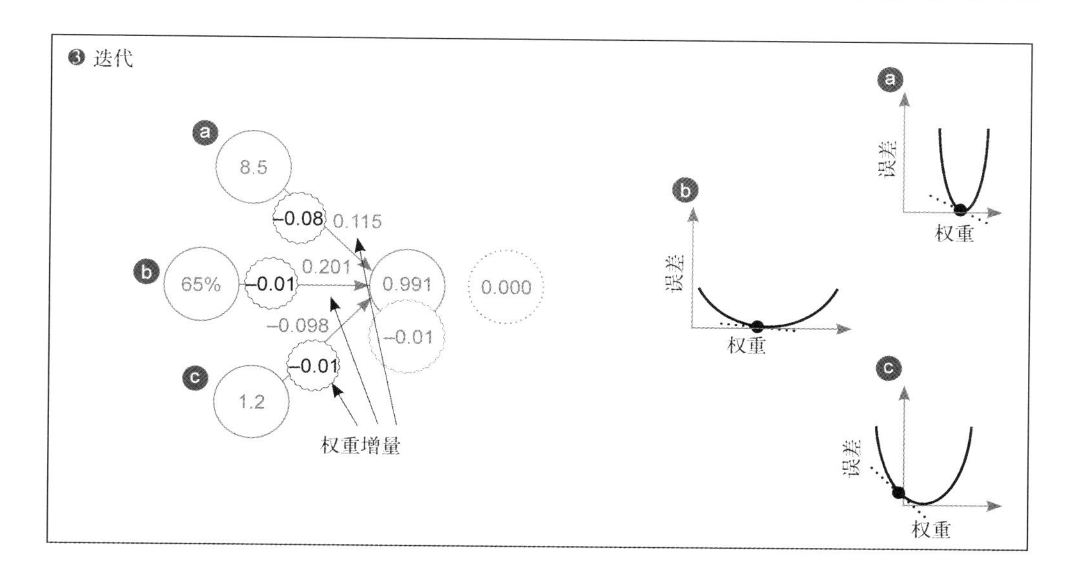

5.4　单项权重冻结：它有什么作用？

这个实验在理论上可能稍微有些复杂，但我认为，如果想要了解权重是如何相互影响的，这是一个很好的练习。现在，我们开始另一轮训练，在其中权重项ⓐ永远不会调整。你将尝试只使用权重项ⓑ和ⓒ来学习训练示例((weights[1]和weights[2])。

(weights[1]　and weights[2]).

```
def neural_network(input, weights):
  out = 0
  for i in range(len(input)):
    out += (input[i] * weights[i])
  return out

def ele_mul(scalar, vector):
  out = [0,0,0]
  for i in range(len(out)):
    out[i] = vector[i] * scalar
  return out

toes =  [8.5, 9.5, 9.9, 9.0]
wlrec = [0.65, 0.8, 0.8, 0.9]
nfans = [1.2, 1.3, 0.5, 1.0]

win_or_lose_binary = [1, 1, 0, 1]
true = win_or_lose_binary[0]

alpha = 0.3
weights = [0.1, 0.2, -0.1]
input = [toes[0],wlrec[0],nfans[0]]
```

(continued)

```
for iter in range(3):

  pred = neural_network(input,weights)

  error = (pred - true) ** 2
  delta = pred - true

  weight_deltas=ele_mul(delta,input)
  weight_deltas[0] = 0

  print("Iteration:" + str(iter+1))
  print("Pred:" + str(pred))
  print("Error:" + str(error))
  print("Delta:" + str(delta))
  print("Weights:" + str(weights))
  print("Weight_Deltas:")
  print(str(weight_deltas))
  print(
  )

  for i in range(len(weights)):
    weights[i]-=alpha*weight_deltas[i]
```

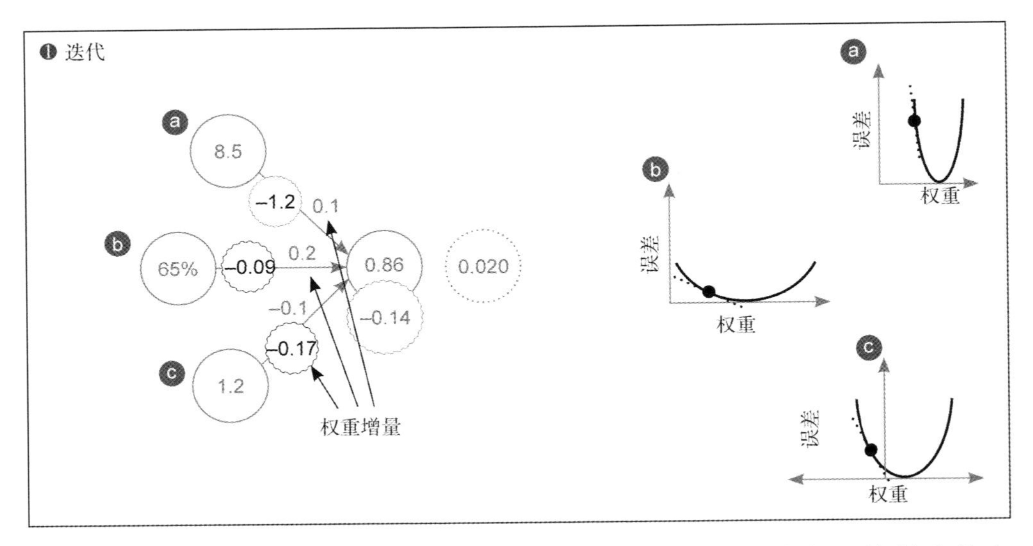

也许你会惊讶地发现，权重ⓐ仍然慢慢滑向U形曲线底部。这是为什么呢?这条曲线是每个单独权重对于全局误差所产生的影响的度量。因此，因为误差是共享的，当一项权重到达U形曲线底部时，所有权重都会到达U形曲线底部。

这是极其重要的一课。首先，如果你使权重项ⓑ和ⓒ达到了收敛(误差为0)，然后尝试训练权重ⓐ，则ⓐ不会移动。为什么？因为误差已经为0，error = 0，也就意味着weight_delta为0。这揭示了神经网络潜在的一项负面特性：权重项ⓐ可能对应着重要的输入数据，会对预测结果产生举足轻重的影响，但如果网络在训练数据集中意外找到了一种不需要它也可以准确预测的情况，那么权重ⓐ将不再对预测结果产生任何影响。

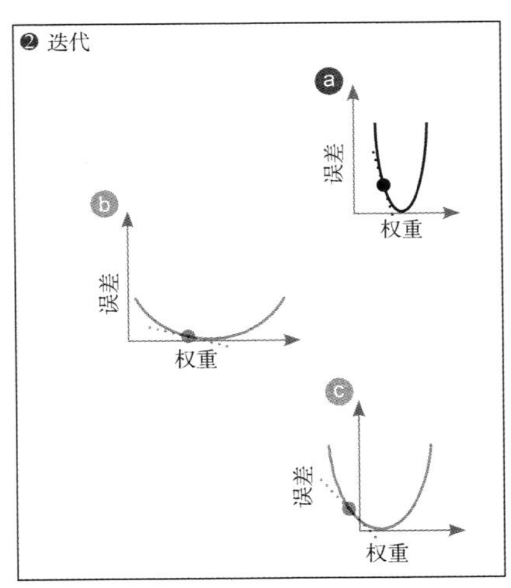

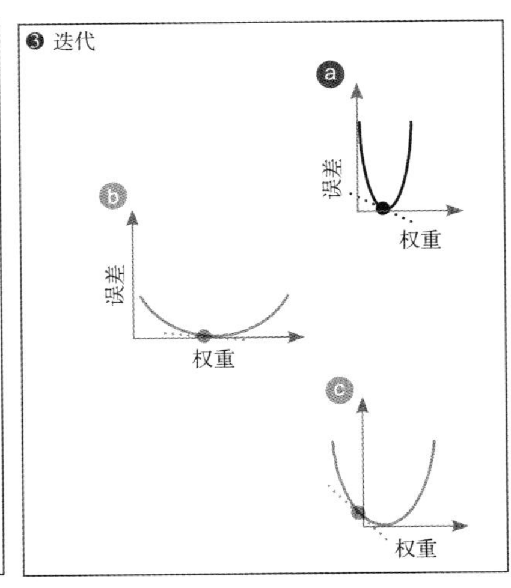

同时，请注意图ⓐ中的黑点是如何到达 U 形曲线底部的。黑点并没有移动，而是曲线向左移动。这是什么意思呢？只有更新了权值，黑点才能在水平方向移动。在这个实验中，因为ⓐ的权重是冻结的，那么黑点的位置必须保持固定。但误差显然逐步趋于 0。

这告诉了你这些图表的真正含义。事实上，这些图是四维曲面的二维切片。其中三个维度是权重，第四个维度是误差。这个形状称为误差平面(error plane)，信不信由你，它的曲率是由训练数据决定的。为什么会这样呢？

误差由训练数据决定。任何网络的权重都可以任意取值，但是给定任意特定权重的设置后，则误差值百分之百由数据决定。你已经了解了 U 形曲线的陡峭程度如何受到输入数据(在数种情况下)的影响。你真正要做的是用神经网络找到这个大误差平面上的最低点，这里的最低点指的是最小误差。很有趣，不是吗？稍后再讨论这个想法，现在先把它归档保存。

5.5　具有多个输出的梯度下降学习

神经网络也可以只用一个输入做出多个预测。

也许这看起来有点显而易见。我们可以用同样的方法对每一个输出计算 delta，然后把它们都乘以相同的单个输入。这就变成了每个权重的 weight_delta。到此为止，我希望大家已经清楚了一个简单的机制——随机梯度下降，它能够在很多种网络架构上以一致的方式实现学习。

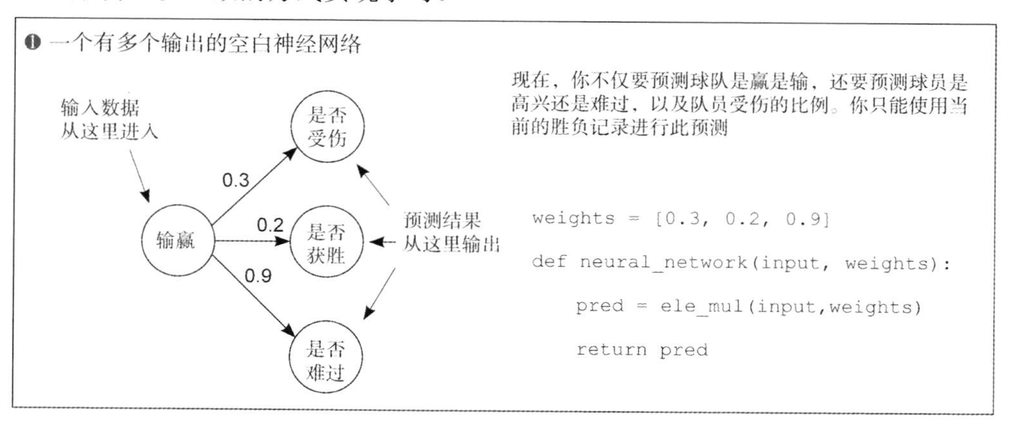
❶ 一个有多个输出的空白神经网络
输入数据
从这里进入
输赢
0.3
0.2
0.9
是否
受伤
是否
获胜
是否
难过
预测结果
从这里输出
现在，你不仅要预测球队是赢是输，还要预测球员是高兴还是难过，以及队员受伤的比例。你只能使用当前的胜负记录进行此预测

```
weights = [0.3, 0.2, 0.9]

def neural_network(input, weights):

    pred = ele_mul(input,weights)

    return pred
```

❷ 预测：做出预测、计算误差和增量

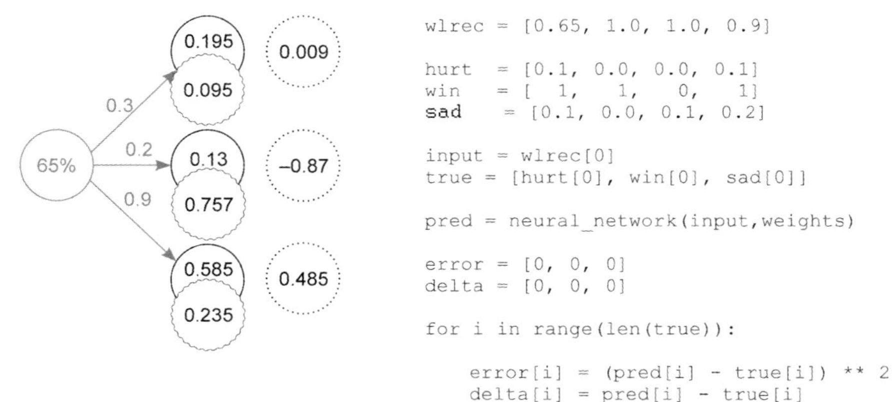


```
wlrec = [0.65, 1.0, 1.0, 0.9]

hurt  = [0.1, 0.0, 0.0, 0.1]
win   = [  1,   1,   0,   1]
sad   = [0.1, 0.0, 0.1, 0.2]

input = wlrec[0]
true = [hurt[0], win[0], sad[0]]

pred = neural_network(input,weights)

error = [0, 0, 0]
delta = [0, 0, 0]

for i in range(len(true)):

    error[i] = (pred[i] - true[i]) ** 2
    delta[i] = pred[i] - true[i]
```

❸ 比较：计算每项weight_deltas，将其应用于每项权重

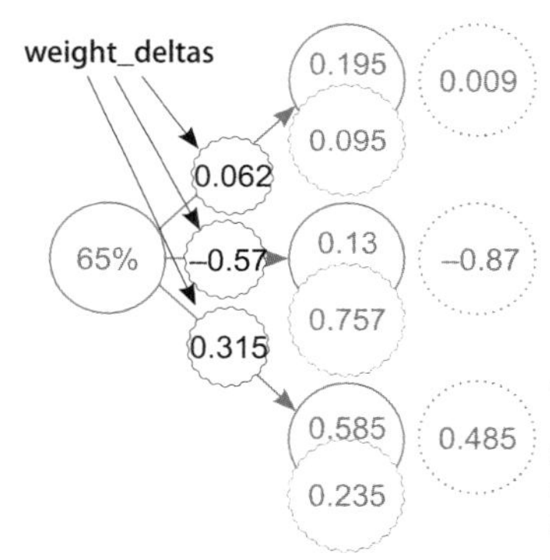


```
def scalar_ele_mul(number,vector):

    output = [0,0,0]

    assert(len(output) == len(vector))

    for i in range(len(vector)):
        output[i] = number * vector[i]

    return output

wlrec = [0.65, 1.0, 1.0, 0.9]

hurt  = [0.1, 0.0, 0.0, 0.1]
win   = [  1,   1,   0,   1]
sad   = [0.1, 0.0, 0.1, 0.2]

input = wlrec[0]
true = [hurt[0], win[0], sad[0]]

pred = neural_network(input,weights)

error = [0, 0, 0]
delta = [0, 0, 0]

for i in range(len(true)):

    error[i] = (pred[i] - true[i]) ** 2
    delta[i] = pred[i] - true[i]

weight_deltas = scalar_ele_mul(input,weights)
```

如前所述，weight_deltas的值由对应权重的输入节点和输出节点(delta)的值相乘得出。在这一案例里，weight_deltas共享相同的输入节点，同时具有独一无二的输出节点(delta)。请注意，这里可以复用ele_mul函数来执行向量乘法

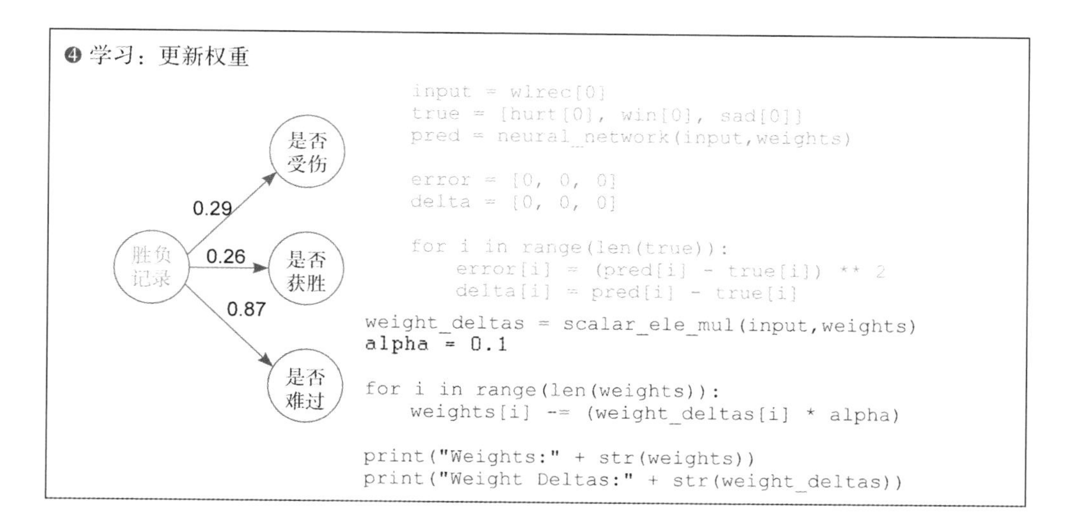
❹ 学习：更新权重
是否受伤
0.29
胜负记录
0.26
是否获胜
0.87
是否难过
input = wlrec[0]
true = [hurt[0], win[0], sad[0]]
pred = neural_network(input,weights)
error = [0, 0, 0]
delta = [0, 0, 0]
for i in range(len(true)):
error[i] = (pred[i] - true[i]) ** 2
delta[i] = pred[i] - true[i]
weight_deltas = scalar_ele_mul(input,weights)
alpha = 0.1
for i in range(len(weights)):
weights[i] -= (weight_deltas[i] * alpha)
print("Weights:" + str(weights))
print("Weight Deltas:" + str(weight_deltas))

5.6　具有多个输入和输出的梯度下降

梯度下降可推广到任意大的网络。

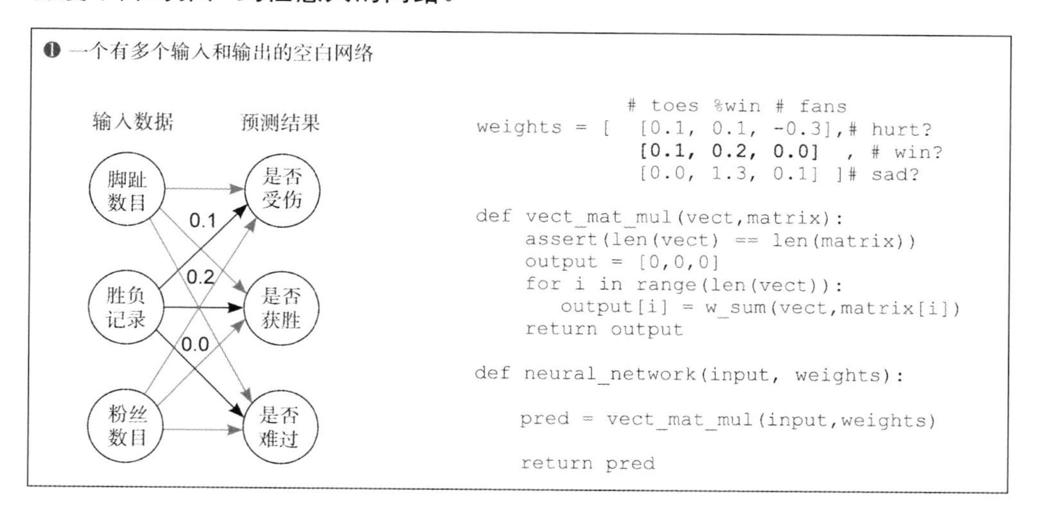
❶ 一个有多个输入和输出的空白网络
输入数据
预测结果
脚趾数目
胜负记录
粉丝数目
是否受伤
是否获胜
是否难过
0.1
0.2
0.0
# toes %win # fans
weights = [[0.1, 0.1, -0.3],# hurt?
[0.1, 0.2, 0.0] , # win?
[0.0, 1.3, 0.1]]# sad?
def vect_mat_mul(vect,matrix):
assert(len(vect) == len(matrix))
output = [0,0,0]
for i in range(len(vect)):
output[i] = w_sum(vect,matrix[i])
return output
def neural_network(input, weights):
pred = vect_mat_mul(input,weights)
return pred

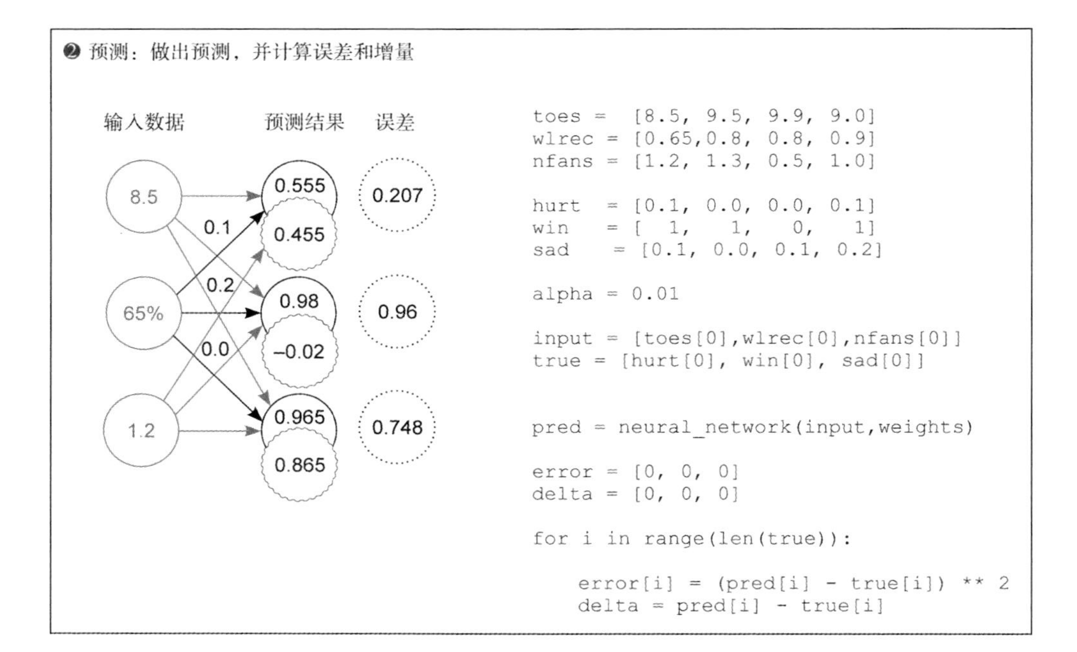
❷ 预测：做出预测，并计算误差和增量
输入数据
预测结果
误差
8.5
65%
1.2
0.1
0.2
0.0
0.555
0.455
0.98
−0.02
0.965
0.865
0.207
0.96
0.748
toes = [8.5, 9.5, 9.9, 9.0]
wlrec = [0.65,0.8, 0.8, 0.9]
nfans = [1.2, 1.3, 0.5, 1.0]
hurt = [0.1, 0.0, 0.0, 0.1]
win   = [1,   1,   0,   1]
sad   = [0.1, 0.0, 0.1, 0.2]
alpha = 0.01
input = [toes[0],wlrec[0],nfans[0]]
true = [hurt[0], win[0], sad[0]]
pred = neural_network(input,weights)
error = [0, 0, 0]
delta = [0, 0, 0]
for i in range(len(true)):
error[i] = (pred[i] - true[i]) ** 2
delta = pred[i] - true[i]

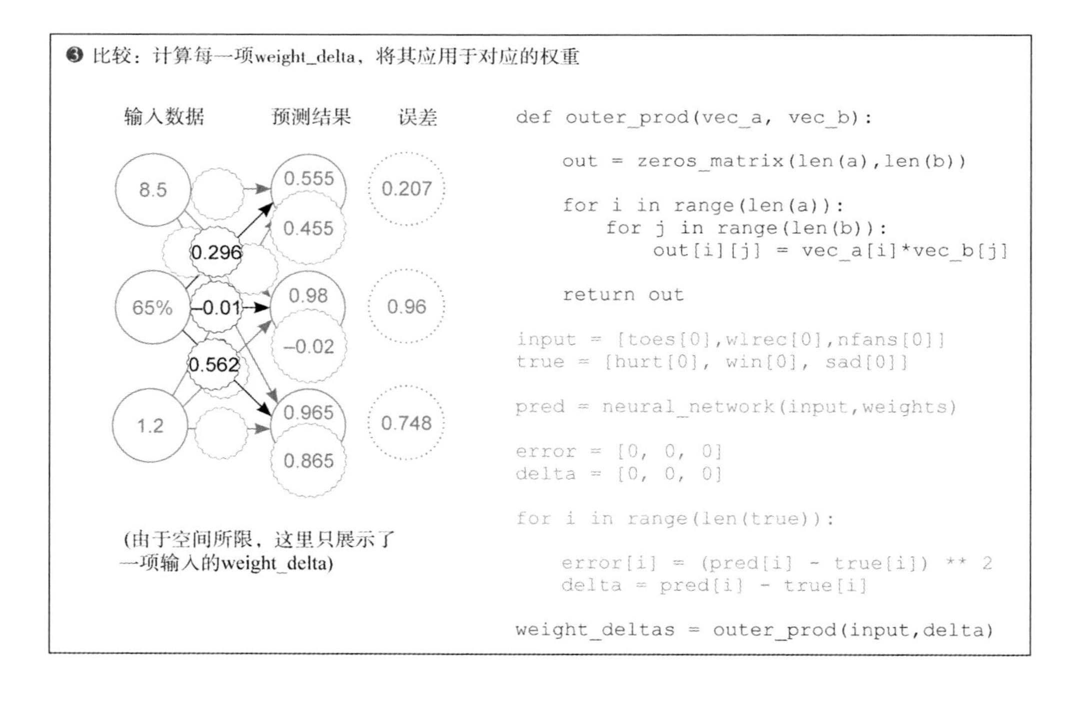
❸ 比较：计算每一项weight_delta，将其应用于对应的权重
输入数据
预测结果
误差
8.5
65%
1.2
0.296
-0.01
0.562
0.555
0.455
0.98
−0.02
0.965
0.865
0.207
0.96
0.748
(由于空间所限，这里只展示了
一项输入的weight_delta)
def outer_prod(vec_a, vec_b):
out = zeros_matrix(len(a),len(b))
for i in range(len(a)):
for j in range(len(b)):
out[i][j] = vec_a[i]*vec_b[j]
return out
input = [toes[0],wlrec[0],nfans[0]]
true = [hurt[0], win[0], sad[0]]
pred = neural_network(input,weights)
error = [0, 0, 0]
delta = [0, 0, 0]
for i in range(len(true)):
error[i] = (pred[i] - true[i]) ** 2
delta = pred[i] - true[i]
weight_deltas = outer_prod(input,delta)

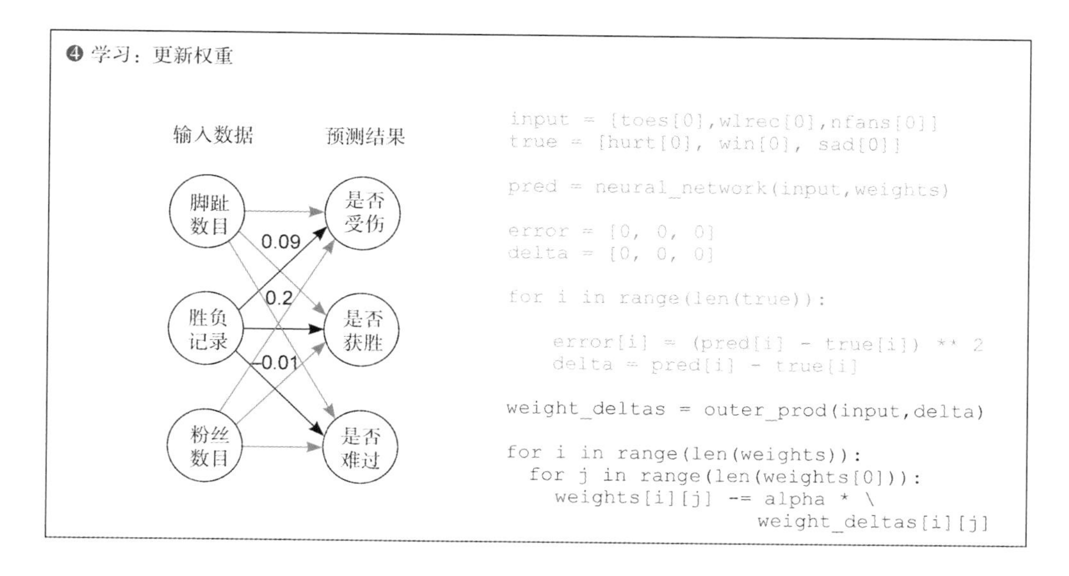
❹ 学习：更新权重
输入数据
预测结果
脚趾数目
胜负记录
粉丝数目
是否受伤
是否获胜
是否难过
0.09
0.2
-0.01
input = [toes[0],wlrec[0],nfans[0]]
true = [hurt[0], win[0], sad[0]]
pred = neural_network(input,weights)
error = [0, 0, 0]
delta = [0, 0, 0]
for i in range(len(true)):
error[i] = (pred[i] - true[i]) ** 2
delta = pred[i] - true[i]
weight_deltas = outer_prod(input,delta)
for i in range(len(weights)):
for j in range(len(weights[0])):
weights[i][j] -= alpha * \
weight_deltas[i][j]

5.7　这些权重学到了什么？

每个权重都试图减少误差，但总的来看它们学到了什么呢？

恭喜你！在本书的这一部分，我们将开始讨论第一个来自真实世界的数据集。幸运的是，它具有历史意义。

它被称为国家标准与技术研究所修正数据集(MNIST，Modified National Institute of Standards and Technology)，它由美国人口普查局的雇员以及美国高中生几年前手写的数字组成。有趣的是，这些手写数字来自于人们笔迹转成的黑白图像。每一个数字图像的旁边都标记有他们所写的实际数字(0-9)。在过去的几十年里，人们选用这个数据集来训练神经网络阅读人类笔迹，今天，你将完成同样的事情。

每幅图像只有 784 像素(28×28)。假设这 784 个像素作为输入，10 个可能的标签作为输出，那么就可以想象出神经网络的形状：每个训练用例包含 784 个值(每个像素一个)，那么，神经网络必须有 784 个输入值。很简单，不是吗?你可以根据实际训练用例的情况(有多少特征)，来相应调整输入节点的数量。你希望能够预测 10 个概率值：每个数字对应一个。给定一个输入图像，神经网络将产生 10 个概率，告诉我们这个手写数字最有可能是什么。

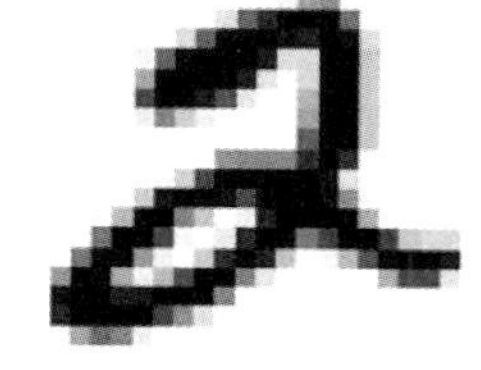

为了产生 10 个概率，我们应该如何配置神经网络？如上所述，你已经知道了一个神经网络工作的整个流程：它可以一次接受多个输入，并根据输入做出多个

预测。你应该可以对它稍加修改，为新的 MNIST 识别任务提供正确的输入和输出数量。你需要将其调整为 784 个输入和 10 个输出。

我们的在线资源中，有一个脚本叫作 MNISTPreprocessor，用于预处理 MNIST 数据集，它可以将前 1000 张图像及其对应的标签加载到两个名为 images(图像)和 labels(标签)的 NumPy 矩阵中。你可能会想，“图像是二维的。我如何才能将(28×28)的像素矩阵输入一维的神经网络？就目前而言，答案很简单：压平。你可以很容易地将 28*28 的图像压平成一个 1×784 的向量。先抽出第一行像素，将它与第二行首尾相连，然后是第三行，以此类推，直到得到一个一维的像素列表(784 像素长)。

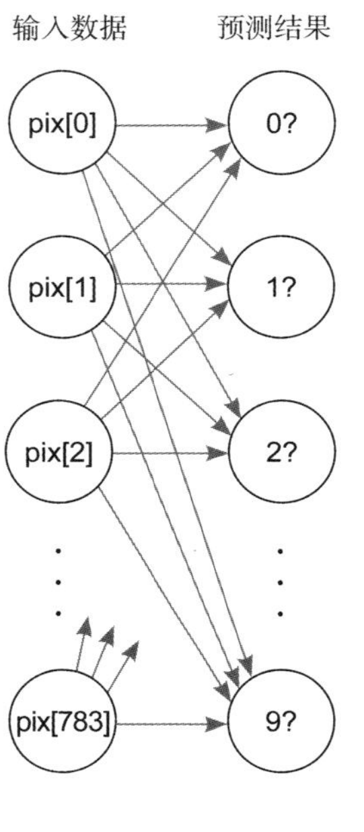

这个图代表了新鲜出炉的 MNIST 分类神经网络。它与你刚刚训练过的具有多个输入和输出的网络非常相似。唯一的区别是输入和输出的数量增加了很多。这个网络有 784 个输入(每个对应着 28×28 的图像中的一个像素)和 10 个输出(每个对应着 0-9 之间可能出现的一个数字)。

如果这个网络能够完美地预测，它将接收图像的像素值(比如数字 2，像下图中的这个)，然后在正确的输出位置(第三个位置，因为我们从 0 开始数)预测出 1，在其他位置预测出 0。如果它能对数据集中的每一个图像都正确地做到这一点，那么误差将不存在。

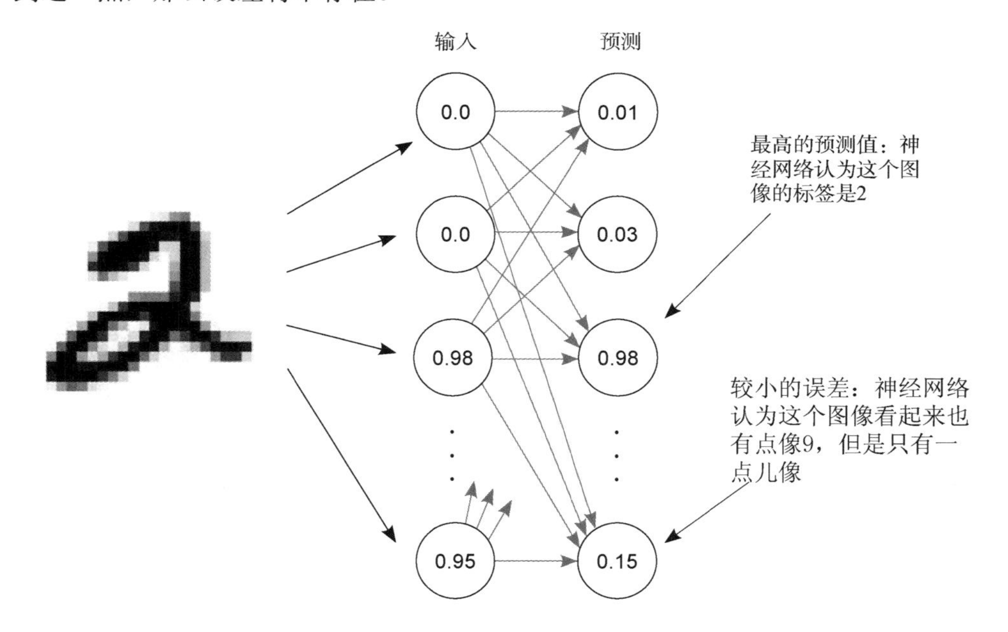

在训练过程中，网络会不断调整输入数据和预测输出之间的权重，使训练误差趋近于 0。但这有什么用呢？修改一堆权重，通过学习来抽象一个模式是什么意思？

5.8　权重可视化

在神经网络研究中，尤其在图像分类领域中，一项有趣又直观的实践是将权重以图片形式进行可视化。不妨先看一下上边的图，你就会明白为什么要这样做。

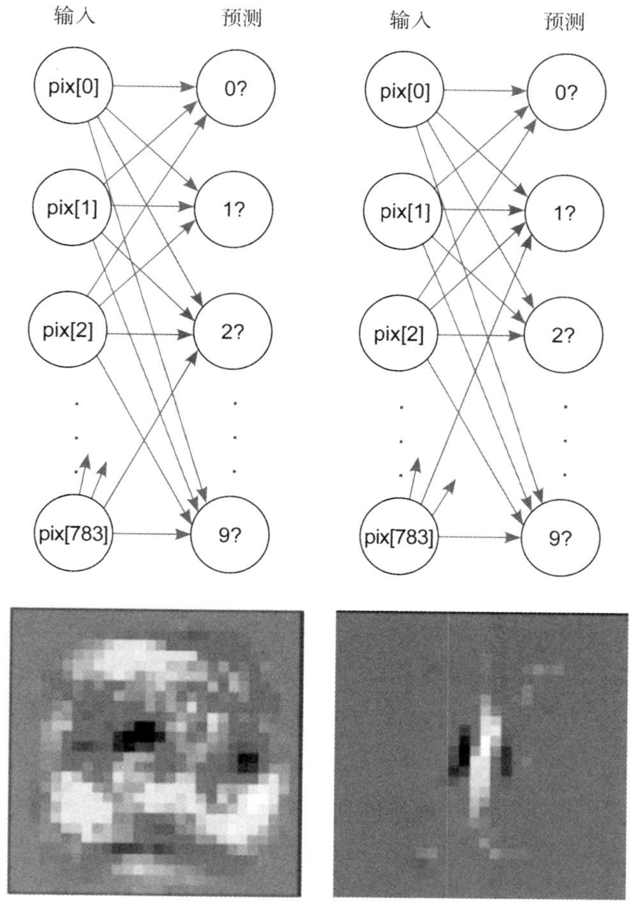

每个输出节点都有一条权重边，与每个输入节点(像素)相连接。例如，上图中，所呈现的 2 这个节点上有 784 个输入权重，每个权重都将数字 2 和图像中对应的像素相连接。

这个关系说明了什么呢？我们可以认为，如果权重值比较高，说明模型认为对应的像素和数字 2 的相关度会比较高。如果权重值非常低(负数)，那么说明神经网络认为对应的像素和数字 2 的相关度非常低，甚至可能是负相关。

如果你把权重画成一个和输入数据形状相同的图像，可以看到对应某个特殊的输出节点，哪些像素具有最高的相关性。在我们的示例中，这两张图像分别使用输出 2 和输出 1 所对应的权重创建，我们可以依稀发现，在图像中分别出现了一个非常模糊的 2 和 1。明亮的区域表示高权重，阴暗的区域表示权重为负值。中性的颜色表示对应的权重为 0。这说明，神经网络在一般情况下能够知道 2 和 1 的形状。

为什么会这样呢？让我们回到点积的课上，快速回顾一下。

5.9 点积(加权和)可视化

回顾一下点积是如何工作的。取两个向量，将它们按元素相乘(elementwise)，然后对输出求和。考虑下面这个例子：

```
a = [ 0, 1, 0, 1]
b = [ 1, 0, 1, 0]                得分

    [ 0, 0, 0, 0] -> 0
```

首先将 a 和 b 中的每个元素相乘，在本例中会生成一个全 0 向量。这个向量的和也是 0。为什么？因为这两个向量没有任何共同点。

```
c = [ 0, 1, 1, 0]        b = [ 1, 0, 1, 0]
d = [.5, 0,.5, 0]        c = [ 0, 1, 1, 0]
```

但是 c 和 d 的点积会得到更高的分数，因为它们有共同的为正值的列。在两个相同的向量之间做点积也会导致更高的分数。想起来了吗？点积是对两个向量之间相似性的松散度量。

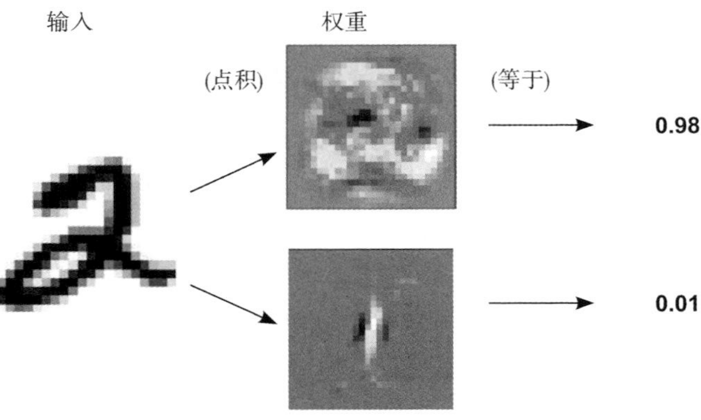

这对于权重和输入意味着什么？在数字 2 识别这个案例中，如果权重向量和数字 2 对应的输入向量比较像，那么模型就会输出一个高分。反之，如果权重向量与数字 2 对应的输入向量不相似，那么输出的分数就比较低。你可以在下面的图中看到这一点。为什么最高的分数(0.98)比最低的分数(0.01)高？

5.10　本章小结

梯度下降是一种通用的学习算法。

本章的中心思想也许是：梯度下降是一个非常灵活的学习算法。如果你以一种允许计算误差函数和增量 delta 的方式对权重进行组合，那么梯度下降方法可以告诉你如何调整权重来减少误差。在本书的其余部分，我们将探讨不同类型的权重组合和误差函数，梯度下降法对它们很有用。下一章也不例外。

第6章 建立你的第一个深度神经网络：反向传播

本章主要内容：

- 交通信号灯问题
- 矩阵和矩阵关系
- 梯度下降、分批梯度下降、随机梯度下降
- 神经网络对相关性的学习
- 过拟合
- 创建属于自己的相关性
- 反向传播：远程错误归因
- 线性与非线性
- 第一个深度网络
- 代码中的反向传播：信息整合

“噢，深思熟虑的计算机，”他说，“我们设计你来执行的任务是这样的。我们想让你告诉我们……”他停顿了一下，“答案”。

——道格拉斯·亚当斯，《银河系漫游指南》

6.1 交通信号灯问题

这个小问题考虑神经网络如何学习整个数据集。

想象你在国外，正往一个街角走去。当你走向路口时，抬头发现交通信号灯是陌生的。现在，你要如何知道什么时候过马路是安全的?

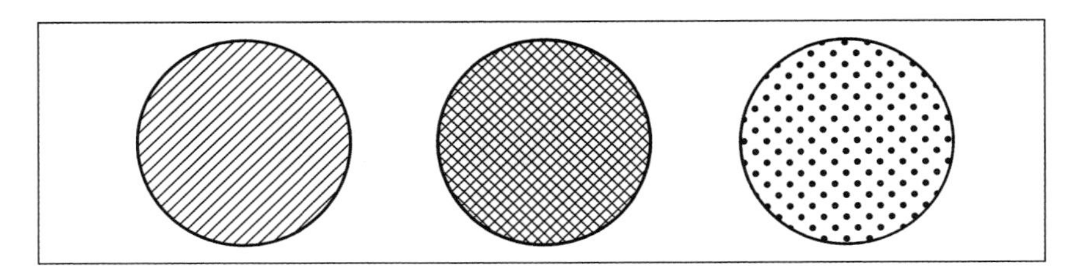

你可以通过解读交通信号灯的含义来知道什么时候过马路是安全的。但在这个案例中，你并不知道如何解读每盏灯的含义。哪盏灯亮起来表示可以走了？什么时候该停下来？为了解决这个问题，你可以在街角坐上几分钟，观察每种灯光组合和周围的人通行或止步的相关性。于是，你坐下来，记录了以下模式。

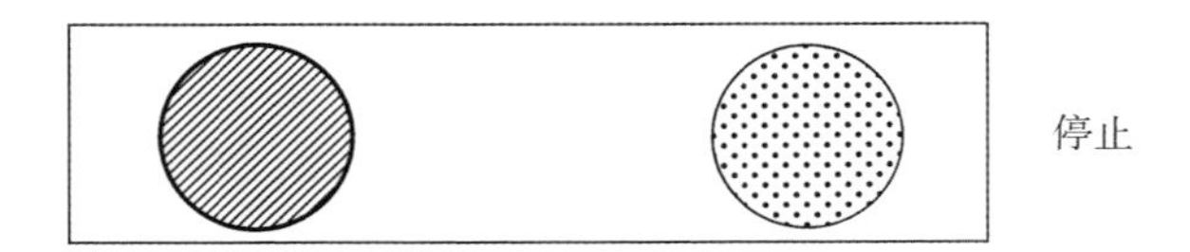

好的，没有人在这种信号灯亮起的时候通行。这时你就想，“哇，这种模式可以意味着任何东西。左边那盏灯或右边那盏灯可能与停止有关，也可能中间那盏灯与通行有关。”我们没有办法知道究竟。让我们取另一个数据点。

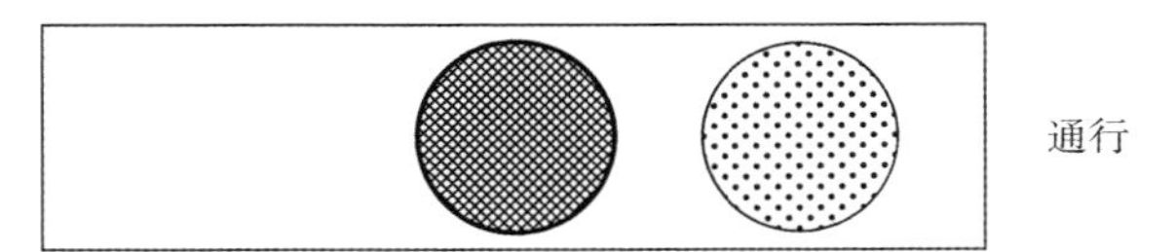

人们穿过马路，所以这组灯里有什么东西改变了信号。你唯一确定的是最右边那盏灯的亮暗看起来并不代表着通行或停止。可能它是不相关的。让我们看另一个数据点。

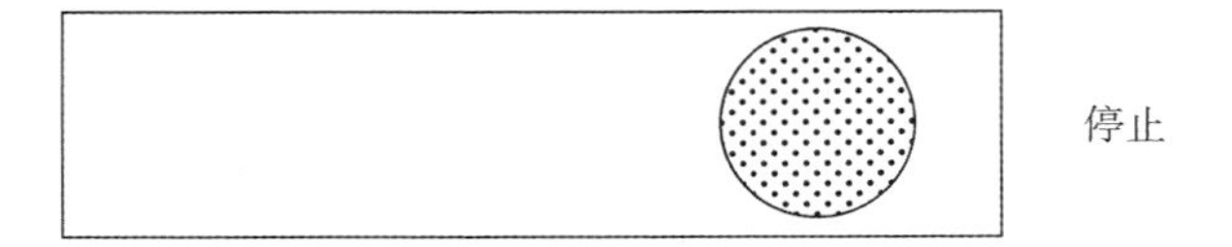

现在你有些眉目了。这次只有中间那盏灯变了，并且你观察到了相反的模式。我们可以假设，中间那盏灯表示人们觉得可以安全行走。在接下来的几分钟里，你记录下了以下六种信号灯模式，以及其对应的人们是通行或停止。你看出其中的模式了吗？

正如假设的那样，中间那盏(交错条纹)灯跟能否安全通行完美相关。你通过观察各个数据点并寻找其中的相关性发现了这种模式。这就是你将要训练神经网络去做的。

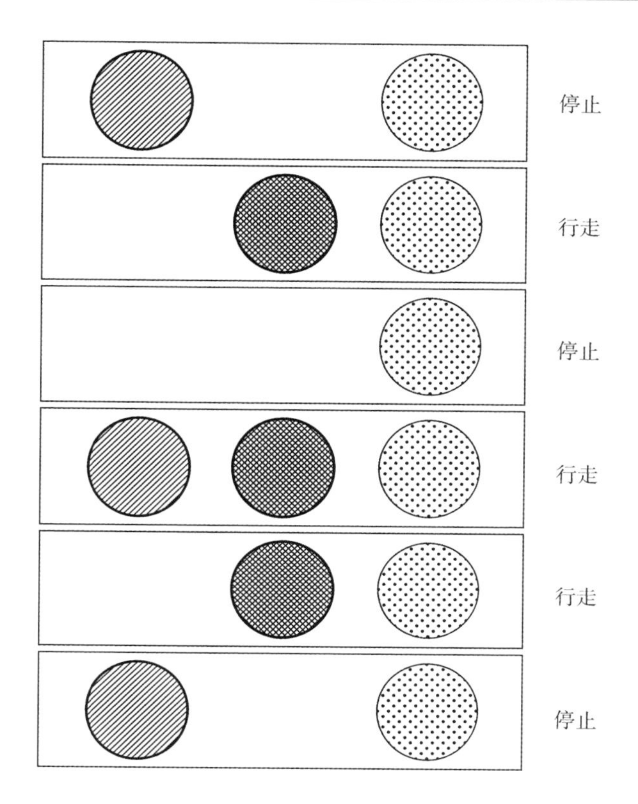

6.2　准备数据

神经网络不能识别交通信号灯。

在前几章中，你学习了监督算法。你知道了它们可将一个数据集转换成另一个数据集。更重要的是，它们可将你已经知道的数据集转换成你想要知道的数据集。

如何训练一个监督神经网络呢？你可以交给它两个数据集，让它学习如何将其中一个转化到另一个。回顾一下交通信号灯问题。你能从中识别出两个数据集吗？哪一个是你一直知道的？哪一个是你想知道的？

你确实有两个数据集。一方面，你有六组信号灯状态记录。另一方面，你有六组人们是否通行的观察记录。这就是两个数据集。

你可以训练神经网络把你已经知道的数据集转换成你想要知道的数据集。在这个特定的实际例子中，你已经知道任意给定时刻的交通信号灯状态，然后你想知道穿过马路是否安全。

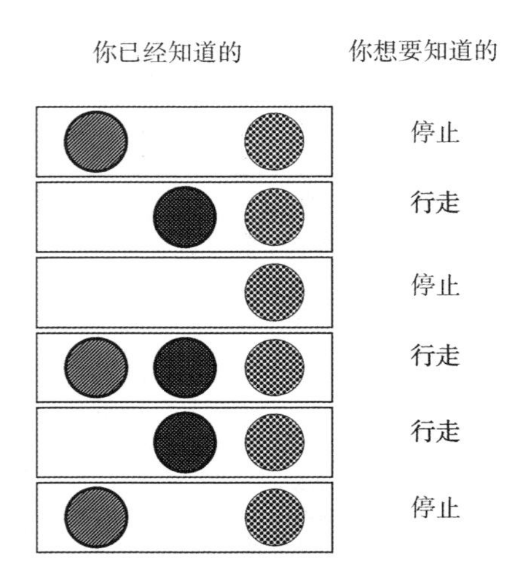

要为神经网络准备这些数据，你需要先把数据分为两组(已经知道的和想要知道的)。注意，如果交换两个数据集，你可以尝试反向的预测。这种办法对一部分问题来说有特别的效果。

6.3 矩阵和矩阵关系

将交通信号灯转换成数学表达。

数学概念并不能理解交通信号灯。如前一节所述，你想要教会神经网络把交通信号灯的模式转换成正确的停止/通行模式。这里的关键词是模式。你真正想做的是用数字形式来模拟交通信号灯的模式。下面尝试着演示一下我的意思。

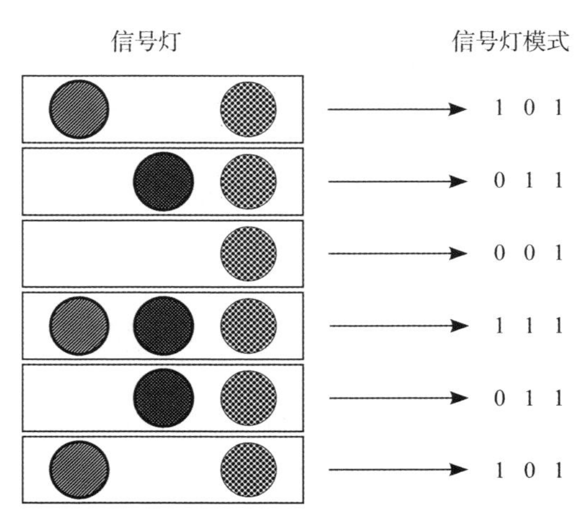

注意这里显示的数字模式以 1 和 0 的形式模拟了信号灯的模式。每盏灯分别用一列数字代表(总共三列，因为有三盏灯)。还要注意，这里有六行，表示六次

不同的信号灯观察结果。

这种由 1 和 0 组成的结构叫作矩阵。行和列之间的这种关系在矩阵中很常见，尤其是数据矩阵(比如那些交通信号灯)。

在数据矩阵中，惯例是用一行来表示每个样例记录，并将每一项(属性)对应记录为一列。这种做法使矩阵易于阅读。

因此，矩阵的一列包含对某一事物所有状态的记录。在本例中，每一列包含特定的某一盏灯的每个开/关状态。每一行包含某一特定时刻每一盏灯的瞬时状态。需要再次说明的是，这是一种常见的做法。

好的数据矩阵能够完美地模拟外部世界。

数据矩阵不一定都是由 1 和 0 构成。信号灯配有调光器，能够以不同的强度发光的情况是怎样的？也许在这种情况下，信号灯矩阵看起来更像下面这样：

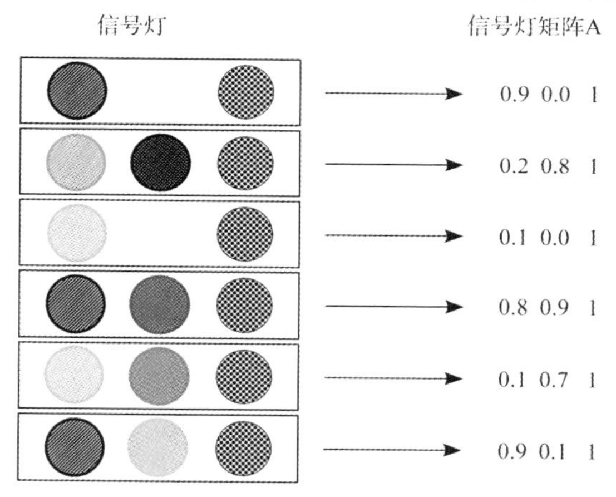

矩阵 A 是完全合理的。它模拟了信号灯在现实世界中存在的模式，所以你可以让计算机来解释它们。那么，下面的矩阵也合理吗？

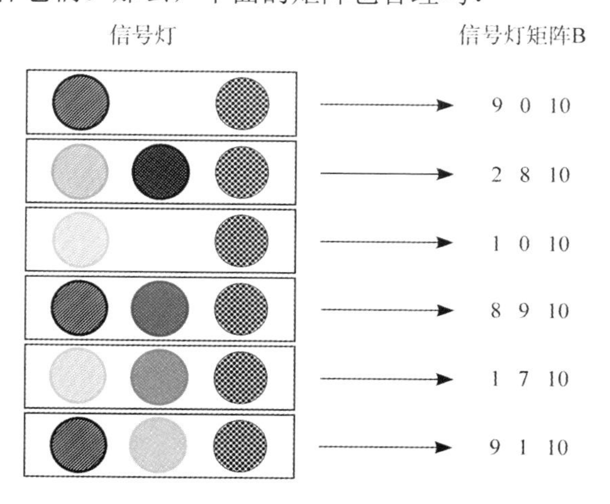

矩阵 B 也是合理的。它充分刻画了各个训练样例(行)和灯光(列)之间的关系。注意矩阵 A 乘以 10 就可以得到矩阵 B(A * 10 == B)。这意味着这些矩阵是彼此的倍数。

矩阵 A 和 B 包含着相同的潜在模式。

有一个重要的事实是，存在无数个矩阵可以完美反映以上数据集中的信号灯模式。甚至下面这个矩阵也是完美的。

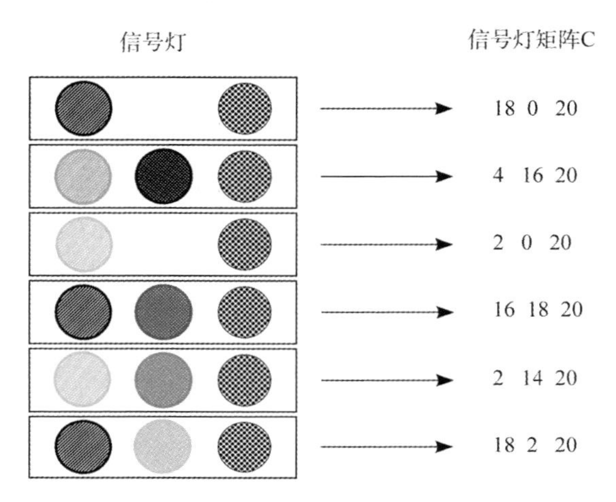

认识到潜在模式与矩阵之间的不同非常关键。它是矩阵的一个性质。事实上，它是这三个矩阵(A、B、C)所具有的共同性质。这种模式是这些矩阵要表达的，也存在于交通信号灯之中。

这种输入数据模式就是你希望神经网络能够学习并转换为输出数据模式的东西。但是，为了学习输出数据模式，你还需要以矩阵形式表达这种模式，如图所示。

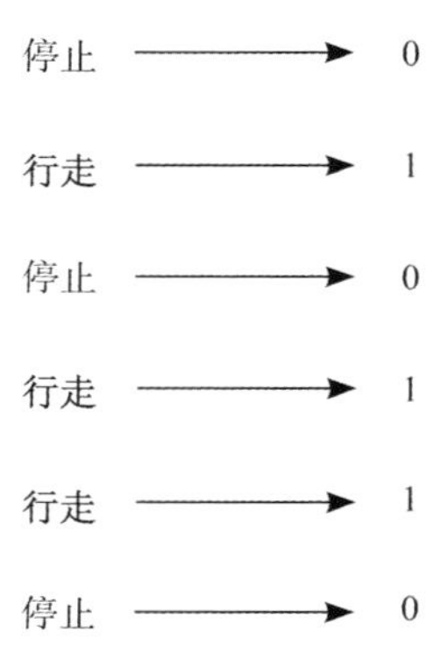

请注意，在这里你可以反转 1 和 0，输出矩阵仍然能够刻画数据中存在的潜在“停止/通行”模式。你应该能够理解这一点，因为无论你将 1 这个数字分配给通行还是停止，你都可以将其解码成底下隐含的停止/通行模式。

这里得到的矩阵称为无损表示，因为你可以在“停止/通行”记录和数据矩阵之间完美地来回转换。

6.4　使用 Python 创建矩阵

把矩阵导入 Python。

现在，你已经将信号灯的模式转换为(只有 1 和 0 的)矩阵。现在让我们用 Python 创建这个矩阵(更重要的是，表达它的潜在模式)，以便神经网络能够读取它。Python 的 NumPy 库(在第 3 章介绍过)就是用于处理矩阵的。让我们看看它的使用方式：

```
import numpy as np
streetlights = np.array( [ [ 1, 0, 1 ],
                           [ 0, 1, 1 ],
                           [ 0, 0, 1 ],
                           [ 1, 1, 1 ],
                           [ 0, 1, 1 ],
                           [ 1, 0, 1 ] ] )
```

如果你是一个普通 Python 用户，那么这段代码中应该有一些值得注意的地方。矩阵就是一个列表的列表。或者说，它是一个数组的数组。NumPy 是什么？NumPy 实际上只是一个对数组的数组的漂亮包装，它提供了专门的面向矩阵的函数。让我们为输出数据也创建一个 NumPy 矩阵：

```
walk _ vs _ stop = np.array( [ [ 0 ],
                               [ 1 ],
                               [ 0 ],
                               [ 1 ],
                               [ 1 ],
                               [ 0 ] ] )
```

你想让神经网络做什么？学习如何将 streetlights(信号灯)矩阵转换为 walk_vs_stop(行走/停止)矩阵。更重要的是，你想要这个神经网络能够把任何包含与 streetlights 相同潜在模式的矩阵转换为包含 walk_vs_stop 潜在模式的矩阵。后文会对此进行更多介绍。让我们首先利用神经网络将 streetlights 矩阵转换为 walk_vs_stop 矩阵。

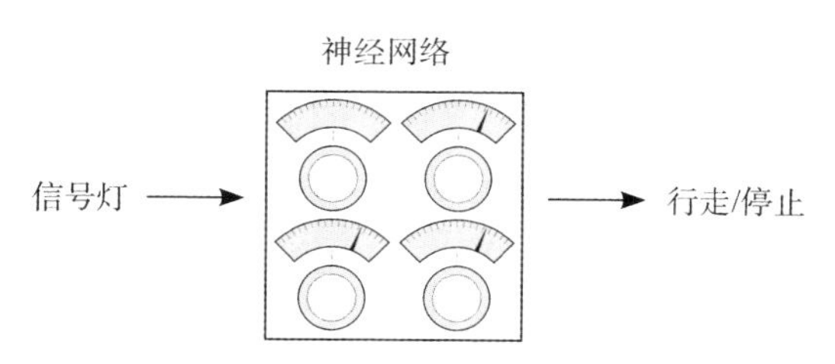

6.5 建立神经网络

我们已经完成了好几章关于神经网络的学习了。现在你拿到了一个新的数据集，你希望能够创建一个神经网络来解决它。下面是用于学习信号灯模式的部分示例代码。它们看起来应该很熟悉：

```
import numpy as np
weights = np.array([0.5,0.48,-0.7])
alpha = 0.1

streetlights = np.array( [ [ 1, 0, 1 ],
                           [ 0, 1, 1 ],
                           [ 0, 0, 1 ],
                           [ 1, 1, 1 ],
                           [ 0, 1, 1 ],
                           [ 1, 0, 1 ] ] )

walk_vs_stop = np.array( [ 0, 1, 0, 1, 1, 0 ] )

input = streetlights[0]                    # [1,0,1]
goal_prediction = walk_vs_stop[0]          # 等于0 (停止)

for iteration in range(20):
    prediction = input.dot(weights)
    error = (goal_prediction - prediction) ** 2
    delta = prediction - goal_prediction
    weights = weights - (alpha * (input * delta))

    print("Error:" + str(error) + " Prediction:" + str(prediction))
```

这个代码样例可能引起你关于第 3 章的一些回忆。首先，使用 dot 函数是执行点积运算(加权和)的一种方法。不过，第 3 章中没有提到的是：Numpy 实现按元素乘法和按元素加法的方式。

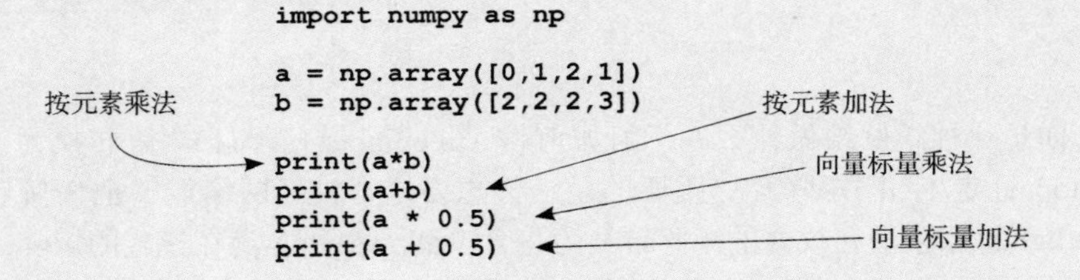

Numpy 简化了这些运算。当你把+(加号)放到两个向量(vector)之间时，它做了你预期的事情：它把两个向量加到一起。除了这些好用的 Numpy 运算符和全新的数据集，这里的神经网络和我们之前所创建的没有任何区别。

6.6　学习整个数据集

神经网络只学习了一条信号灯记录。难道我们不希望它把所有记录都学完吗?

到目前为止你已经训练出能够学会对单个训练样例(input→goal_pred 对)建模的神经网络。但现在你要建立一个告诉你过马路是否安全的神经网络。你需要它理解不止一个信号灯。你要如何做呢？不妨一次性地在所有信号灯上训练它：

```
import numpy as np

weights = np.array([0.5,0.48,-0.7])
alpha = 0.1

streetlights = np.array( [[ 1, 0, 1 ],
                          [ 0, 1, 1 ],
                          [ 0, 0, 1 ],
                          [ 1, 1, 1 ],
                          [ 0, 1, 1 ],
                          [ 1, 0, 1 ] ] )

walk_vs_stop = np.array( [ 0, 1, 0, 1, 1, 0 ] )

input = streetlights[0]                 ←———— [1,0,1]
goal_prediction = walk_vs_stop[0]       ←———— 等于0 (停止)

for iteration in range(40):
    error_for_all_lights = 0
    for row_index in range(len(walk_vs_stop)):
        input = streetlights[row_index]
        goal_prediction = walk_vs_stop[row_index]

        prediction = input.dot(weights)

        error = (goal_prediction - prediction) ** 2
        error_for_all_lights += error

        delta = prediction - goal_prediction
        weights = weights - (alpha * (input * delta))
        print("Prediction:" + str(prediction))
    print("Error:" + str(error_for_all_lights) + "\n")
```

```
Error:2.6561231104
Error:0.962870177672
...
Error:0.000614343567483
Error:0.000533736773285
```

6.7　完全、批量和随机梯度下降

随机梯度下降每次对一个样例更新权重。

事实证明，一次只学习一个样例的想法是梯度下降的一种变体，称为随机梯度下降，它是少数几种可以用来学习整个数据集的方法之一。

随机梯度下降是如何工作的呢？正如你在前面的示例中看到的那样，它分别为每个训练样例执行预测和权重更新。换句话说，它先拿到第一条信号灯的数据，尝试基于它进行预测，计算权重增量 weight_delta，并更新权重。然后继续读取第二条信号灯的数据，以此类推。它循环遍历整个数据集多次，直到找到适合所有训练用例的权重配置。

完全梯度下降每次对整个数据集更新权重。

如第 4 章所介绍的，学习整个数据集的另一种方法是梯度下降(或者称为平均/完全梯度下降)。在训练示例中，网络针对整个数据集计算 weight_delta 的平均值，并在均值计算完成之后更新权重，而非对每个训练用例更新权重。

批量梯度下降对每 n 个样例更新权重。

后面会对此进行更详细的介绍，这里只是告诉你，还存在着不同于随机梯度下降和完全梯度下降的第三种方法。它并非在计算一个样例之后或遍历整个样本数据集之后更新权重，而是选择确定批次大小(通常在 8 到 256 之间)的样例，然后更新权重。

我们将在本书后面的部分对此进行更多讨论，但是现在，你需要知道上文中的代码创建了一个神经网络，能够依靠在每个样例上进行训练来学习整个信号灯数据集。

6.8 神经网络对相关性的学习

最后一层神经网络学到了什么？

你刚刚训练了一个单层神经网络来获取信号灯的模式，并确认过马路是否安全。让我们暂时代入神经网络的视角。神经网络并不知道它在处理信号灯的数据。它只是在尝试识别(三种可能中的)哪种输入与输出相关。它通过分析网络的最终权重确认了中间的信号灯。

注意中间的权重非常接近 1，而最左边和最右边的权重都非常接近 0。从更高的层次看，所有复杂的迭代学习过程最终完成了相当简单的事情：让神经网络确认了中间的输入和输出的相关性。任何权重数值高的位置都具有高相关性。相反，最左边和最右边的输入相对于输出是随机的(它们的权重值非常接近于 0)。

网络如何确认相关性？在梯度下降的过程中，每个训练实例都会对权重施加向上或向下的压力。平均而言，中间那一项权重受到的向上压力更大，其他权重所受到的向下的力更大。那么，这些压力从何而来？为什么不同权重所受到的压力有所不同？

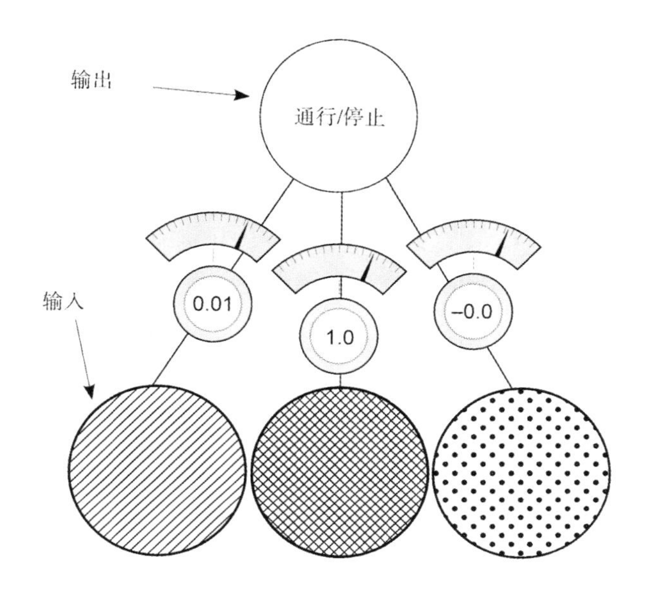

6.9　向上与向下的压力

它来自于数据。

对于给定输入，每个节点都各自尝试做出正确的预测。大多数情况下，每个节点在尝试这样做的时候都会忽略其他所有节点。唯一的交叉通信在于这三个权值必须共享相同的误差度量。权重更新只不过是将这个共享的误差度量值与每个对应的输入相乘。

为什么要这么做呢？神经网络能够学习的关键部分是误差归因，它意味着给定共享误差，神经网络需要找出哪些权重对这些误差产生了影响(可以据此进行调整)，哪些权重没有(可以不管它们)。

训练数据		权重压力	
1 0 1	0	– 0 –	0
0 1 1	1	0 + +	1
0 0 1	0	0 0 –	0
1 1 1	1	+ + +	1
0 1 1	1	0 + +	1
1 0 1	0	– 0 –	0

考虑第一个训练样例。因为中间的输入是 0，所以中间的权重与预测结果完

全无关。不管权重是多少，它都会乘以 0(输入数据)。因此，该训练样例中的任何误差(无论它是太高或还是太低)都只能归因于最左边和最右边的权重。

现在，我们来看一下第一个训练样例对权重产生的压力。如果网络预测值应该为 0，且相应的输入为 1，则会导致错误，从而使得对应的权重值趋近于 0。

权重-压力表有助于描述每个训练样例对相应权重产生的影响。+表示有向 1 方向的压力，-表示有向 0 方向的压力。零(0)表示没有压力，因为输入数据点为 0，所以权重不会改变。注意，最左边的权重对应的压力有两个负值和一个正值，所以平均而言，它的值会趋向于 0。中间权重对应的压力是 3 个正值，所以平均而言会向 1 移动。

训练数据			权重压力	
1 0 1	→	0	– 0 –	0
0 1 1		1	0 + +	1
0 0 1	→	0	0 0 –	0
1 1 1		1	+ + +	1
0 1 1	→	1	0 + +	1
1 0 1		0	– 0 –	0

每个独立权重都试图纠正误差。在第一个训练样例中，最左边和最右边的输入与期望输出之间并没有相关性。这使这些权重受到了向下的压力。

在所有六个训练用例中都出现了同样的现象，相关性更多地产生了向 1 方向的压力，而无关性和向 0 方向的压力有关。总体而言，这让神经网络最终能够发现位于中间的权重与输出之间存在的相关性为主要影响因素，其在输入数据的加权平均中权重最大，从而使得网络能够进行相当准确的预测。

底线

预测结果是输入数据的加权和。学习算法对与输出相关的输入所对应的权重以向上(向 1 的方向)压力作为奖励，而对与输出不相关的输入所对应的权重以向下(向 0 的方向)压力作为惩罚。输入数据的加权和通过将无关输入所对应的权重项推向 0，可以找到输入和输出之间存在的完美相关性。

向上压力和向下压力算不上是精确的数学表达式，存在着能够使这个逻辑不成立的大量边界情况 (下文中将进一步讨论这个问题)。不过，稍后你就会发现，这是一个非常有价值的近似表达，能够允许你暂时忽略梯度下降的所有复杂性，而只需要记住学习过程将以更大的权重奖励相关性(或者更一般地说，学习过程能够发现两个数据集之间的相关性)。

6.10 边界情况：过拟合

有时，关联是偶然发生的。

我们再回来看一下训练数据中的第一个样例。如果最左边的权重是 0.5，最右边的权重是-0.5 呢？它们的预测结果会等于 0。网络会做出完美预测。但它还远没有学会如何预测信号灯的安全模式——在现实世界中，这个权重配置将会失效。这种现象被称为过拟合。

深度学习的最大弱点：过拟合

所有的权值都有误差。如果某个特定的权重配置意外地在预测数据集和输出数据集之间创建了完美的吻合(比如使得 error == 0)，而此时并没有给真正最重要的输入赋予最大的权重，那么神经网络将停止学习。

如果没有其他的训练样例，这个致命的缺陷会破坏神经网络。其他的训练用例是做什么的?让我们来看第二个训练样例。它在不改变最左边权重的同时，提升了最右边的权重。这打破了第一个样例中让学习停滞的平衡。只要你不是只在第一个样例上训练，其余的训练样例将帮助网络避免陷入这种对任意单个样例都可能存在的边界配置中去。

这非常重要。神经网络非常灵活，如果给定训练数据的某个子集，它可以找到很多能够产生正确预测结果的不同权重配置。如果你在前两个训练样例上训练这个神经网络，它可能会在对于其他的训练样例效果不好的时候停止学习。本质上，它只是记住了这两个训练用例，而不是找出能够推广到任意可能的信号灯组合的相关性。

如果你只在两组信号灯上训练而神经网络只找到这些边界配置，当它看到一个不在训练数据中的信号灯时，它可能没办法告诉你过马路是否安全。

关键信息

深度学习所面临的最大挑战是训练你的神经网络去泛化而不仅仅是记忆。下文会再讨论这点。

6.11 边界情况：压力冲突

有时，相关性本身也会发生冲突。

请观察下面的权重-压力表中最右面那一列。你有什么发现？

训练数据				权重压力			
1	0	1	0	–	0	–	0
0	1	1	1	0	+	+	1
0	0	1	0	0	0	–	0
1	1	1	1	+	+	+	1
0	1	1	1	0	+	+	1
1	0	1	0	–	0	–	0

这一列似乎有数量相等的向上和向下的力矩。但是网络正确地将与之对应的(最右面的)权重降到了 0，这意味着它向下的力矩必须大于向上的力矩。这是怎么回事？

左边和中间的权重有足够的信息使它们自行收敛。左边的权重降低到 0，中间的权重升高到 1。随着中间的权重越来越高，正样本所带来的误差也在不断减小。但是当它们接近最优位置时，最右边的权重与预测结果的无关性则更加明显。

让我们考虑一个极端的例子：左边和中间的权重被完美地分别设置为 0 和 1。网络会发生什么？如果右边的权重值大于 0，则网络预测的结果会过高；如果右边的权重值低于 0，则网络预测的结果会过低。

在其他节点学习的过程中，它们会吸收一部分误差，它们也会吸收一部分相关性。

它们使得神经网络能以适度的关联能力做出预测，从而降低了误差。然后，其他的权重会相应尝试调整它们的值，以正确预测剩下的样例。

这种情况下，中间的权重有持续的信息来吸收所有的相关性(由于中间那项输入与输出之间有着 1:1 的对应关系)，当你想预测 1 时，误差会变得非常小，但是当你想要预测 0 时，误差变大，这把右边的权重不断向下推。

结果并不总是如此。

在某种程度上，你是幸运的。如果中间节点没有如此完美地和预测结果进行关联，网络可能很难压制最右侧的权重。稍后你就会学到正则化这一概念，它能够迫使具有压力冲突的权重趋向于 0。

提前说一下，正则化是有利的，因为如果一个权重具有相同的向上和向下的压力，不会产生任何好处。它不会对任何一个方向有帮助。从本质上讲，正则化的目的是使得只有真正具有强相关性的权重才能保持不变，其他的一切都应该被压制，因为它们会产生噪声。这有点像自然选择，同时，作为一项副作用，它会导致神经网络的训练加快(迭代次数更少)，因为最右边的权重存在同时受到正负两个方向的压力的问题。

这种情况下，由于最右边的节点没有表现出明确的相关性，网络将立即把它向 0 的方向推。如果没有经过正则化——就好像我们之前的训练过程那样，直到左边的权重和中间的权重慢慢开始找到它们的模式，我们才会知道最右侧的输入是无用的。后文对此有更多讨论。

如果网络试着寻找一列输入数据和一列输出数据之间的相关性，它将如何处理下面的数据集?

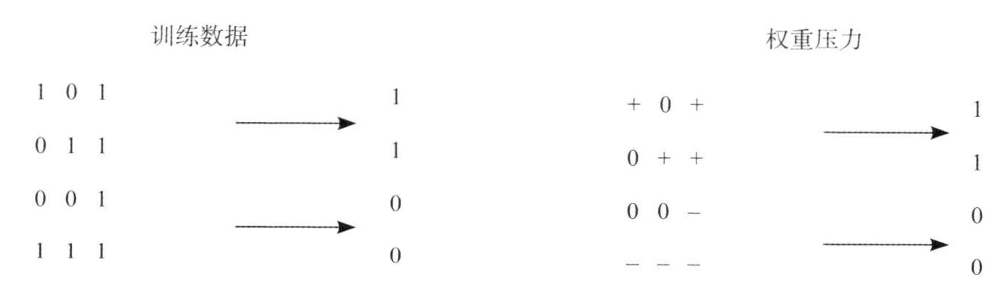

任何一列输入和输出之间都没有相关性。每项权重都受到等量的向上和向下的压力。对于神经网络来说，这个数据集才是真正的问题。

以前，你可以处理受到等量的向上和向下压力的输入数据点，因为其他节点将针对其预测结果开始求解，使得平衡节点相应偏上或偏下。但这种情况下，所有的输入在正负压力之间都是平衡的。你会如何做？

6.12　学习间接相关性

如果数据没有相关性，那么创建具有相关性的中间数据!

之前我将神经网络描述为搜索输入和输出数据集之间相关性的工具。现在我想稍微完善一下。在现实中，神经网络搜索它们的输入层和输出层之间的相关性。

你可以设置输入层的值为输入数据的单独一行，然后尝试训练网络，使输出层等于输出数据集。很神奇的是，神经网络并不知道这些数据到底是什么。它只是搜索输入层和输出层之间的相关性。

不幸的是，我们遇到了一个新的信号灯数据集，它的输入和输出之间没有相关性。解决方案很简单：使用两个神经网络。第一个将创建一个与输出数据具有有限相关性的中间数据集，第二个将使用这种有限相关性正确预测输出。

因为输入数据集与输出数据集不相关，所以你可以使用输入数据集创建一个与输出相关的中间数据集。这有点像作弊。

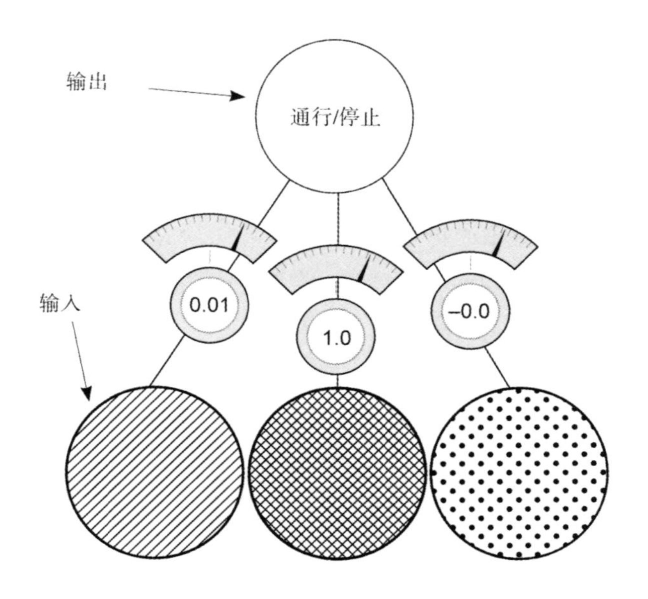

6.13 创建关联

这是一张新的神经网络的图片。基本上是把两个神经网络叠在一起。中间节点层(layer_1)表示中间数据集。我们的目标是训练这个网络使得即使在输入数据集和输出数据集(layer_0 和 layer_2)之间没有相关性的情况下，用 layer_0 创建的数据集 layer_1 仍与 layer_2 相关。

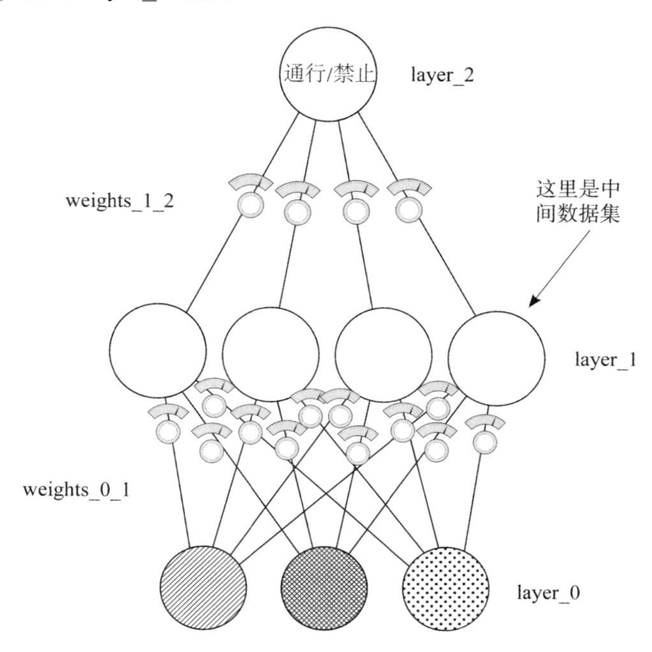

注意：这个网络仍然只是一个函数。它有一组以某种特定的方式放在一起的权重。此外，梯度下降仍然有效，因为你可以计算每个权重对误差的贡献，调整它使误差降到 0。这就是你下面要做的事情。

6.14　堆叠神经网络：回顾

第 3 章简要介绍了堆叠神经网络。让我们来回顾一下。

当你看到下面的结构时，它预测的方式跟我提到的“堆叠神经网络”是一样的。下数第一个神经网络(layer_0 到 layer_1)的输出是第二个神经网络(layer_1 到 layer_2)的输入。这里的每个神经网络的预测和你之前看到的一样。

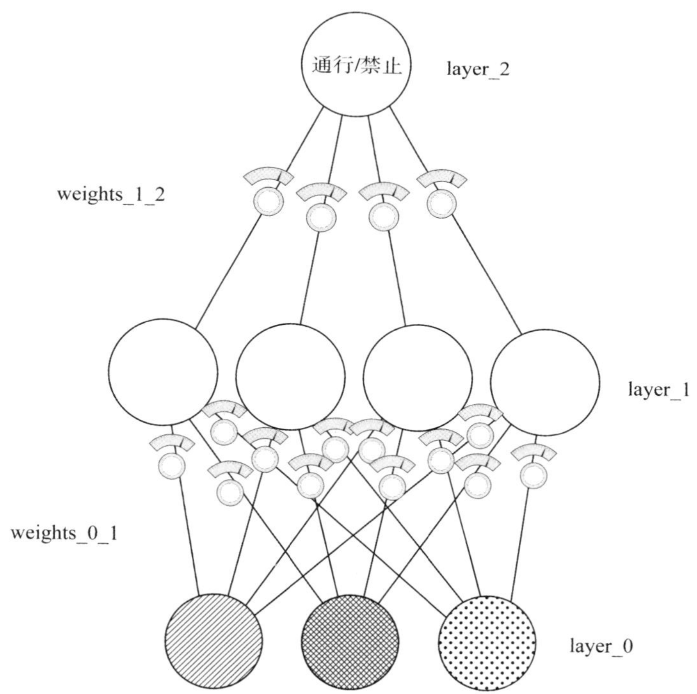

如果你已经开始思考这个神经网络是如何进行学习的，你已经学会很多了。如果忽略最底下那一层权重，将它们的输出视为训练集，则神经网络上半部分(layer_1 到 layer_2)与前一章训练的网络没什么区别。你可以用同样的学习逻辑来帮助他们学习。

你还没有理解的部分是如何更新 layer_0 和 layer_1 之间的权重。用什么作为它们的误差度量?你可能还记得在第 5 章中，缓存/规范化的误差度量称为 delta(增量)。在本例中，你将了解如何知道 layer_1 处的 delta 值，以使得它们能够帮助

layer_2 做出准确的预测。

6.15 反向传播：远程错误归因

加权平均误差

从 layer_1 到 layer_2 的预测应该是什么?它是 layer_1 的数值的加权平均值。如果 layer_2 以 x 的误差偏高，你如何知道 layer_1 的哪些值贡献了误差？权重较高的值(weights_1_2)贡献更多误差。从 layer_1 到 layer_2 的权重较低的值贡献的误差较少。

考虑极端情况：假设从 layer_1 到 layer_2 最左边的权重是 0。layer_1 上的该节点导致了多少误差？答案是 0。

这个答案简单到有些滑稽。从 layer_1 到 layer_2 的权重准确地描述了每个 layer_1 节点对 layer_2 预测的贡献份额。这意味着这些 å 权重也能准确描述每个 layer_1 节点对 layer_2 的误差的贡献。

如何使用 layer_2 的 delta(增量)来求出 layer_1 处的 delta(增量)呢?将它乘以 layer_1 的各个权重。这就像反向的预测逻辑。这种反向传递增量信号的过程叫作反向传播。

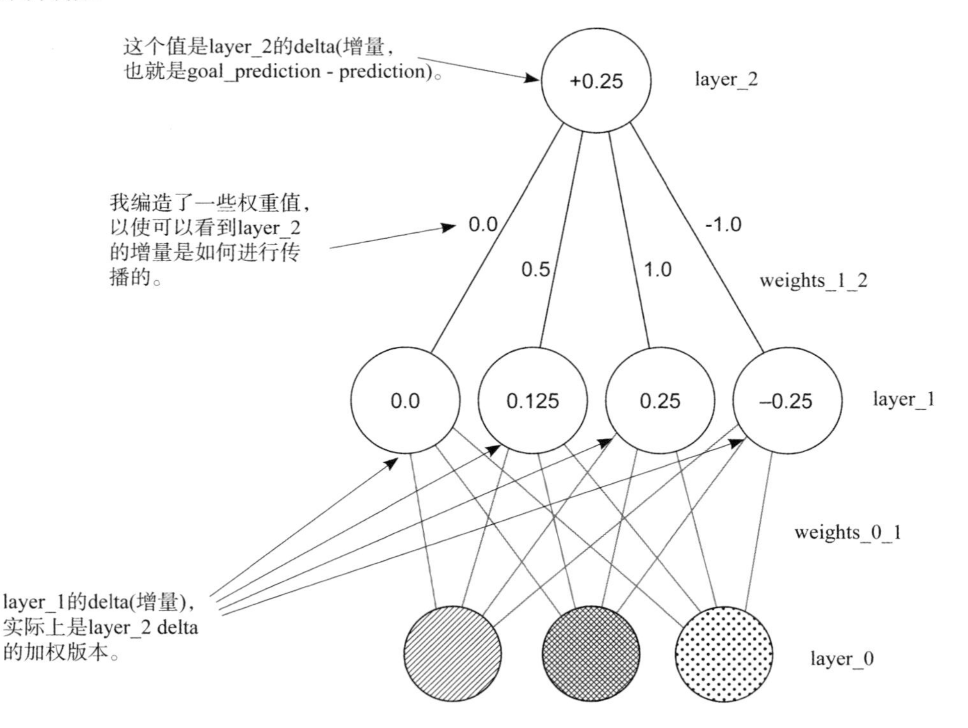

6.16　反向传播：为什么有效？

加权平均增量

在第 5 章的神经网络中，delta 变量告诉你这个节点的值下次应该往哪个方向变化多少。反向传播让你做的事情只是，“嘿，如果你想让这个节点升高 x，那么前面 4 个节点中的每一个都需要变高或者变低 x*weights_1_2 这么多，因为这些权重将预测的结果放大了 weights_1_2 倍。”

当权重矩阵 weights_1_2 反过来使用时，会将误差适当放大。它放大了误差，使得你知道每个 layer_1 节点应该向上或向下移动多少。

一旦知道了这一点，你可以像以前那样更新每个权值矩阵。对于每一个权重，将它的输出增量乘以它的输入值，然后将权重调整那么多(或者，你也可以用 alpha 对其进行缩放)。

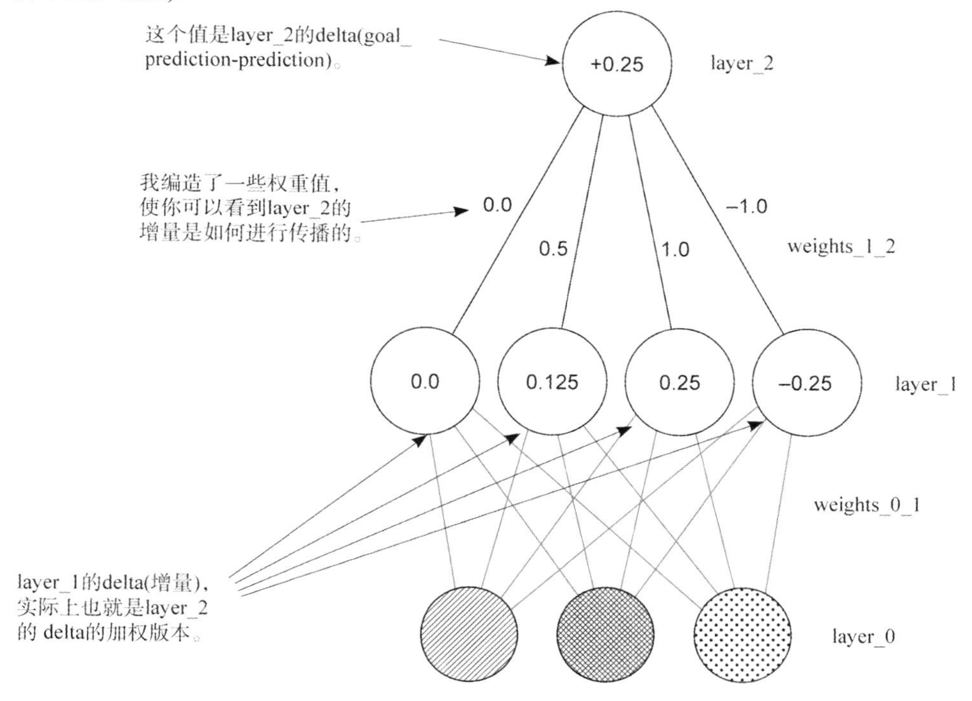

6.17　线性与非线性

这可能是书中最难的概念。让我们慢慢来。

我要给你们展示一个现象。事实证明，为了能够训练这个神经网络，还差一个组件。让我们从两个角度来看。第一个角度将告诉我们，为什么神经网络的训练离不开它。换句话说，首先向你展示为什么神经网络目前是不可用的。然后，当你添加了这部分之后，会告诉你它是如何解决问题的。现在，看看下面的简单代数运算：

```
1 * 10 * 2 = 20      1 * 0.25 * 0.9 = 0.225
5 * 20 = 100          1 * 0.225 = 0.225
```

这里的要点是：对于任何两个乘法，我都可以用一个乘法来完成同样的事情。事实证明，这么做不好。

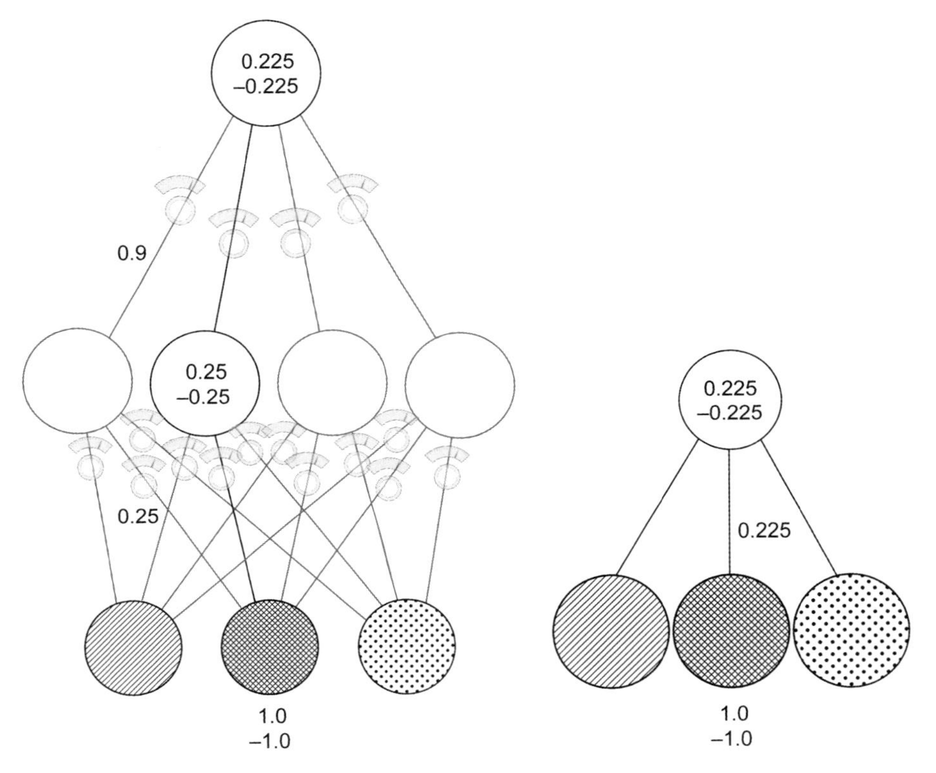

以上两幅图各自展示了一个训练样例，一个的输入值是 1.0，另一个的输入值是-1.0。这里存在一条十分关键的规则：对于你创建的任何一个三层的神经网络，都存在着一个有着相同的行为模式的两层神经网络。于是，将两个神经网络叠加在一起(就像你现在所知道的那样)，并不会带来更好的预测结果。两个连续的加权和运算等价于一个加权和运算，只是代价更昂贵。

6.18　为什么神经网络仍然不起作用

如果你训练现在这种三层网络，它不会收敛。

问题：对于任意两个连续的输入加权和，一定能够找到具有完全相同行为的单一加权和。任何三层网络可以做的事情，两层网络也可以做。

在尝试着调整中间层(layer_1)之前，让我们先讨论一下它的实现方式。现在，每个输入都有一个权重通往相应的每一个节点。让我们站在相关性的角度来考虑，也就是说中间层中的每个节点都和各个输入节点存在一定量的关联。如果从输入节点到中间层的权重为 1.0，则它将会百分之百地精确响应输入节点的移动。如果该节点增加 0.3，中间节点也会随之增加 0.3。如果连接两个节点的权重为 0.5，则中间层中的每个节点会精确按照该节点移动幅度的 50%进行调整。

中间节点唯一可以摆脱和某个特定输入节点的相关性的方法，是与另一个输入节点建立更多相关性。这个神经网络没有新的变化——只是其中每个隐藏节点跟踪一部分与输入节点的关联。

中间节点不能向这个过程添加任何内容：它们自己不会带来任何相关性，只是或多或少与不同的输入节点相关。

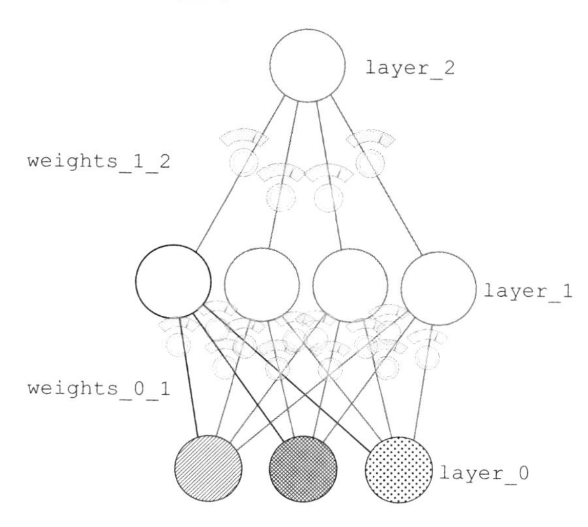

但因为你已经知道，在新的数据集中，输入和输出之间不存在相关性，那么中间层有什么帮助呢？它只是把一些已经没用的相关性混合在一起。你真正需要的是使中间层能够选择性地与输入节点相关联。

因此，你希望中间层有时与输入相关，有时不相关。这让它有了自己的相关性。这给了中间层机会：不仅仅总是 x%与一个输入节点相关，y%与另一个输入节点相关；相反，它可以只在想要和某个输入节点产生 x%的关联的时候，才关联到它，而其他时候根本不关联。这称为条件相关，或者选择相关。

6.19 选择性相关的秘密

当值低于 0 时“关闭”节点。

这看起来太简单了，好像不会产生什么作用，但是不妨考虑一下：如果一个节点的值低于 0，通常情况下这个节点仍然与输入具有一定的相关性。只是这个相关性的值恰好是负的而已。但是如果在节点为负的时候“关闭”它(将其设置为0)，那么它与任何输入的相关性都会为 0。

这意味着什么？现在，节点可以在它想要的时候选择性地关联相应的对象。这使得它可以完成下面这种操作：“让我和左边的输入完全相关，但是只有当右边的输入被关闭的时候。”它是如何做到这样的呢？好吧，如果左边输入的权重值为1.0，右边输入的权重值为一个大负数，这种情况下，同时接受左边的和右边的输入将导致节点的值一直为 0。但是，如果只“打开”左边的输入，节点将仅接受左边输入的值。

这在以前是不可能的。早些时候，中间节点要么始终与某个输入相关，要么始终不相关。现在它可以是条件相关的。终于，它可以表达自己的意见了。

解决方案：通过在任何中间节点为负时关闭它，你能够允许神经网络选择性接受来自不同输入的相关性。这对于两层神经网络来说是不可能的，因此，三层网络具有更强的能力。

这种“如果节点为负，则将其设置为 0”的逻辑有一个漂亮的术语：“非线性”。没有这项调整的话，神经网络将是线性的。也就是说，如果没有这项技术，输出层能够选择的相关性和它在两层网络中可选的相关性没有什么区别。它直接与输入层相关，就意味着它不能解决新的路灯数据集的问题。

非线性变换有很多种。但这里讨论的是许多情况下最好的方法。这也是最简单的方法(叫作 relu)。

值得注意的是，大多数其他书籍和课程都告诉我们矩阵乘法是一个线性变换。我觉得这并不直观。这也使我们更难理解非线性所带来的贡献——为什么会选择非线性而不是线性的模型(后文会详述)。它讲的是，“如果没有非线性变换，那么两个矩阵相乘可能等价于一个矩阵”。我的解释虽然不是最简洁的答案，却是对为什么需要非线性的一个直观解释。

6.20　快速冲刺

最后一部分可能感觉有点抽象，这没什么问题。

情况是这样的。前几章讲的是简单代数，所有内容最终都落在简单的工具上。从本章开始，我们的学习需要建立在先前打好的基础之上。在此之前，你学习了以下内容：

> 你可以计算误差和任何一项权重之间的关系，这样你就知道对权重值的改变是如何改变误差的。然后你可以据此将误差减少到 0。

这是非常重要的一课。但现在我们需要暂时将它搁置。我们已经讲过了为什么这种方法是有效的，你可以从表面上理解这项表述。下一个知识点在本章的开头：

> 调整权重来降低一系列训练样例上的误差，最终目标在于寻找输入层和输出层之间的相关性。如果不存在相关性，则误差永远不会达到 0。

这是更重要的一课。它在很大程度上意味着你可以从自己的脑海里面把上一课的内容清除掉。你不再需要它。现在你关注的是相关性。重要的是，你不能一直在脑海里思考所有的事情。你需要学习一节内容，让你自己相信它。当你面对着对细粒度课程更简洁的总结(或者说更高的抽象)时，你可将前面所掌握的细节放在一边，专注于理解更抽象的内容总结。

这类似于一位游泳运动员、自行车运动员或类似的专业运动员，他们需要通过一系列小的训练来掌握关于流体的知识。一位棒球运动员在获得上千的小教训之后，最终才有能力击出伟大的一棒。但是当球员走到本垒板时，他并没有考虑所有这些技术细节。他的行动是流畅的——甚至是下意识的。学习这些数学概念也是一样的。

神经网络寻找输入和输出之间的相关性，你不再需要担心这是如何发生的。你已经知道了这件事情一定会发生。现在我们会基于这个想法逐步前进。请让自己放松下来，相信你已经学过的东西。

6.21　你的第一个深度神经网络

下面是做出预测的方法。

下面的代码初始化权重并进行正向传播。新代码用粗体标出。

```
import numpy as np

np.random.seed(1)

def relu(x):
    return (x > 0) * x

alpha = 0.2
hidden_size = 4

streetlights = np.array( [[ 1, 0, 1 ],
                          [ 0, 1, 1 ],
                          [ 0, 0, 1 ],
                          [ 1, 1, 1 ] ] )

walk_vs_stop = np.array([[ 1, 1, 0, 0]]).T

weights_0_1 = 2*np.random.random((3,hidden_size)) - 1
weights_1_2 = 2*np.random.random((hidden_size,1)) - 1

layer_0 = streetlights[0]
layer_1 = relu( np.dot(layer_0,weights_0_1))
layer_2 = np.dot(layer_1,weights_1_2)
```

这个函数将所有负数设为0

两组权重经过随机初始化后，将三层网络连接在一起

第一层网络(layer_1)的输出通过relu函数的处理，将其中的负值转换为0，并作为输出传递给下一层神经网络，也就是第二层(layer_2)

请根据右图理解每一段代码的含义。输入数据进入第 0 层网络(layer_0)，通过 dot 函数，信号经过权重从 layer_0 传递给 layer_1(也就是说对于 layer_1 中的四个节点分别求加权和)。从 layer_1 算出的这些加权然后传递给 relu 函数，后者将其中的负值转换为 0。然后，最后一次加权和算出结果传递给最后的节点 layer_2。

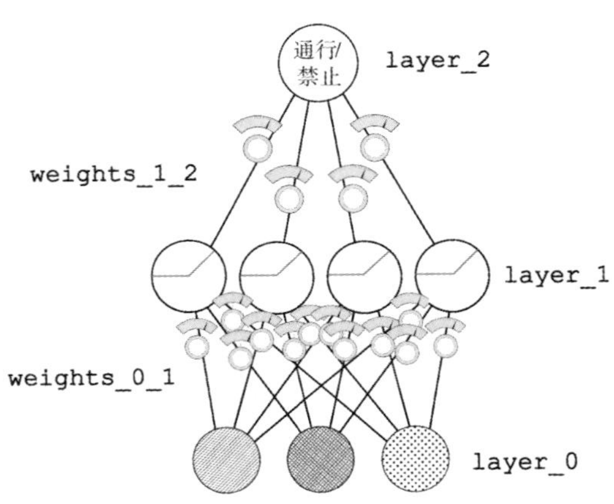

6.22 反向传播的代码

你可以据此了解每项权重对最终误差的贡献。

在上一章的末尾，我提出了一个观点：把两层神经网络的代码记住是一件重要的事情，这样当我们讲到更高级的概念时，你可以便捷地回忆起它。这种时候记忆是有用的。

下面展示了新的学习代码，认识与理解前几章的内容是至关重要的。如果你

感到有点迷惘，不妨回到第 5 章，记住代码，然后回来。有一天它会带来重大的改变。

```
import numpy as np

np.random.seed(1)

def relu(x):
    return (x > 0) * x

def relu2deriv(output):
    return output>0

alpha = 0.2
hidden_size = 4

weights_0_1 = 2*np.random.random((3,hidden_size)) - 1
weights_1_2 = 2*np.random.random((hidden_size,1)) - 1

for iteration in range(60):
   layer_2_error = 0
   for i in range(len(streetlights)):
      layer_0 = streetlights[i:i+1]
      layer_1 = relu(np.dot(layer_0,weights_0_1))
      layer_2 = np.dot(layer_1,weights_1_2)

      layer_2_error += np.sum((layer_2 - walk_vs_stop[i:i+1]) ** 2)

      layer_2_delta = (walk_vs_stop[i:i+1] - layer_2)
      layer_1_delta=layer_2_delta.dot(weights_1_2.T)*relu2deriv(layer_1)

      weights_1_2 += alpha * layer_1.T.dot(layer_2_delta)
      weights_0_1 += alpha * layer_0.T.dot(layer_1_delta)

   if(iteration % 10 == 9):
      print("Error:" + str(layer_2_error))
```

当x>0时，返回x；
在其他条件下，返回0。

当input(输入)大于0 时，
返回1；在其他条件下，返回0。

通过将layer_2_delta与weights_1_2相乘，这行代码计算了给定layer_2的delta时layer_1的delta。

你可能不信，唯一真正的新代码是粗体部分。其他与前几页的代码基本没有什么区别。relu2deriv 函数在 output> 0 时返回 1；否则，返回 0。这是 relu 函数的斜率(导数)。很快你会看到，它有重要的作用。

记住，我们的目标是找到误差的影响因素。是算出每项权重分别对最终的误差贡献了多少。在前文提到的第一个(两层)神经网络中，我们需要计算一个 delta 变量，该变量告诉你希望预测结果要再升高多少或再降低多少。看这里的代码。你用同样的方法计算了 layer_2_delta。没有什么新东西(如果你忘了这部分是如何工作的，请回到第 5 章复习一下)。

在你知道了最终预测结果应该向上或向下移动多少(delta)之后，你需要算出中间层(layer_1)的节点应该向上或向下移动多少。这些数字实际上是中间预测。一旦知道了 layer_1 处的 delta，就可以使用与之前相同的过程计算权重更新(对于每个权重，把输入乘以它的输出的 delta，并把结果加到 weight 上)。

如何计算 layer_1 的增量 delta 呢？首先，将输出的 delta 乘以与之连接的每个权重。这么做算出了每项权重对误差的贡献大小。还有一件事需要考虑。如果 relu 将某个 layer_1 节点的输出设置为 0，则不会对误差产生任何影响。当这个前提成立时，我们还应该将这个节点的 delta 设为 0。将每个 layer_1 节点乘以 relu2deriv

函数就能做到这点。relu2deriv 的返回值是 1 还是 0，取决于 layer_1 的值是否大于 0。

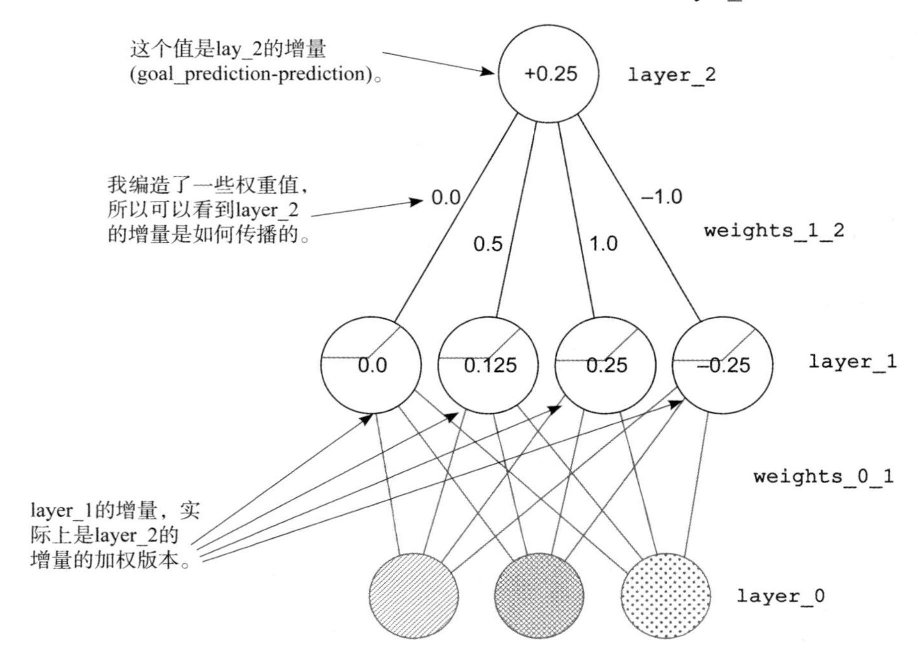

6.23 反向传播的一次迭代

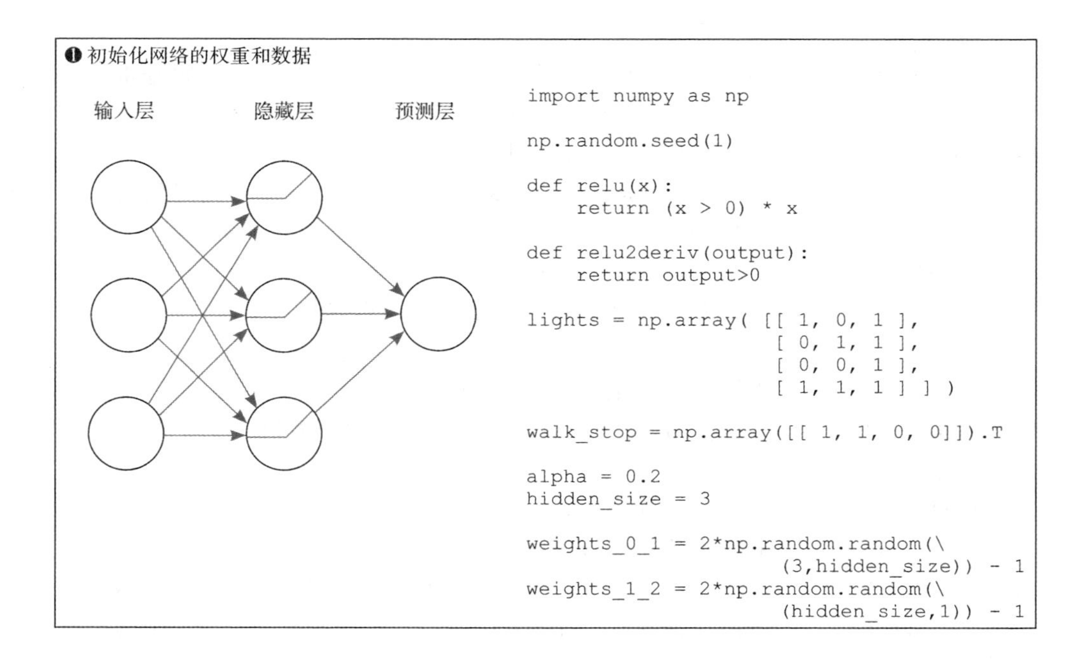


```
import numpy as np

np.random.seed(1)

def relu(x):
    return (x > 0) * x

def relu2deriv(output):
    return output>0

lights = np.array( [[ 1, 0, 1 ],
                    [ 0, 1, 1 ],
                    [ 0, 0, 1 ],
                    [ 1, 1, 1 ] ] )

walk_stop = np.array([[ 1, 1, 0, 0]]).T

alpha = 0.2
hidden_size = 3

weights_0_1 = 2*np.random.random(\
                    (3,hidden_size)) - 1
weights_1_2 = 2*np.random.random(\
                    (hidden_size,1)) - 1
```

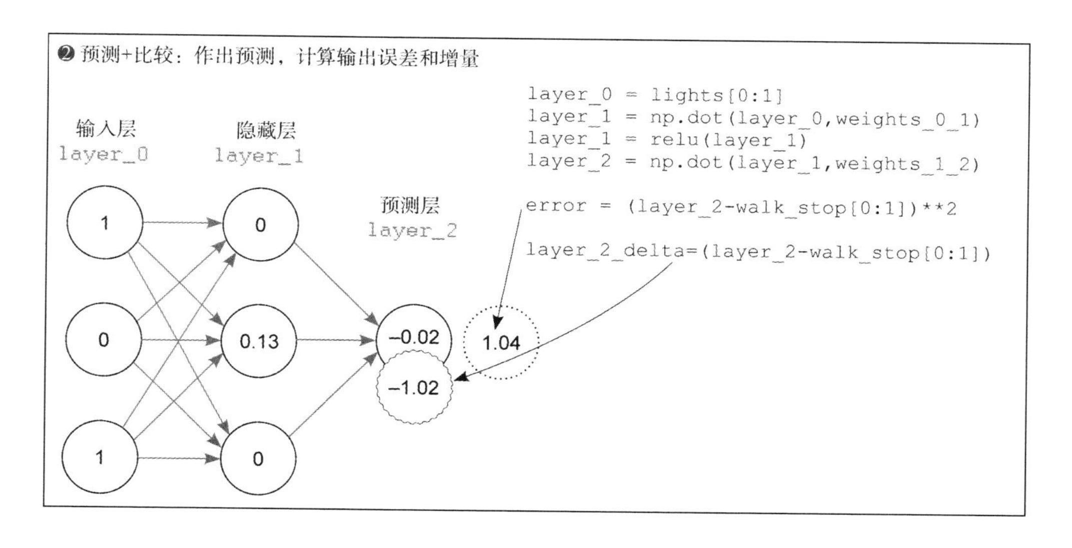
❷ 预测+比较：作出预测，计算输出误差和增量
输入层
layer_0
隐藏层
layer_1
预测层
layer_2
1
0
1
0
0.13
0
–0.02
–1.02
1.04
layer_0 = lights[0:1]
layer_1 = np.dot(layer_0,weights_0_1)
layer_1 = relu(layer_1)
layer_2 = np.dot(layer_1,weights_1_2)
error = (layer_2-walk_stop[0:1])**2
layer_2_delta=(layer_2-walk_stop[0:1])

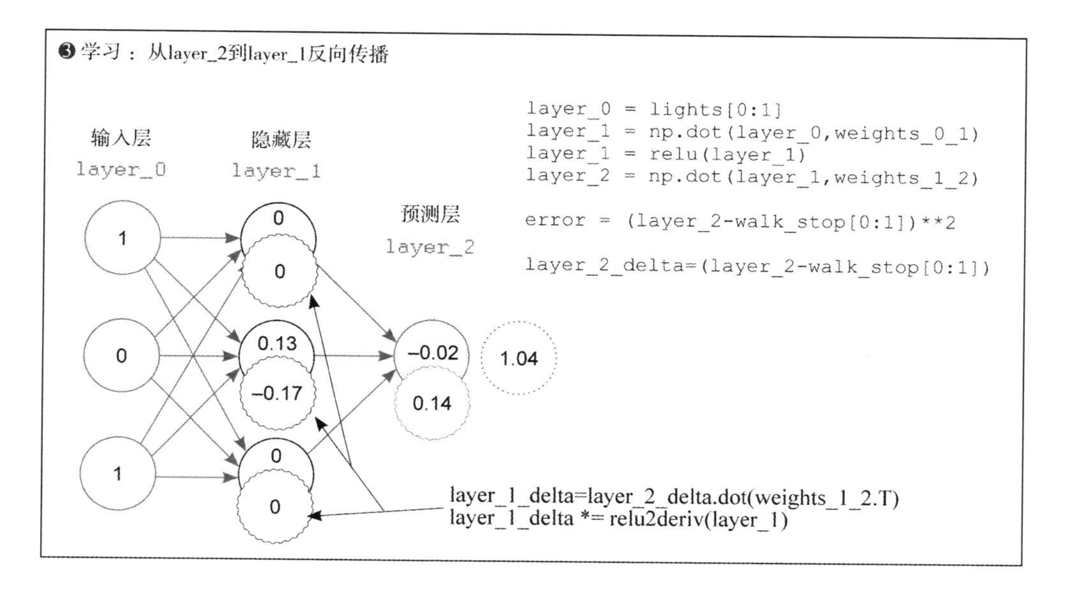
❸ 学习：从layer_2到layer_1反向传播
输入层
layer_0
隐藏层
layer_1
预测层
layer_2
1
0
1
0
0
0.13
–0.17
0
0
–0.02
0.14
1.04
layer_0 = lights[0:1]
layer_1 = np.dot(layer_0,weights_0_1)
layer_1 = relu(layer_1)
layer_2 = np.dot(layer_1,weights_1_2)
error = (layer_2-walk_stop[0:1])**2
layer_2_delta=(layer_2-walk_stop[0:1])
layer_1_delta=layer_2_delta.dot(weights_1_2.T)
layer_1_delta *= relu2deriv(layer_1)

正如你所看到的那样，反向传播能够计算中间层的增量，以使梯度下降顺利执行。为此，我们需要对 layer_1 取 layer_2 增量的加权平均值(用它们之间的权重计算得出)。然后关闭不参与前向预测的节点(将它们设置为 0)，因为它们对误差没有贡献。

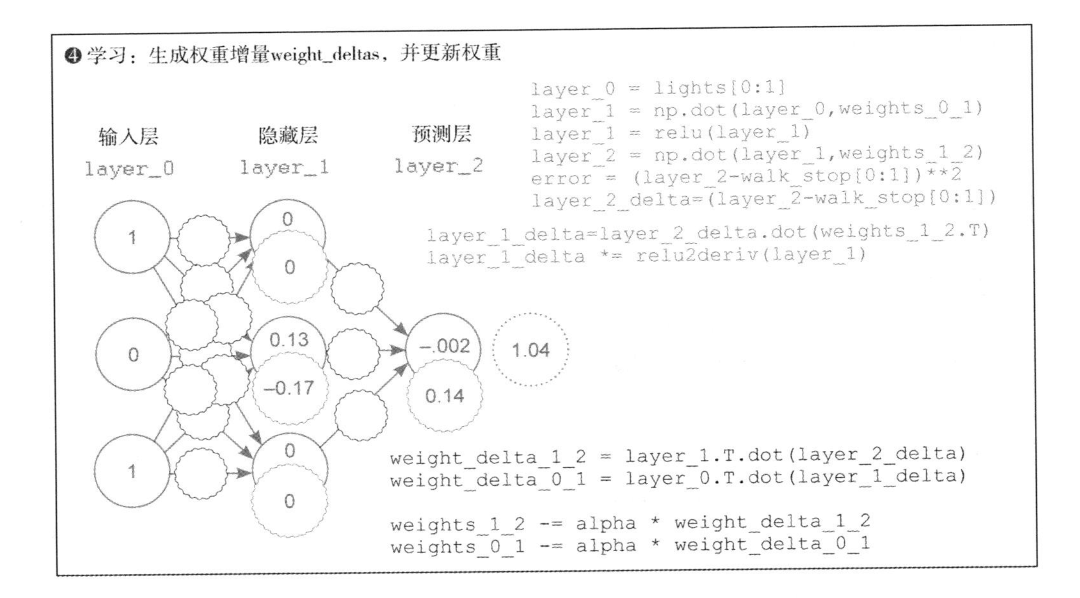

❹ 学习：生成权重增量weight_deltas，并更新权重
输入层
layer_0
隐藏层
layer_1
预测层
layer_2
layer_0 = lights[0:1]
layer_1 = np.dot(layer_0,weights_0_1)
layer_1 = relu(layer_1)
layer_2 = np.dot(layer_1,weights_1_2)
error = (layer_2-walk_stop[0:1])**2
layer_2_delta=(layer_2-walk_stop[0:1])
layer_1_delta=layer_2_delta.dot(weights_1_2.T)
layer_1_delta *= relu2deriv(layer_1)
1
0
1
0
0
0.13
−0.17
0
0
−.002
1.04
0.14
weight_delta_1_2 = layer_1.T.dot(layer_2_delta)
weight_delta_0_1 = layer_0.T.dot(layer_1_delta)
weights_1_2 -= alpha * weight_delta_1_2
weights_0_1 -= alpha * weight_delta_0_1

6.24 整合代码

下面是完整的可执行程序(附上运行时输出)。

```
import numpy as np

np.random.seed(1)

def relu(x):
    return (x > 0) * x

def relu2deriv(output):
    return output>0

streetlights = np.array( [[ 1, 0, 1 ],
                          [ 0, 1, 1 ],
                          [ 0, 0, 1 ],
                          [ 1, 1, 1 ] ] )

walk_vs_stop = np.array([[ 1, 1, 0, 0]]).T

alpha = 0.2
hidden_size = 4

weights_0_1 = 2*np.random.random((3,hidden_size)) - 1
weights_1_2 = 2*np.random.random((hidden_size,1)) - 1

for iteration in range(60):
   layer_2_error = 0
   for i in range(len(streetlights)):
      layer_0 = streetlights[i:i+1]
      layer_1 = relu(np.dot(layer_0,weights_0_1))
      layer_2 = np.dot(layer_1,weights_1_2)
```

当x>0时返回x，其他情况返回0。

当input>0 时候返回input，其他情况返回0。

```
        layer_2_error += np.sum((layer_2 - walk_vs_stop[i:i+1]) ** 2)

        layer_2_delta = (layer_2 - walk_vs_stop[i:i+1])
        layer_1_delta=layer_2_delta.dot(weights_1_2.T)*relu2deriv(layer_1)

        weights_1_2 -= alpha * layer_1.T.dot(layer_2_delta)
        weights_0_1 -= alpha * layer_0.T.dot(layer_1_delta)

    if(iteration % 10 == 9):
       print("Error:" + str(layer_2_error))
```

```
Error:0.634231159844
Error:0.358384076763
Error:0.0830183113303
Error:0.0064670549571
Error:0.000329266900075
Error:1.50556226651e-05
```

6.25　为什么深度网络这么重要?

创建具有相关性的“中间数据”有什么意义?

考虑下面这张猫的图片。进一步设想一下，现在我有一个图像数据集，其中一部分图像中有猫，另一部分没有猫(并以此对它们进行了标记)。如果我想训练一个神经网络，输入是图像的像素值，输出是对图片中是否有猫的预测结果，那么仅仅两层的神经网络可能会有问题。

就像在上一个信号灯数据集中一样，没有任何一个单独的像素能够与照片中是否有一只猫相关。不同的像素组合起来，共同决定了图像中是否有猫。

这就是深度学习的本质。深度学习就是创建从数据集到预测结果的中间层，中间层中的每个节点表示输入数据中不同类型的组合模式是否存在。

这样，对于猫的图像数据集，没有任何一个单独的像素与照片中是否有猫有相关性。相反，中间层将尝试识别不同的像素组合模式，这些像素组合在一起可能与猫相关(比如猫耳朵、猫眼睛或猫的毛发)，也可能与猫无关。图像中出现的一系列猫的特征将为最后一层提供信息(或者说相关性)，使其能够正确预测猫是否存在。

你可能不信，你可以从三层网络开始，一层一层地持续不断往上堆叠更多层神经网络。一部分神经网络甚至会包括数百层，其中的每个节点都在检测输入数据的不同模式方面发挥自己的作用。本书的其余部分将致力于研究这些层中发生的不同现象，以探索深度神经网络的全部能力。

为此，我必须提出与第 5 章相同的挑战：记住前面的代码。你只有非常熟悉代码中的每个操作，才能够顺利理解下面的章节。在你可以凭着自己的记忆从头建立一个三层神经网络之前，不要急着翻阅下一章!

第7章 如何描绘神经网络：在脑海里，在白纸上

本章主要内容：

- 相关性的概括
- 简化版可视化
- 观察网络预测
- 使用字母而不是图片进行可视化
- 连接变量
- 可视化工具的重要性

数字们有一个重要的故事要讲。它们指望你来赋予它们一个清晰且可信的声音。

——Stephen Few，IT创新者、教育者和顾问

7.1 到了简化的时候了

总想着所有事情是不切实际的。可视化工具会有所帮助。

第 6 章以一段令人印象深刻的代码示例结束。仅仅神经网络部分就包含 35 行密密麻麻的代码。浏览一遍，很明显这里发生了很多事情：这段代码背后隐含着超过 100 页的概念，当把这些概念结合在一起时，就可以预测过马路是否安全。

我希望你可以继续从记忆中重建每一章中的例子。随着这些例子规模越来越大，这项练习就不那么需要你去记住特定的单词了——更多的是需要记住概念，

然后根据这些概念重建代码。

在本章中，我想介绍的正是如何在脑海中对重要概念进行构建。尽管它不是一个新结构，也不是什么有趣的实验，但它可能是我能给你的最有价值的东西。在本例中，会告诉你如何高效地在脑海里进行总结，从而让我完成一些事情，比如创建新的结构，调试实验代码，以及在新问题和新数据集上使用一种结构。

首先，复习目前为止学过的概念。

本书从小知识点开始，然后在它们之上逐步构建抽象层级。首先讨论机器学习背后的一般思想。之后讲述单个线性网络节点(或神经元)是如何学习的，然后在水平方向组合一组神经元(网络层)，再尝试着将这些网络层堆叠在一起。在这个过程中，我们讨论了学习过程实际上是如何将误差逐步减小到0的，我们用简单的运算来探索如何改变网络中的各项权重值，使误差趋于0。

接下来讨论神经网络如何寻找(有时是创建)输入和输出数据集之间的相关性。这一课让我们能够总览之前关于单个神经元行为的课程，因为它对前面的课程做了简要总结。所有关于神经元、梯度、层的堆叠等概念最后都汇集到一个重点：神经网络能够发现并创建相关性。

对学习深度学习而言，重要的是掌握这个相关性的观点，而不是前面的更细小的想法。否则，神经网络的复杂性会很容易把你压垮。现在，让我们把这个观念命名为：关联抽象。

7.2 关联抽象

这是迈向更高级神经网络的关键。

> **关联抽象**
>
> 神经网络试图寻找在输入层和输出层之间的直接和间接关联，这种关联性由输入和输出数据集决定。

从更抽象的层次看，所有的神经网络都是这样做的。假设神经网络实际上只是由一系列由神经元层相互连接的矩阵，下面进一步查看某个特定的权重矩阵在做什么。

> **局部关联抽象**
>
> 任何给定的权重集合都通过优化来学习如何关联输入层与输出层的要求。

当只有两层神经网络(输入层和输出层)时，权重矩阵根据输出数据集确定输出层应该是什么样的。因为输入数据集和输出数据集被表达在输入层与输出层中，权重矩阵会搜寻两个数据集之间的相关性。但是当你有多层神经网络时，它们的含义就变得更微妙了，还记得吗?

全局关联抽象

前一层神经网络所应该得到的值，可以通过后一层神经网络(所应该得到的)的值和它们之间的权重的乘积来确定。这样，后面的层就可以告诉前面的层它们需要什么样的信号，从而最终找到与输出的相关性。这种交叉通信称为反向传播。

当全局相关性告诉每一层它的值应该是什么时，局部相关性能够局部优化权重。当最后一层的神经元说：“我需要再高一点”时，它会接着告诉紧邻的前面那层的所有神经元，“嘿，前面那层，请给我发送更高的信号”。然后，这些神经元又告诉它们前面的神经元，“嘿，我需要更高的信号”。这就像一个巨大的打电话游戏——在游戏结束时，每一层都知道自己的神经元中哪些需要变得更高或更低，然后进行局部关联抽象，相应地更新权重。

7.3　旧的可视化方法过于复杂

在简化脑海中的画面的同时，也对可视化进行简化。

此时此刻，我希望你脑海中的神经网络看起来就像这张图展示的那样(因为这就是我们之前用过的)。输入数据集出现在 layer_0 中，通过一个权重矩阵(图中的一系列连线)连接到 layer_1，以此类推。这是一个有用的工具，用于了解权重与神经元层是如何学习一个函数的。

但是，如果我们更进一步，就会发现这幅图中包含过多的细节。通过关联抽象，你已经知道不再需要考虑如何更新单个权重。后面的神经元层已经知道如何与前面的神经元层通信，并告诉它们：“嘿，我需要更高的信号”。或者“嘿，我需要更低的信号”。说实话，你真的不再需要关心具体的权重值，只需要关心它们的表现是否正常，能否以可泛化方式恰当地刻画相关性。

为反映这种变化，我们在纸上更新可视化方法。稍后会完成一些更有意义的操作。如你所知，神经网络就是一系列权重矩阵。当使用神经网络时，也是在创建对应每一层的向量。

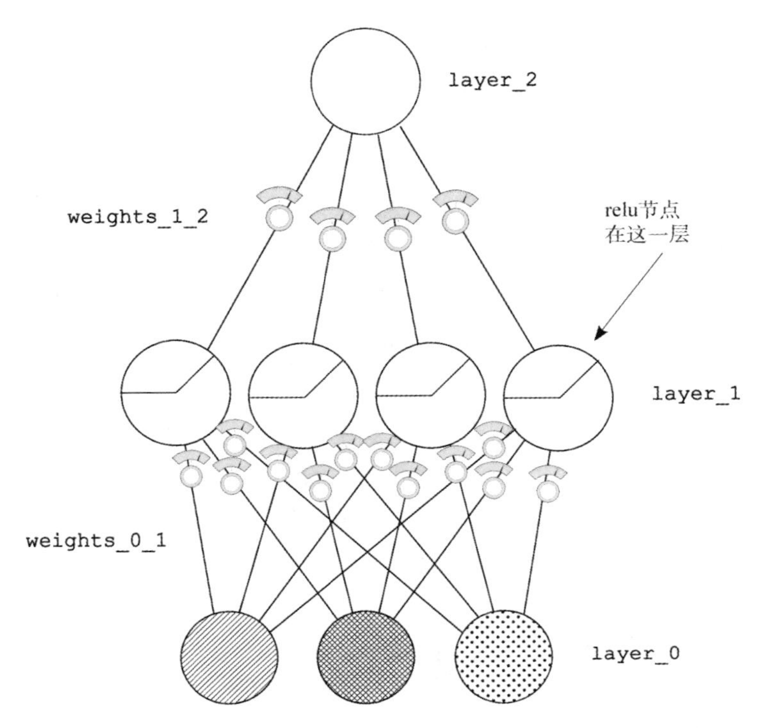

如图所示，权重矩阵是从节点和节点的连线，向量就是一层层的节点。例如，weights_1_2 是一个矩阵，weights_0_1 也是一个矩阵，但是 layer_1 是一个向量。

在后面的章节中，将以更有创意的方法来排列向量和矩阵，所以，我们不考虑节点由权重连接的所有细节(比如 layer_1 有 500 个节点的时候，这些细节不易解读)，下面用一般性的词语来考虑它们，将它们当成任意大小的向量和矩阵。

7.4 简化版可视化

神经网络就像乐高积木，每块积木都是一个向量或矩阵。

接下来，就像人们用乐高积木块构造新的结构一样，我们将构建新的神经网络结构。关联抽象的好处是，所有导致它的细节(包括反向传播、梯度下降、alpha、dropout、小型批处理等)都不依赖于某一块乐高积木的特定形状。无论你如何将一系列矩阵拼接在一起的，用神经元层把它们“粘”在一起，神经网络都会通过调整输入层和输出层之间的权重来尝试学习数据中存在的模式。

为反映这一点，我们将用右图中展示的“积木”作为基础，来建立所有的神经网络。长条是一个向量，盒子是一个矩阵，圆圈代表单独的权重。注意这里的盒子可被看成水平或垂直方向上“向量的向量”。

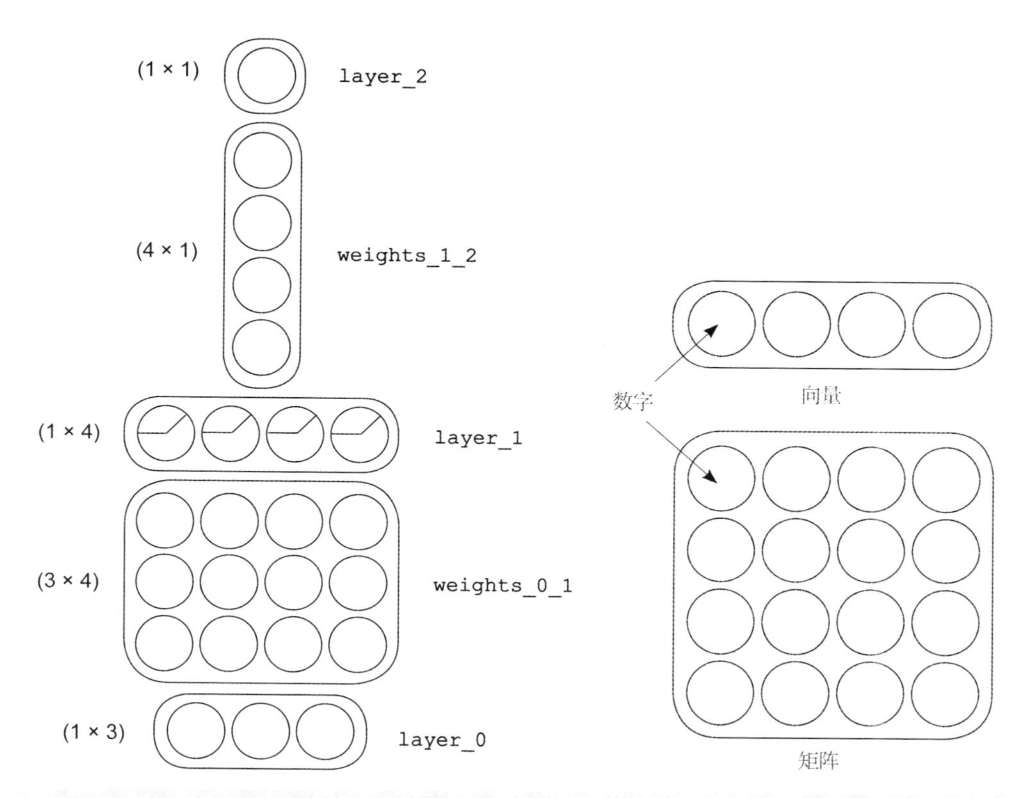

重点

左边的示意图仍然可以给你建立一个神经网络需要的所有信息。你知道这个神经网络里所有权重矩阵和神经元层的形状和大小。当你知道关联抽象和它的含义之后，前面的细节就不重要了。但事情并非到此为止：我们可以进一步简化。

7.5　进一步简化

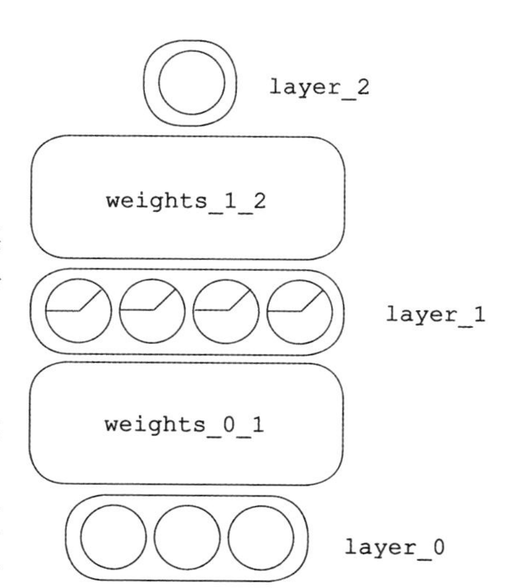

权重矩阵的维度由各网络层决定。

在上一节中，你可能注意到一个规律。每个矩阵的维度(行的数目和列的数目)与它们前后所连接的神经元层的维度有直接关系。因此，我们可以进一步简化可视化。

考虑右图中所示的可视化结果。我们仍然能够从中获取构建神经网络需要的所有信息。我们可以推断出，weights_0_1 是一个(3×4)的矩阵，因为前一层(layer_0)的维度是 3，后一层

(layer_1)的维度是 4。因此，为使 layer_0 中的每个节点都有权重连接到 layer_1 中的每个节点，权重矩阵必须为(3×4)矩阵。

这让我们开始使用关联抽象考虑神经网络。神经网络要做的只是调整权重以找到 layer_0 和 layer_2 之间的相关性。它将使用本书到目前为止提到的所有方法来实现这一点。但是，输入层和输出层之间的权重和神经元层的不同配置，会很大地影响神经网络能否成功地找到相关性(以及找到相关性的速度)。

神经网络的权重矩阵和神经元层的特定配置称为网络结构，本书余下的大部分时间里都会讨论各种网络结构的优缺点。关联抽象提醒我们，神经网络通过调整权重来发现输入层和输出层之间的相关性，有时甚至借助隐含层创造相关性。不同的网络结构能够引导信号，使相关性更容易被发现。

良好的神经网络结构能够引导信号，使相关性易于发现。优秀的神经网络结构还可以过滤噪声以防止过拟合。

对神经网络的研究大多是为了寻找新的网络结构，从而更快地找到相关性，在未知数据上有更好的泛化表现。

7.6 观察神经网络是如何进行预测的

让我们以路灯案例的数据为例，绘制其流经系统的过程。

在图 1 中，我们从路灯数据集中选择了一个数据点，并将 layer_0 设置为正确的值。

在图 2 中，我们计算了四次 layer_0 上的加权和。这四次加权和用 weights_0_1 计算。回顾一下，这个过程称为向量矩阵乘法。这四个值存储在 layer_1 的四个位置，通过 relu 函数(将负值设置为 0)之后，向下一层传递。需要说明的是，layer_1 中从左数第三个值原本是负数，但 relu 函数将其设置为 0。

如图 3 所示，最后一步计算了 layer_1 的加权平均，再次使用了向量矩阵乘法。生成的结果是 0.9，也就是神经网络的最终预测结果。

回顾：向量矩阵乘法

向量矩阵乘法计算了一个向量的多次加权和。矩阵的行数必须和向量的长度相等，这样矩阵的每列才可以做独立的加权和运算。因此，如果矩阵有四列，最终会生成四个加权和。每次求和所用的权重取决于矩阵的值。

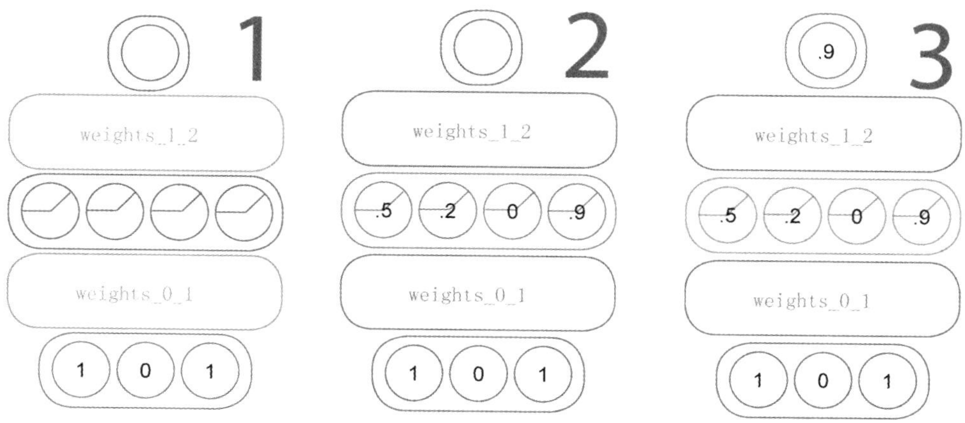

7.7　用字母而不是图片来进行可视化

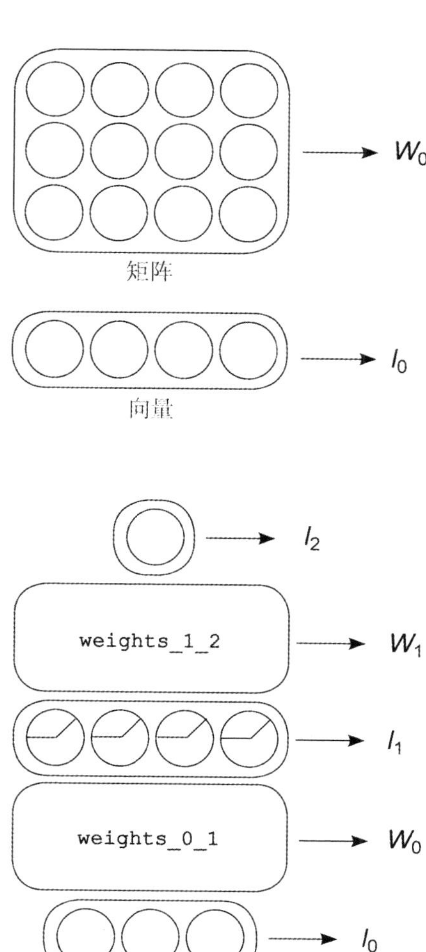

所有这些图片和详细的解释实际是简单的代数问题。

就像我们对矩阵和向量用简单的图像进行表示一样，我们也可以用字母的形式来对它们进行可视化。

你如何用数学可视化一个矩阵呢？选择一个大写字母。我选择容易记忆的字母，例如用 W 代表“权重(weights)”。小号数字 0 意味着它可能是几个 W 中的一个。这个神经网络有两个 W。可能有点出乎意料，我可以选择任何大写字母来表示矩阵。当我们用同一个字母来表示所有的权重矩阵时，只需要额外加上一个小的数字就好——这个数字可以帮助我们区分它们。你也可以定义自己的矩阵表示，只需要容易记住就可以。

那么，你如何用数学可视化一个向量呢？选择一个小写字母。在这里为什么选择

字母 l？因为我有相当数量的向量代表神经元层(layers)，我认为 l 很容易记忆。为什么我把它叫作 l_0 呢？因为我的神经网络由多层构成，把所有的字母都设为 l 并依次编号看起来就很好——我不用再为每一层去想新的字母了。注意，选择任何符号都不算错。

如果这就是用数学表示矩阵和向量的方法，神经网络的所有部分看起来什么样呢？在右图中，可以看到一个很好的变量选择，其中每个变量都指向各自所表达的部分。但是对它们的定义并没有展示出来它们之间是如何联系的。让我们通过向量矩阵乘法对变量进行组合。

7.8 连接变量

这些字母可组合起来表示函数和操作。

向量矩阵乘法很简单。为直观地展示两个字母相乘，只需要把它们放在一起就可以了。例如：

代数表达	含义
l_0W_0	“取第 0 层向量，执行其与权重矩阵 0 的向量矩阵乘法。”
l_1W_1	“取第 1 层向量，执行其与权重矩阵 1 的向量矩阵乘法。”

你甚至可以使用记号看起来与 Python 代码几乎一样的任意函数，如 relu。这是非常直观的做法。

$l_1 = \text{relu}(l_0W_0)$	“要创建第 1 层向量，取第 0 层向量，执行其与权重矩阵 0 的向量矩阵乘法；然后对输出应用 relu 函数(将所有负数设置为 0)。”
$l_2 = l_1W_1$	“要创建第 2 层向量，取第 1 层网络向量并与权重矩阵 1 执行向量矩阵乘法。”

如果你认真看，你会注意到第 2 层的代数表达式包含第 1 层作为输入变量。这意味着可通过把它们连在一起，用一个表达式来表示整个神经网络。

$$l_2 = \text{relu}(l_0W_0)W_1$$

因此，正向传播的所有逻辑都可以包含在这个公式中。请注意，这个公式包含着一个假设：向量和矩阵都有正确的维数。

7.9　信息整合

让我们把可视化、代数公式和 Python 代码放在一起来看。

我认为在这一页上并不需要过多进行解释。请花一分钟，通过四种不同的方式观察正向传播是如何进行的。我希望你能够真正明白正向传播，并通过不同角度理解神经网络的结构。

```
layer_2 = relu(layer_0.dot(weights_0_1)).dot(weights_1_2)
```

$$l_2 = \text{relu}(l_0 W_0) W_1$$

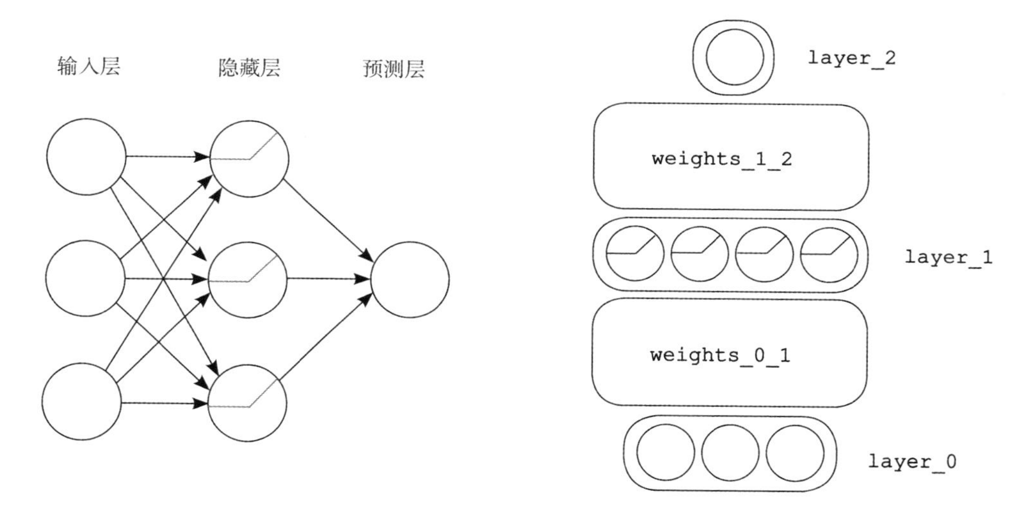

7.10　可视化工具的重要性

我们将学习新的网络结构。

在接下来的章节中，我们将以某种创造性方式把这些向量和矩阵组合起来。描述每个结构的能力完全依赖于我们之间共同约定的描述语言。因此，请不要跳过本章，直到你清楚正向传播是如何操作向量和矩阵的，明白这些不同的描述方式是如何解释的。

关键知识

良好的神经网络结构能够引导信号，使得相关性易于发现。优秀的神经网络结构还可以过滤噪声以防止过拟合。

如前所述，神经网络的结构能够控制信号在网络中的流动方式。如何设计这些结构将会影响网络识别相关性的方式。你会发现，你希望创建的结构能够最大化神经网络专注于有意义的相关性的能力，并最小化神经网络关注包含噪声的区域的能力。

但是，不同的数据集和不同的领域具有不同的特征。例如，图像数据的信号和噪声的类型与文本数据不同。即使同一种神经网络结构可以在很多情况下使用，但不同结构会适用于不同的问题，因为它们定位特定类型相关性的能力不同。因此，在接下来的几章中，我们将探索如何修改神经网络，以针对性地找出你所需要的相关性。下一章见！

第8章 学习信号，忽略噪声：正则化和批处理介绍

本章主要内容：

- 过拟合
- dropout
- 批量梯度下降

有四个参数，我可拟合一头大象；有五个参数，我可以让它摆动鼻子。

——约翰·冯·诺依曼，数学家、物理学家、计算机科学家、博学家

8.1 用在 MNIST 上的三层网络

让我们回到 MNIST 数据集，尝试用新的网络对其分类。

在前几章中，你已经知道了神经网络能对相关性建模。隐藏层(三层网络中的中间层)甚至可以通过创建中间关联来帮助解决任务(听起来好像很神奇)。那么，如何确定网络创建了良好的相关性呢？

在讨论具有多个输入的随机梯度下降时，我们进行过一个实验——冻结某个权重，然后要求网络继续训练。在训练过程中，这些点依然找到了碗的底部。你可以发现权重被调整到最小化误差。

冻结权重时，被冻结的那项权重仍然会找到碗的底部。由于某些原因，碗发生了位移，使被冻结的权重值成为最优解。此外，如果我们放开这项权重，对神

经网络继续进行训练，则它不会学习。为什么？因为当前的误差已经降到 0 了。对这个神经网络而言，已经没有什么可学的了。

这就引出了一个问题，如果关联着被冻结的权重的那项输入对预测现实世界中的棒球胜利很重要，会有什么影响？如果网络已经找到了能够在训练数据集中准确预测比赛结果的方法(因为神经网络就是这样做的：它们总是试图将误差最小化)，但不知为什么它忘了包含某项有价值的输入，结果会怎样？

不幸的是，这种现象——过拟合——在神经网络中极常见。我们可以说它是神经网络的宿敌；神经网络的表达能力越强大(层数和权重数量越多)，网络就越容易过拟合。研究领域正在进行一场旷日持久的战斗，人们不断地发现某项任务需要更强大的层，但随后必须做大量的修正工作，以确保网络不会过拟合。

在这一章，我们将学习正则化的基本知识，这是战胜神经网络中的过拟合的关键。为此，我们首先在最具挑战性的任务(MNIST 数字分类)上应用最强大的神经网络(带有 relu 隐藏层的三层网络)。

首先，用下面的代码继续训练网络，你应该看到与下方所示的结果相同的输出。啊，网络学会了完美地预测训练数据。我们是不是应该庆祝一下？

```
import sys, numpy as np
from keras.datasets import mnist

(x_train, y_train), (x_test, y_test) = mnist.load_data()

images, labels = (x_train[0:1000].reshape(1000,28*28) \
                                                 255, y_train[0:1000])
one_hot_labels = np.zeros((len(labels),10))

for i,l in enumerate(labels):
    one_hot_labels[i][l] = 1
labels = one_hot_labels

test_images = x_test.reshape(len(x_test),28*28) / 255
test_labels = np.zeros((len(y_test),10))
for i,l in enumerate(y_test):
    test_labels[i][l] = 1

np.random.seed(1)
relu = lambda x:(x>=0) * x
relu2deriv = lambda x: x>=0
alpha, iterations, hidden_size, pixels_per_image, num_labels = \
                                                   (0.005, 350, 40, 784, 10)
weights_0_1 = 0.2*np.random.random((pixels_per_image,hidden_size)) - 0.1
weights_1_2 = 0.2*np.random.random((hidden_size,num_labels)) - 0.1

for j in range(iterations):
    error, correct_cnt = (0.0, 0)

    for i in range(len(images)):
```

当x>0时，返回x，否则返回0；

当input>0时，返回1，否则返回0；

```
        layer_0 = images[i:i+1]
        layer_1 = relu(np.dot(layer_0,weights_0_1))
        layer_2 = np.dot(layer_1,weights_1_2)
        error += np.sum((labels[i:i+1] - layer_2) ** 2)
        correct_cnt += int(np.argmax(layer_2) == \
                                        np.argmax(labels[i:i+1]))
        layer_2_delta = (labels[i:i+1] - layer_2)
        layer_1_delta = layer_2_delta.dot(weights_1_2.T)\
                                    * relu2deriv(layer_1)
        weights_1_2 += alpha * layer_1.T.dot(layer_2_delta)
        weights_0_1 += alpha * layer_0.T.dot(layer_1_delta)

    sys.stdout.write("\r"+ \
                     " I:"+str(j)+ \
                     " Error:" + str(error/float(len(images)))[0:5] +\
                     " Correct:" + str(correct_cnt/float(len(images))))
```

```
....
I:349 Error:0.108 Correct:1.0
```

对于 relu 函数来说，没有定义 0 点的导数。因此在上面的代码中，relu2deriv = lambda x: x>=0 也可实现为 relu2deriv = lambda x: x>0。在本示例中，第二种实现方式能够带来一定性能提升。读者不妨自行尝试。

8.2　好吧，这很简单

神经网络完美地学会了预测所有 1000 张图像。

在某种程度上，这是一次真正的胜利。神经网络能够处理包含 1000 张图像的数据集，并学会将每张输入图像与正确的标签关联起来。

它是如何做到的呢？它遍历每个图像，做出预测，然后每次以很小的增量对权重进行更新，使得下次的预测结果变得更好。在所有的图像上这样操作足够长的时间后，最终会达到一个网络可以正确预测每一张图像的状态。

有一个不明显的问题：神经网络在它从未见过的图像上表现如何？换句话说，它在 1000 张训练过的图像之外的图像上表现如何？MNIST 数据集的图像比你训练用的 1000 张多得多；让我们试一试。

前面的代码中有两个变量：test_images 和 test_labels。如果你执行以下代码，它将在这些图像上运行神经网络，并评估网络对它们进行分类的效果：

```
if(j % 10 == 0 or j == iterations-1):
  error, correct_cnt = (0.0, 0)

  for i in range(len(test_images)):

        layer_0 = test_images[i:i+1]
        layer_1 = relu(np.dot(layer_0,weights_0_1))
        layer_2 = np.dot(layer_1,weights_1_2)

        error += np.sum((test_labels[i:i+1] - layer_2) ** 2)
        correct_cnt += int(np.argmax(layer_2) == \
                                    np.argmax(test_labels[i:i+1]))
  sys.stdout.write(" Test-Err:" + str(error/float(len(test_images)))[0:5] +\
           " Test-Acc:" + str(correct_cnt/float(len(test_images))))
  print()
```

```
Error:0.653 Correct:0.7073
```

网络做得很糟糕！它的预测准确率只有 70.7%。当它学会以 100%的准确率预测训练数据后，为什么在这些新的测试图像上表现得如此糟糕呢？太奇怪了。

这个 70.7%叫作测试准确率。这是神经网络在没有训练过的数据集上的准确率。这个数字很重要，因为它模拟了神经网络在现实世界中(只会输入没见过的图像时)表现的性能。

8.3 记忆与泛化

记住 1000 幅图像比把预测推广到所有图像要容易。

让我们再次回顾神经网络是如何学习的。它调整每个矩阵中的每个权重，使网络能够更好地接受特定的输入并做出相应预测。也许一个更恰当的问题可能是："如果我们在 1000 幅图像上训练这个模型，它能完美预测这 1000 张图像，可以确定它在其他图像上能有效工作吗?"

正如你所料，当完全训练好的神经网络被应用到一张新图像上时，只有当这张新图像与来自训练数据的图像非常相似时，预测的效果才能保证是好的。为什么？神经网络只学会了在非常特定的输入配置下将输入数据转换为输出数据。如果你给它一些看起来不熟悉的东西，就会给出随机结果。

这使得神经网络似乎没有意义。只能在训练用的数据集上奏效的神经网络有什么用呢？你已经知道了那些数据点的正确分类。神经网络只有能够预测你不知道答案的数据时才有用。

事实证明，有一种方法可解决这个问题。这里，我打印出了在训练神经网络每迭代 10 次时，训练数据集和测试数据集上的准确率。注意到什么有趣的东西了吗？你应该能发现改善神经网络的线索：

```
I:0  Train-Err:0.722 Train-Acc:0.537 Test-Err:0.601 Test-Acc:0.6488
I:10 Train-Err:0.312 Train-Acc:0.901 Test-Err:0.420 Test-Acc:0.8114
I:20 Train-Err:0.260 Train-Acc:0.93  Test-Err:0.414 Test-Acc:0.8111
I:30 Train-Err:0.232 Train-Acc:0.946 Test-Err:0.417 Test-Acc:0.8066
I:40 Train-Err:0.215 Train-Acc:0.956 Test-Err:0.426 Test-Acc:0.8019
I:50 Train-Err:0.204 Train-Acc:0.966 Test-Err:0.437 Test-Acc:0.7982
I:60 Train-Err:0.194 Train-Acc:0.967 Test-Err:0.448 Test-Acc:0.7921
I:70 Train-Err:0.186 Train-Acc:0.975 Test-Err:0.458 Test-Acc:0.7864
I:80 Train-Err:0.179 Train-Acc:0.979 Test-Err:0.466 Test-Acc:0.7817
I:90 Train-Err:0.172 Train-Acc:0.981 Test-Err:0.474 Test-Acc:0.7758
I:100 Train-Err:0.166 Train-Acc:0.984 Test-Err:0.482 Test-Acc:0.7706
I:110 Train-Err:0.161 Train-Acc:0.984 Test-Err:0.489 Test-Acc:0.7686
I:120 Train-Err:0.157 Train-Acc:0.986 Test-Err:0.496 Test-Acc:0.766
I:130 Train-Err:0.153 Train-Acc:0.99 Test-Err:0.502 Test-Acc:0.7622
I:140 Train-Err:0.149 Train-Acc:0.991 Test-Err:0.508 Test-Acc:0.758
                                ....
I:210 Train-Err:0.127 Train-Acc:0.998 Test-Err:0.544 Test-Acc:0.7446
I:220 Train-Err:0.125 Train-Acc:0.998 Test-Err:0.552 Test-Acc:0.7416
I:230 Train-Err:0.123 Train-Acc:0.998 Test-Err:0.560 Test-Acc:0.7372
I:240 Train-Err:0.121 Train-Acc:0.998 Test-Err:0.569 Test-Acc:0.7344
I:250 Train-Err:0.120 Train-Acc:0.999 Test-Err:0.577 Test-Acc:0.7316
I:260 Train-Err:0.118 Train-Acc:0.999 Test-Err:0.585 Test-Acc:0.729
I:270 Train-Err:0.117 Train-Acc:0.999 Test-Err:0.593 Test-Acc:0.7259
I:280 Train-Err:0.115 Train-Acc:0.999 Test-Err:0.600 Test-Acc:0.723
I:290 Train-Err:0.114 Train-Acc:0.999 Test-Err:0.607 Test-Acc:0.7196
I:300 Train-Err:0.113 Train-Acc:0.999 Test-Err:0.614 Test-Acc:0.7183
I:310 Train-Err:0.112 Train-Acc:0.999 Test-Err:0.622 Test-Acc:0.7165
I:320 Train-Err:0.111 Train-Acc:0.999 Test-Err:0.629 Test-Acc:0.7133
I:330 Train-Err:0.110 Train-Acc:0.999 Test-Err:0.637 Test-Acc:0.7125
I:340 Train-Err:0.109 Train-Acc:1.0 Test-Err:0.645 Test-Acc:0.71
I:349 Train-Err:0.108 Train-Acc:1.0 Test-Err:0.653 Test-Acc:0.7073
```

8.4　神经网络中的过拟合

如果你过度训练神经网络，它会变得更糟!

由于某种原因，测试精度在前 20 次迭代中逐渐提高，但随着训练次数的增加，提高幅度会变慢(不过，训练精度仍在提高)。这在神经网络中很常见。让我用一个类比来解释这个现象。

假设你在为一把普通餐叉制造一个模具，但你不用它来造叉子，而想用它来确定某个特定器具是不是叉子。如果某个对象跟模具吻合，你就得出结论：它是一把叉子，如果不吻合，你就认定它不是叉子。

假设你已经开始做这个模具，你拿到一大块湿黏土，一大桶三个叉齿的叉子、勺子和刀子。然后，你把每把叉子都按进黏土中同样的地方做出轮廓——有点像一个模模糊糊的叉子。你反复地把所有的叉子放在黏土里，一遍又一遍，重复上百次。当你让黏土变干后，你会发现没有一个勺子或刀子能够跟这个模具吻合，但是所有的叉子都适合。太棒了！你做到了。你正确地完成了一个只能匹配叉子形状的模具。

但是如果有人递给你一把四个叉齿的叉子会怎么样呢?你看了一下自己的模具，发现黏土上有一个特定的轮廓：三个细细尖尖的叉齿。这把四个叉齿的叉子不合适。为什么不呢？它还是一把叉子。

这是因为黏土成型的过程中没有出现过四个叉齿的叉子。它只是一大堆三个叉齿的叉子压出来的模具形状。用这种方法，黏土就会发生过拟合，只能识别出它“训练”过的叉子的形状。

这和你刚才在神经网络中看到的现象完全一样。这个类比比你想象的还要接近真相。查看神经网络权重的一种方法是将它看成一个高维的形状。当你进行训练时，这个形状会围绕数据的形状塑造，学习如何区分不同的模式。不幸的是，测试数据集中的图像与训练数据集中的数据中隐含的模式略有不同。这导致了神经网络在很多测试样例上失效。

神经网络过拟合现象的一个更正式定义是，这个神经网络学习到了数据集中的噪声，而不是仅基于真实的信号做出决策。

8.5 过拟合从何而来

是什么导致了神经网络过拟合?

让我们稍微修改一下这个场景。再次想象你有一大桶新鲜的黏土(未经塑形)。如果你只将一把叉子压在上面呢？假设黏土非常厚，它就不会像前面做的模具那样有那么多细节(已经在上面印了很多次)。因此，它将只是一个非常一般的叉子形状。这种形状可能与三个叉齿的叉子和四个叉齿的叉子都兼容，因为它现在还是一个模糊的印记。

根据这个假设，随着你压的叉子越多，这个模具在测试集上就越差，因为它学到了关于它要建模的训练集的更详细的信息。这导致它拒绝那些与它在训练数据中反复看到的图像只相差一丁点的图像。

训练数据中与测试数据不相容的细节信息是什么？用上面的餐叉类比，它代表着叉子的叉齿数目。在图像中，它通常被称为噪声。实际上，这更微妙一点。看看这两张狗的照片。

图像中有关于“狗”的本质之外的一切让图像显得独一无二的东西都被包括在“噪声”一词中。在左边的图片中，枕头和背景都是噪声。在右边的图片中，中间黑色的纯色区域也是一种形式的噪声。实际是它的边缘线能够告诉你它是一只狗，中间的黑色并不能告诉你什么信息。在左边的图片中，狗的中间有毛茸茸的纹理和相应的颜色，这可以帮助分类器做出正确的辨识。

如何让神经网络只在信号(狗的本质)上进行训练，而忽略噪声(与分类无关的其他信息)？一种方法是提前停止(early stopping)。事实证明，大量的噪声来自于图像在细粒度上的各种细节，并且对物体而言，大多数信号都是在图像的一般形状(可能还有颜色)中发现的。

8.6　最简单的正则化：提前停止

当网络的表现开始变差时，停止训练。

如何使神经网络忽略细粒度的细节，只捕获数据中普遍存在的信息(如狗的一般形状或 MNIST 数字的一般形状)？答案是，不要让网络训练足够长的时间来学到噪声。

在餐叉模具的例子中，创建一个完美的三个叉齿的叉子轮廓需要把相当数量的叉子重复进行按印。最初的几个印记通常只能捕捉到叉子的浅层轮廓。同样的道理也适用于神经网络。因此，提前停止训练是成本最低的正则化形式；如果你面临严重的过拟合场景，它可能非常有效。

这就引出了本章的主题：正则化。正则化是使模型泛化到新的数据点(而不仅是记忆训练数据)的方法的子领域。它是能够帮助神经网络学习信号并忽略噪声的一部分方法。在这一节中，正则化是一个可用于创建具有这些属性的网络的工具包。

正则化

正则化是用于在机器学习模型中鼓励泛化的方法的一个子集，通常通过提高模型学习训练数据的细粒度细节的难度来实现。

下一个问题可能是，如何才能知道什么时候应该停止？唯一能够让我们真正找到合适时间点的方法是对不在训练数据集中的数据运行模型。通常，我们会使用另一个数据集来做这件事情——称为验证集。某些情况下，如果你使用测试数据来确定何时停止，模型可能会在测试数据集上过拟合。一般来说，我们不会使用测试集来控制训练的过程，而使用验证集。

8.7 行业标准正则化：dropout

方法：在训练过程中随机关闭神经元(设置为 0)。

这种正则化技术跟它看起来一样简单。在训练过程中，你将神经网络中的神经元随机设置为 0(通常在反向传播中，相同节点上的 delta 值也应该被设置为 0，但从技术角度看，我们并不需要这么做)。这使得神经网络只使用整个网络的随机子网络进行训练。

你可能不信，这种正则化技术通常被认为是对大多数网络来说最重要且最先进的正则化技术。它的实现方法简单且不昂贵，但工作原理有点复杂。

dropout 为什么有效(这个描述可能过于简化)

通过每次随机训练神经网络中的一小部分，dropout 能够让一张大网络像小网络一样进行学习——较小的神经网络不会发生过拟合。

事实证明，一个神经网络越小，就越不容易过拟合。为什么？因为小的神经网络没有太多的表达能力。它们无法抓住那些可能导致过拟合的更细粒度的细节(或噪声)。它们只留下了捕捉那些更大、更明显、更高级特性的空间。

要记住，这里提到的关于空间或容量的概念非常重要。不妨这样理解，还记得上文中黏土模型的类比吗？想象一下，如果黏土是由硬币大小的有黏性的石头构成的。那么这种黏土能把叉子印得很清楚吗？当然不能。这些小石头和权重类似，它们围绕数据形成，从中捕捉你感兴趣的模式。如果你只有几块更大的石头，它们显然无法捕捉到细粒度的特征。与前文提到的不同，每一块石头的位置都是由叉子的大块部分压上去的，它们或多或少对形状进行了平均(忽略了细微的弯折和尖角)。

现在，想象一下由细沙子构成的黏土。它可以看作由百万量级的小石头组成的，这些小石头可以勾勒出叉子的每一个角落。这就是大型神经网络的表达能力的来源，它们常用这种能力来过拟合数据集。

如何在获得小型神经网络的抗过拟合能力的同时，拥有大型神经网络的表达能力？答案是随机关闭一个大型神经网络中的节点。当你创建一个大型神经网络，但只使用它的一小部分训练的时候会发生什么？它表现得像一个小型神经网络。但是，当你随机地对其数以百万计的不同子网络进行训练时，这些子网络叠加起来依旧能够保持整个网络的表现力。思路还是很清晰的，对吗?

8.8　为什么 dropout 有效：整合是有效的

dropout 是一种训练一系列网络并对其进行平均的形式。

需要记住的是：神经网络总是随机初始化的。为什么这很重要？因为神经网络通过反复试验来学习，这实际上意味着每个神经网络的学习方式都有所不同。虽然学习效果可能没什么区别，但没有两个神经网络是完全相同的(除非它们一开始由于某种随机或有意的原因被设置成完全相同)。

这会带来一个有趣的性质。当过拟合发生时，没有任何两个神经网络会以完全相同的方式过拟合。只有在每张训练图像都会被完美地预测后，过拟合现象才会发生，此时误差为 0，神经网络停止学习(即使你不断重复迭代)。但是，因为每张神经网络都是从随机预测开始，然后逐步调整它的权重来做出更好的预测，所以每张网络不可避免地会犯不同的错误，导致不同的权重增量更新。这最终形成了一个核心概念：

> 虽然大型非正则化神经网络更可能对噪声过度拟合，但它们不太可能对相同的噪声过拟合。

为什么它们不会对相同的噪声过拟合呢？因为它们的初始化是随机的，一旦其学会的噪声信息足以区分训练数据集中的图像，它就会停止学习。对于 MNIST 数据来说，神经网络只需要找到与输出标签相关联的少量随机像素，就可能发生过拟合现象。这与下面这个可能更重要的概念形成对比：

> 尽管神经网络是随机生成的，但它们仍然是从学习最大的、最广泛的特征开始的，之后才会捕捉更多关于噪声的信息。

结论是：如果你训练 100 个神经网络(所有的初始化都是随机的)，它们每个都倾向于捕捉不同的噪声和相似的信号。因此，当这些神经网络出错时，它们犯的错误往往不同。如果你把它们整合(ensemble)在一起，让它们平等地投票，则它们的误差往往相互抵消，最终只展示出它们学到的共同的东西：信号。

8.9　dropout 的代码

下面你将学到如何实际使用 dropout。

在 MNIST 分类模型中，让我们将 dropout 添加到隐藏层，比如在训练过程中，让 50%的节点被随机关闭。你可能会对这个操作的简单程度感到惊讶——只需要更改三行代码。下面是一段前面讲过的神经网络的代码，现在，我们在其中添加了 dropout 的实现：

```
i = 0
layer_0 = images[i:i+1]
dropout_mask = np.random.randint(2,size=layer_1.shape)

layer_1 *= dropout_mask * 2
layer_2 = np.dot(layer_1, weights_1_2)

error += np.sum((labels[i:i+1] - layer_2) ** 2)

correct_cnt += int(np.argmax(layer_2) == \
             np.argmax(labels[i+i+1]))

layer_2_delta = (labels[i:i+1] - layer_2)
layer_1_delta = layer_2_delta.dot(weights_1_2.T)\
             * relu2deriv(layer_1)

layer_1_delta *= dropout_mask

weights_1_2 += alpha * layer_1.T.dot(layer_2_delta)
weights_0_1 += alpha * layer_0.T.dot(layer_1_delta)
```

要在某一层网络上实现 dropout(在本例中为 layer_1)，你需要将 layer_1 的值乘以由 1 和 0 组成的随机矩阵。这样做的效果是通过将 layer_1 中的某些节点设置为 0，可以随机关闭它们。注意，dropout_mask 使用的是所谓的 50% Bernoulli 分布，也就是说，dropout_mask 中的每个值有 50%的机会是 1，有另外 50%的机会(1 - 50% = 50%)是 0。

接下来要做一件可能看起来有点奇怪的事情。将 layer_1 乘以 2。为什么要这么做？不妨回忆一下，layer_2 会计算 layer_1 的加权和。即使这个求和运算会受到权重影响，本质上它仍然是 layer_1 所有值的和。如果关闭 layer_1 中一半的节点，那么这个和将减半。因此，layer_2 需要增加它对 layer_1 的敏感度，有点像当音量太低时，一个人靠收音机更近，才能听得更清楚。但是在测试时，我们不再使用 dropout，音量将恢复正常。这也会让 layer_2 对 layer_1 的信号敏感度回到正常。你需要通过将 layer_1 乘以一个值(即 1/开启节点的百分比)来解决这个问题。在这个例子中，乘数是 1/0.5，也就是 2。这样，layer_1 的信号强度在训练和测试过程中是相同的，不会受到 dropout 的影响。

```
import numpy, sys
np.random.seed(1)
def relu(x):
    return (x >= 0) * x        ← 当x>0时，返回x，否则返回0
```

```
def relu2deriv(output):
    return output >= 0          # 当input>0时，返回1

alpha, iterations, hidden_size = (0.005, 300, 100)
pixels_per_image, num_labels = (784, 10)

weights_0_1 = 0.2*np.random.random((pixels_per_image,hidden_size)) - 0.1
weights_1_2 = 0.2*np.random.random((hidden_size,num_labels)) - 0.1

for j in range(iterations):
    error, correct_cnt = (0.0,0)
    for i in range(len(images)):
        layer_0 = images[i:i+1]
        layer_1 = relu(np.dot(layer_0,weights_0_1))
        dropout_mask = np.random.randint(2, size=layer_1.shape)
        layer_1 *= dropout_mask * 2
        layer_2 = np.dot(layer_1,weights_1_2)

        error += np.sum((labels[i:i+1] - layer_2) ** 2)
        correct_cnt += int(np.argmax(layer_2) == \
                                        np.argmax(labels[i:i+1]))
        layer_2_delta = (labels[i:i+1] - layer_2)
        layer_1_delta = layer_2_delta.dot(weights_1_2.T) * relu2deriv(layer_1)
        layer_1_delta *= dropout_mask

        weights_1_2 += alpha * layer_1.T.dot(layer_2_delta)
        weights_0_1 += alpha * layer_0.T.dot(layer_1_delta)

    if(j%10 == 0):
        test_error = 0.0
        test_correct_cnt = 0

        for i in range(len(test_images)):
                layer_0 = test_images[i:i+1]
                layer_1 = relu(np.dot(layer_0,weights_0_1))
                layer_2 = np.dot(layer_1, weights_1_2)

                test_error += np.sum((test_labels[i:i+1] - layer_2) ** 2)
                test_correct_cnt += int(np.argmax(layer_2) == \
                                            np.argmax(test_labels[i:i+1]))

        sys.stdout.write("\n" + \
                "I:" + str(j) + \
                " Test-Err:" + str(test_error/ float(len(test_images)))[0:5] +\
                " Test-Acc:" + str(test_correct_cnt/ float(len(test_images)))+\
                " Train-Err:" + str(error/ float(len(images)))[0:5] +\
                " Train-Acc:" + str(correct_cnt/ float(len(images))))
```

8.10 在 MNIST 数据集上对 dropout 进行测试

如果你还记得我们之前讲过的内容，神经网络(没有 dropout 的时候)曾经达到过 81.14%的测试正确率，然后逐步下降，在训练结束时测试正确率为 70.73%。添加 dropout 之后，神经网络的行为是这样的：

```
I:0 Test-Err:0.641 Test-Acc:0.6333 Train-Err:0.891 Train-Acc:0.413
I:10 Test-Err:0.458 Test-Acc:0.787 Train-Err:0.472 Train-Acc:0.764
I:20 Test-Err:0.415 Test-Acc:0.8133 Train-Err:0.430 Train-Acc:0.809
I:30 Test-Err:0.421 Test-Acc:0.8114 Train-Err:0.415 Train-Acc:0.811
I:40 Test-Err:0.419 Test-Acc:0.8112 Train-Err:0.413 Train-Acc:0.827
I:50 Test-Err:0.409 Test-Acc:0.8133 Train-Err:0.392 Train-Acc:0.836
I:60 Test-Err:0.412 Test-Acc:0.8236 Train-Err:0.402 Train-Acc:0.836
I:70 Test-Err:0.412 Test-Acc:0.8033 Train-Err:0.383 Train-Acc:0.857
I:80 Test-Err:0.410 Test-Acc:0.8054 Train-Err:0.386 Train-Acc:0.854
I:90 Test-Err:0.411 Test-Acc:0.8144 Train-Err:0.376 Train-Acc:0.868
I:100 Test-Err:0.411 Test-Acc:0.7903 Train-Err:0.369 Train-Acc:0.864
I:110 Test-Err:0.411 Test-Acc:0.8003 Train-Err:0.371 Train-Acc:0.868
I:120 Test-Err:0.402 Test-Acc:0.8046 Train-Err:0.353 Train-Acc:0.857
I:130 Test-Err:0.408 Test-Acc:0.8091 Train-Err:0.352 Train-Acc:0.867
I:140 Test-Err:0.405 Test-Acc:0.8083 Train-Err:0.355 Train-Acc:0.885
I:150 Test-Err:0.404 Test-Acc:0.8107 Train-Err:0.342 Train-Acc:0.883
I:160 Test-Err:0.399 Test-Acc:0.8146 Train-Err:0.361 Train-Acc:0.876
I:170 Test-Err:0.404 Test-Acc:0.8074 Train-Err:0.344 Train-Acc:0.889
I:180 Test-Err:0.399 Test-Acc:0.807  Train-Err:0.333 Train-Acc:0.892
I:190 Test-Err:0.407 Test-Acc:0.8066 Train-Err:0.335 Train-Acc:0.898
I:200 Test-Err:0.405 Test-Acc:0.8036 Train-Err:0.347 Train-Acc:0.893
I:210 Test-Err:0.405 Test-Acc:0.8034 Train-Err:0.336 Train-Acc:0.894
I:220 Test-Err:0.402 Test-Acc:0.8067 Train-Err:0.325 Train-Acc:0.896
I:230 Test-Err:0.404 Test-Acc:0.8091 Train-Err:0.321 Train-Acc:0.894
I:240 Test-Err:0.415 Test-Acc:0.8091 Train-Err:0.332 Train-Acc:0.898
I:250 Test-Err:0.395 Test-Acc:0.8182 Train-Err:0.320 Train-Acc:0.899
I:260 Test-Err:0.390 Test-Acc:0.8204 Train-Err:0.321 Train-Acc:0.899
I:270 Test-Err:0.382 Test-Acc:0.8194 Train-Err:0.312 Train-Acc:0.906
I:280 Test-Err:0.396 Test-Acc:0.8208 Train-Err:0.317 Train-Acc:0.9
I:290 Test-Err:0.399 Test-Acc:0.8181 Train-Err:0.301 Train-Acc:0.908
```

不仅神经网络的测试准确率达到了82.36%的峰值，而且几乎没有发生像之前那么糟糕的过拟合现象，在训练完成时，测试准确率仍然有 81.81%。请注意，dropout 还会减慢训练准确率上升的速度，在之前的训练中，训练准确率飞快地上升到 100%，并一直保持在这个水平。

这能帮助我们更好地理解 dropout 的真正含义：它是一种噪声。它使得神经网络在训练数据上的训练过程更加复杂，就像腿上负重跑马拉松一样。训练确实更困难了，但当你在大型比赛中将腿上的负重解开时，你会感觉身轻如燕，跑得更快——因为你训练的过程要困难得多。

8.11 批量梯度下降

这里有一个提高训练速度和收敛速度的方法。

在本章的背景下，我想简单教给大家使用一个几个章节前介绍过的概念：小批量随机梯度下降。我不会讲太多细节，因为在很大程度上，这是神经网络训练中被直接接受的事情。此外，即使是最先进的神经网络，这个简单概念也不会变得更复杂。

之前，我们每次用一个训练样例进行训练，并在每次训练之后更新权重。现在，让我们一次用 100 个训练样例进行训练，在更新权重时使用所有 100 个样例的权重增量的平均值。接下来先看一下训练/测试的输出结果，然后看训练的代码逻辑。

```
I:0 Test-Err:0.815 Test-Acc:0.3832 Train-Err:1.284 Train-Acc:0.165
I:10 Test-Err:0.568 Test-Acc:0.7173 Train-Err:0.591 Train-Acc:0.672
I:20 Test-Err:0.510 Test-Acc:0.7571 Train-Err:0.532 Train-Acc:0.729
I:30 Test-Err:0.485 Test-Acc:0.7793 Train-Err:0.498 Train-Acc:0.754
I:40 Test-Err:0.468 Test-Acc:0.7877 Train-Err:0.489 Train-Acc:0.749
I:50 Test-Err:0.458 Test-Acc:0.793 Train-Err:0.468 Train-Acc:0.775
I:60 Test-Err:0.452 Test-Acc:0.7995 Train-Err:0.452 Train-Acc:0.799
I:70 Test-Err:0.446 Test-Acc:0.803 Train-Err:0.453 Train-Acc:0.792
I:80 Test-Err:0.451 Test-Acc:0.7968 Train-Err:0.457 Train-Acc:0.786
I:90 Test-Err:0.447 Test-Acc:0.795 Train-Err:0.454 Train-Acc:0.799
I:100 Test-Err:0.448 Test-Acc:0.793 Train-Err:0.447 Train-Acc:0.796
I:110 Test-Err:0.441 Test-Acc:0.7943 Train-Err:0.426 Train-Acc:0.816
I:120 Test-Err:0.442 Test-Acc:0.7966 Train-Err:0.431 Train-Acc:0.813
I:130 Test-Err:0.441 Test-Acc:0.7906 Train-Err:0.434 Train-Acc:0.816
I:140 Test-Err:0.447 Test-Acc:0.7874 Train-Err:0.437 Train-Acc:0.822
I:150 Test-Err:0.443 Test-Acc:0.7899 Train-Err:0.414 Train-Acc:0.823
I:160 Test-Err:0.438 Test-Acc:0.797  Train-Err:0.427 Train-Acc:0.811
I:170 Test-Err:0.440 Test-Acc:0.7884 Train-Err:0.418 Train-Acc:0.828
I:180 Test-Err:0.436 Test-Acc:0.7935 Train-Err:0.407 Train-Acc:0.834
I:190 Test-Err:0.434 Test-Acc:0.7935 Train-Err:0.410 Train-Acc:0.831
I:200 Test-Err:0.435 Test-Acc:0.7972 Train-Err:0.416 Train-Acc:0.829
I:210 Test-Err:0.434 Test-Acc:0.7923 Train-Err:0.409 Train-Acc:0.83
I:220 Test-Err:0.433 Test-Acc:0.8032 Train-Err:0.396 Train-Acc:0.832
I:230 Test-Err:0.431 Test-Acc:0.8036 Train-Err:0.393 Train-Acc:0.853
I:240 Test-Err:0.430 Test-Acc:0.8047 Train-Err:0.397 Train-Acc:0.844
I:250 Test-Err:0.429 Test-Acc:0.8028 Train-Err:0.386 Train-Acc:0.843
I:260 Test-Err:0.431 Test-Acc:0.8038 Train-Err:0.394 Train-Acc:0.843
I:270 Test-Err:0.428 Test-Acc:0.8014 Train-Err:0.384 Train-Acc:0.845
I:280 Test-Err:0.430 Test-Acc:0.8067 Train-Err:0.401 Train-Acc:0.846
I:290 Test-Err:0.428 Test-Acc:0.7975 Train-Err:0.383 Train-Acc:0.851
```

请注意，与以前相比，训练精度的上升趋势更平稳了。这种现象的出现是因为在训练过程中不断地进行平均权重更新。事实证明，对单个样例进行训练，在生成权重更新增量时会有非常大的噪声。因此，对这些权重增量更新进行平均可使学习过程更平滑。

```
import numpy as np
np.random.seed(1)

def relu(x):
    return (x >= 0) * x              ◄──────── 当x>0时，返回x

def relu2deriv(output):
    return output >= 0

batch_size = 100
alpha, iterations = (0.001, 300)
pixels_per_image, num_labels, hidden_size = (784, 10, 100)

  weights_0_1 = 0.2*np.random.random((pixels_per_image,hidden_size)) - 0.1
  weights_1_2 = 0.2*np.random.random((hidden_size,num_labels)) - 0.1

  for j in range(iterations):
      error, correct_cnt = (0.0, 0)
      for i in range(int(len(images) / batch_size)):
          batch_start, batch_end = ((i * batch_size),((i+1)*batch_size))

          layer_0 = images[batch_start:batch_end]
          layer_1 = relu(np.dot(layer_0,weights_0_1))
          dropout_mask = np.random.randint(2,size=layer_1.shape)
          layer_1 *= dropout_mask * 2
          layer_2 = np.dot(layer_1,weights_1_2)

          error += np.sum((labels[batch_start:batch_end] - layer_2) ** 2)
          for k in range(batch_size):
              correct_cnt += int(np.argmax(layer_2[k:k+1]) == \
                        np.argmax(labels[batch_start+k:batch_start+k+1]))

              layer_2_delta = (labels[batch_start:batch_end]-layer_2) \
                                                              /batch_size
              layer_1_delta = layer_2_delta.dot(weights_1_2.T)* \
                                                      relu2deriv(layer_1)
              layer_1_delta *= dropout_mask

              weights_1_2 += alpha * layer_1.T.dot(layer_2_delta)
              weights_0_1 += alpha * layer_0.T.dot(layer_1_delta)

      if(j%10 == 0):
          test_error = 0.0
          test_correct_cnt = 0

          for i in range(len(test_images)):
              layer_0 = test_images[i:i+1]
              layer_1 = relu(np.dot(layer_0,weights_0_1))
              layer_2 = np.dot(layer_1, weights_1_2)
```

运行这段代码时，你首先会注意到它运行得快了很多。这是因为每个 np.dot 点积函数现在一次可以完成 100 个向量点积。CPU 架构在执行这一类型的批处理点积方面要快得多。

另外，这段代码里面还包含更多信息。可以注意到，alpha 的值是原来的 20 倍。为什么我们可以增加它呢？不妨看一下下面这个有趣的原因。想象一下，你正试图用一个摇摇晃晃很不稳定的指南针找到一座城市。如果你低头看，找到一个方向，然后向这个方向一口气跑上 2 英里，你很有可能已经偏离了正确的路线。但是如果你低下头，测量 100 次方向，然后取它们的平均值，再跑 2 英里，你可能还会在大体正确的方向上。

因为这个例子取了一个含有噪声的信号的平均值(平均权重的值会根据 100 个训练样例而改变)，它在更新权重时可以采取更大的步长。你通常会看到批量处理的批量大小取值从 8 到 256 不等。一般情况下，研究人员随机抽取数字，直到找到一组看起来效果不错的 batch_size/alpha。

8.12　本章小结

本章讨论的两种方法使用最广泛，几乎对所有神经网络架构都有效，能提高准确度以及训练速度。在接下来的章节中，我们将从普遍适用于几乎所有神经网络的工具，转向针对特殊目的所创建的种种神经网络结构——它们有利于对数据中某个特定类型的模式进行建模。

第9章 概率和非线性建模：激活函数

本章主要内容：

- 什么是激活函数？
- 标准隐藏层激活函数
- sigmoid
- tanh
- 标准输出层激活函数
- softmax
- 激活函数使用说明

我知道2加2等于4——并且如果我能证明它的话，我也会很高兴的——尽管，我必须说，如果可能的话，倘若我能通过某种办法将2加2转换成5，将会给我带来更大的乐趣。

——乔治·戈登·拜伦，致安娜贝拉·米尔班克的信
1813年11月10日

9.1 什么是激活函数？

它是在预测时应用于一层神经元的函数。

激活函数是在预测过程中应用于某一层神经元的函数。这看起来应该很熟悉，

因为我们一直在使用一个名为 relu 的激活函数(如下面的三层神经网络所示)。relu 函数具有将所有负数变为 0 的效果。

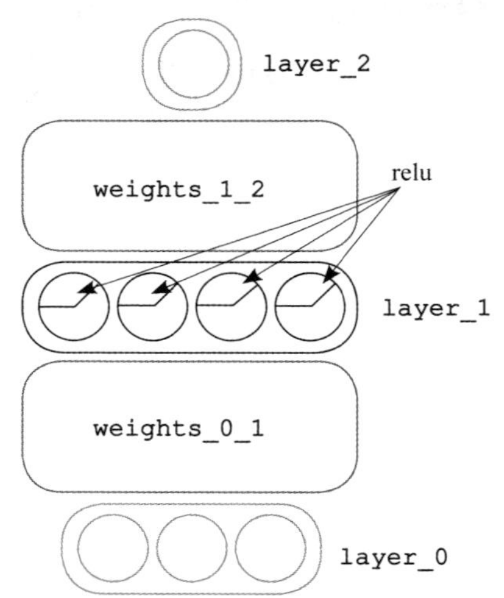

简单来说，激活函数指的是任何可以接受一个数字并返回另一个数字的函数。但是宇宙中有无数的函数，并不是所有函数都可用作激活函数。

要使一个函数作为激活函数，需要满足几个限制条件。接下来你会看到，使用不满足这些限制条件的函数作为激活函数通常不是好主意。

约束 1：函数必须连续且定义域是无穷的。

成为合适的激活函数的第一个约束条件是，它必须对任何输入都有一个确定的输出。换句话说，你应该没有办法输入一个没有输出的数字，不管因为什么原因。

这听起来好像有点抽象，你可以看一下左边的函数(四条不连续的线)，对它来说，并不是每个 x 值都有 y 值。它的函数只在四个片段上有定义。如果用它作为激活函数，后果将不堪设想。右边的函数是连续的且定义域是无穷的。没有不能计算输出(y)的输入(x)。

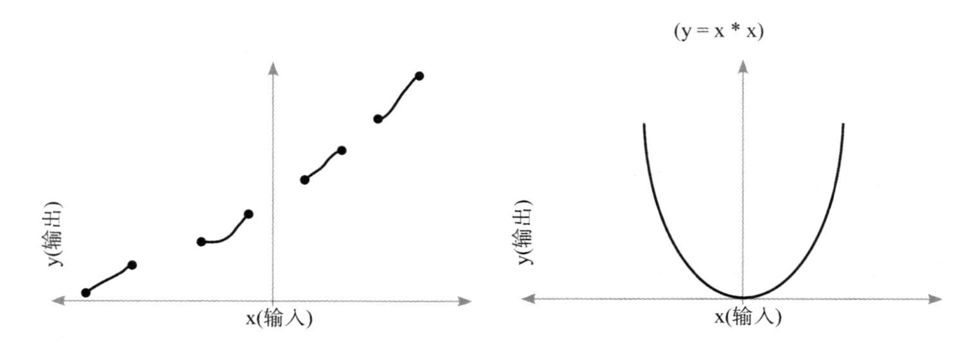

约束 2：好的激活函数是单调的，不会改变方向。

第二个约束条件是，激活函数需要是单调的。它绝不能改变方向。换句话说，它要么一直增加，要么一直减少。

举例来说，参考下面两个函数。它们的形状回答了这样一个问题："给定 x 作为输入，函数所描述的 y 值是多少？" 左边的函数(y = x * x)不是一个理想的激活函数，因为它既没有单调递增，也没有单调递减。

为什么会这样呢？请注意，对左边的函数来说，很多情况下两个不同的 x 值对应着同一个 y 值(除了 0，对其他任何 x 的取值都成立)。但是，右边的函数是单调递增的！没有任何两个 x 具有相同的 y 值。

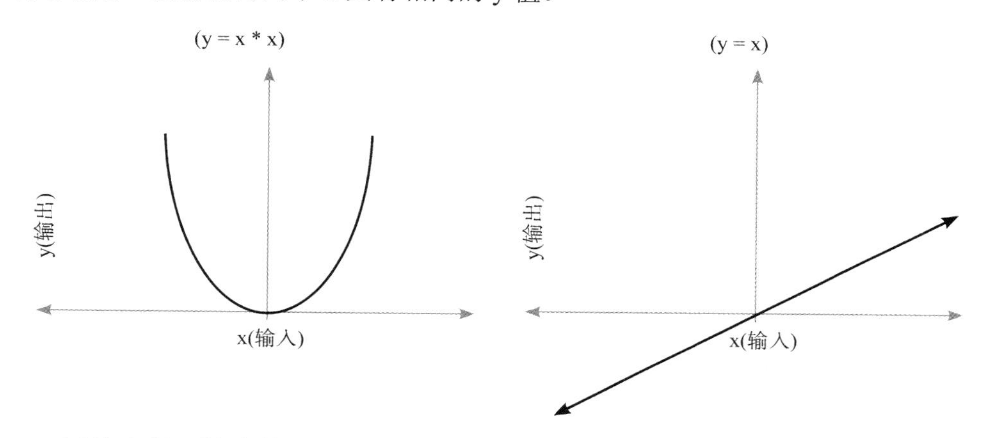

严格来说，这个特定的限制条件不是必需的。与上面提到的缺少对应值的函数(非连续函数)不同，你可以对非单调函数进行优化。但是，我们需要考虑多个输入值映射到同一个输出值的意义。

当神经网络进行学习时，实际上是在寻找合适的权重配置来给出特定的输出。倘若有多个正确答案，这个问题会变得困难得多。如果有多种方法可以得到相同的输出，那么网络就有多种可能的完美配置。

乐观主义者可能会说："嘿，这太棒了！如果能在很多地方找到正确的答案，那么我们就更有可能找到它！" 悲观主义者会说："这太可怕了!现在找不到任何一个正确的方向以减少误差，因为理论上可在许多方向上取得进展。"

不幸的是，悲观主义者所发现的现象更为重要。要进一步研究这个问题，你可以深入了解凸优化与非凸优化；许多大学和在线教育平台开放了专门针对这类问题的完整课程。

约束 3：好的激活函数是非线性的(扭曲或反转)。

第三个约束条件需要我们回顾一下第 6 章。还记得条件相关吗？为了创造它，你必须允许神经元选择性地与输入神经元相互关联，使得将一个负值较大的信号从某个输入传输到某个神经元能够减少它与任何输入的相关性(在使用 relu 激活函数的情况下，它会迫使神经元的值降到 0)。

事实证明，这种现象是由带有曲线的函数促成的。另一方面，那些看起来像直线的函数，将传入的加权平均进行缩放。对某个对象的缩放(乘以一个常数，比如 2)并不影响神经元与各种输入之间的关联程度，只是使整体上的相关性表现得更强或更弱。但是，这种激活函数并不会让一项权重影响神经元与其他权重之间的关联程度。你真正想要的是选择性关联。给定一个神经元及其激活函数，你希望某个传入的信号能够增加或减少这个神经元与其他所有传入信号的相关性。所有非线性函数都可以完成这件事情(只是程度有所不同，接下来将逐一介绍)。

综上所述，左边所示的函数被认为是线性函数，而右边的函数则被认为是非线性函数，通常我们认为非线性函数更适合作为激活函数(当然也有例外，见稍后的讨论)。

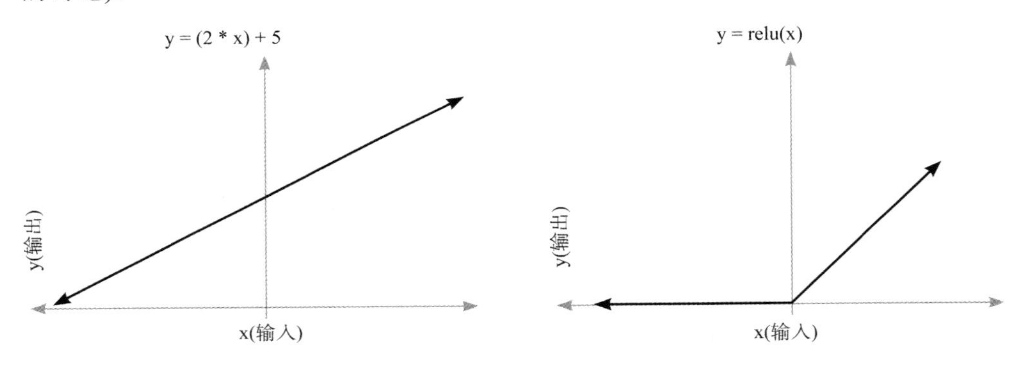

约束 4：合适的激活函数(及其导数)应该可以高效计算。

这一点很简单。你将调用这个函数很多次(有时是数十亿次)，所以不希望它的计算速度太慢。许多激活函数最近之所以变得流行，都是因为相对于表现力而言，它们很容易计算(relu 就是一个很好的例子)。

9.2 标准隐藏层激活函数

在无数可能的函数中，哪一个最常用?

即使有着以上这些约束，你也应该清楚，我们可以使用无穷多个函数作为激活函数。在过去几年中，我们见证了激活函数的巨大进展。但是有一组数量较少的激活函数可以满足绝大部分对激活函数的需求，而且大多数情况下，对这些激活函数的改进都很小。

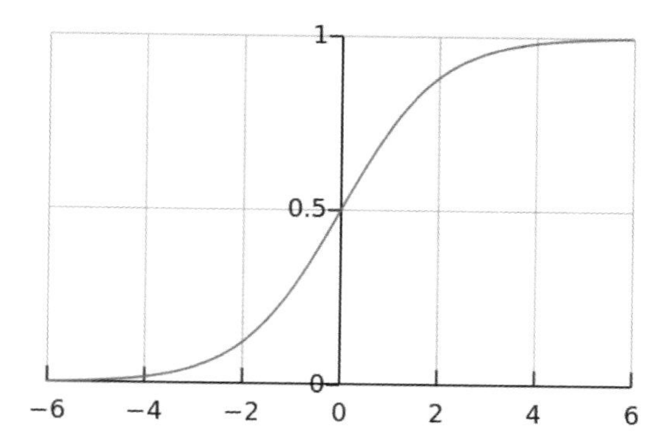

基础激活函数：sigmoid。

sigmoid 是一个伟大的激活函数，因为它能平滑地将输入从无穷大的空间压缩到 0 到 1 之间。很多情况下，这可以让你把单个神经元的输出解释为一个概率。因此，人们在隐藏层和输出层中使用这种非线性函数。

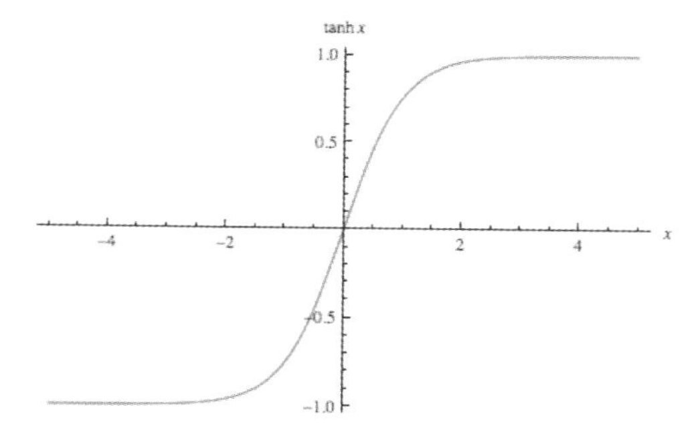

对于隐藏层来说，tanh 比 sigmoid 更合适。

我们来看一下 tanh 最酷的地方。还记得对条件关联进行建模的过程吗？是的，sigmoid 函数能够给出不同程度的正相关性，这很不错。tanh 可以完成一样的工作，只是它的取值在-1 到 1 之间！

这意味着，它可以引入一部分负相关性。虽然对于输出层来说，这项性质没有那么有用(除非需要预测的数据在-1 和 1 之间)，但是负相关性对于隐藏层来说作用很大；在许多问题中，tanh 在隐藏层中的表现优于 sigmoid。

9.3　标准输出层激活函数

你的选择取决于你想预测什么。

事实证明，对隐藏层来说最好的激活函数可能与对输出层来说最好的激活函数有很大的不同，尤其在面对分类问题的时候。总体上讲，输出层主要有三种类型。

类型 1：预测原始数据值(没有激活函数)

这可能是最直观但最不常见的输出层类型。某些情况下，人们想要训练一个神经网络，将一个由数字构成的矩阵转换成另一个由数字构成的矩阵，其中输出范围(最小值和最大值之间的差)不是一个概率。一个例子是给定周围各州的气温，预测科罗拉多州的平均气温。

这里主要关注的是输出层的非线性激活函数能够预测正确的答案。在本例中，sigmoid 或 tanh 不合适，因为它强制每个预测的结果都落在 0 和 1 之间(我们想要预测的温度可以是任何值，而不仅是 0 和 1 之间的一个概率)。如果让我训练一个网络做这个预测，在输出层我很可能选择不使用任何激活函数。

类型 2：预测不相关的“是”或“否”的概率(sigmoid)

我们常常希望在一个神经网络中得到多个二元概率。在第 5 章的 5.6 节中我们做过这种事情，根据输入数据来预测团队是否会赢，是否会受伤，以及团队的士气是否高涨(高兴或悲伤)。

顺便说一句，当神经网络有隐藏层时，同时预测多个结果是有好处的。通常网络在预测一个标签时会学习到对预测其他标签有用的东西。例如，如果一个神经网络确实擅长预测球队是否会赢得球赛，那么同样的隐藏层可能对预测球队是高兴还是悲伤非常有用。如果没有这个额外信号，那么这个网络将很难准确预测出球队的情绪。这个规律在不同问题上的表现有很大的不同，不过记住这点会有好处。

这些情况下，最好使用 sigmoid 激活函数，因为它能对每个输出节点分别建模。

类型 3：预测“哪一个”的概率(softmax)

到目前为止，神经网络最常见的用途是从许多标签中选出一个标签。例如，在 MNIST 数字分类器中，你想要预测图像中是哪个数字。我们事先知道每张图像中包含着不超过一个数字。你可以使用 sigmoid 激活函数训练这个网络，并声明对应着最高输出概率的数字是最有可能的。这个网络效果还算好，但最好有一个激活函数对“当出现一个标签的可能性越大时，出现另一个标签的可能性就越小”这一概念进行建模。

为什么我们喜欢这种现象？先来回顾一下如何执行权重更新。例如，如果 MNIST 数字分类器应该将这张图像里面所写的数字预测为 9。并且，我们假设进入最后一层(在应用激活函数之前)的原始加权和如下所示：

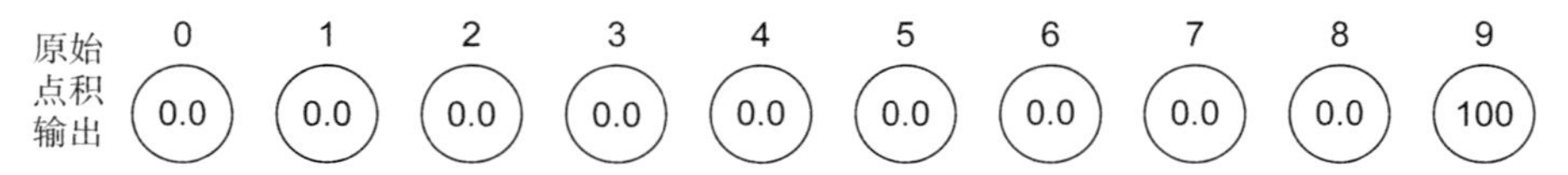

网络给最后一层的原始输入将每个节点的值都预测为 0，只有对 9 号节点预

测的值是 100。可以说是完美的预测结果了。现在，让我们看看当这些数字经过 sigmoid 激活函数处理后，会发生什么：

输出　0.50　0.50　0.50　0.50　0.50　0.50　0.50　0.50　0.50　0.99

奇怪的是，网络现在似乎不那么确定了：9 号节点所对应的值仍然是最高的，但这张神经网络似乎认为还有 50%的可能是其他数字。很奇怪！好吧，我们来看一下 softmax，它对输入有着不一样的解释：

softmax　0.0　0.0　0.0　0.0　0.0　0.0　0.0　0.0　0.0　1.0

这看起来很棒。不仅 9 号节点对应的值是最高的，而且网络甚至没有怀疑它是任何其他可能的 MNIST 数字。这看起来像是 sigmoid 的一个理论缺陷，但是当你进行反向传播时，它会产生严重后果。我们来看一下如何在 sigmoid 激活函数的输出上计算均方误差。从理论上讲，该网络的预测几乎是完美的，对吗？毫无疑问，它在反向传播中不会产生什么误差。但对于 sigmoid 来说则不是这样：

sigmoid MSE　0.25　0.25　0.25　0.25　0.25　0.25　0.25　0.25　0.25　0.00

看看这一大堆误差！网络的权重将进行大规模更新，即使它的预测非常准确。为什么？因为，如果我们希望 sigmoid 达到 0 误差，它不仅要将真实输出所对应的节点预测为最大正数，它还必须将其他数字对应的节点都预测为 0。对于 softmax 函数来说，它可能会问，“哪个数字看起来最适合这个输入？”而 sigmoid 则会说：“你最好相信这张图仅仅表达了数字 9，和 MNIST 数据集中的其他数字没有任何共同之处。”

9.4　核心问题：输入具有相似性

不同数字具有相同特征。让神经网络相信这一点有好处。

MNIST 数据集中的数字并非完全不同：它们有重叠的像素。譬如，一般数字 2 和数字 3 的上半部分看起来就十分相似。

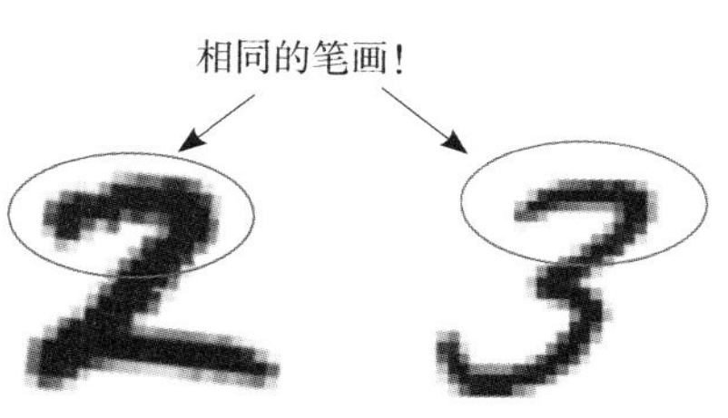

为什么这一点重要？一般来说，相似的输入产生相似的输出。当你拿到一些数据，并把它们乘以一个矩阵后，会发现，如果开始的数值很相似，那么得到的数值也很相似。

看看这里的 2 和 3。如果我们前向传播 2，并且一部分小概率意外落到标签 3，神经网络认为这是一个巨大错误并以巨大的权重更新来响应意味着什么？它将惩罚这个网络以 2 的独有特征之外的其他东西来识别 2。也就是说，它会对神经网络根据数字 2 上半部分的曲线进行识别的行为进行惩罚。为什么？因为数字 2 和数字 3 的上半部分呈现出的曲线极其相似。使用 sigmoid 进行训练会惩罚神经网络试图基于这种输入预测出 2 的行为，因为这样做所依据的一部分模式和预测 3 相同。因此，当 3 出现时，标签 2 也会有一些概率(因为图像的一部分看起来像是数字 2)。

这么做有什么副作用呢？多数图像的中间部分的许多像素是相似的，所以神经网络会开始关注图像的边缘。考虑右图所示的 2-检测器的节点权重。

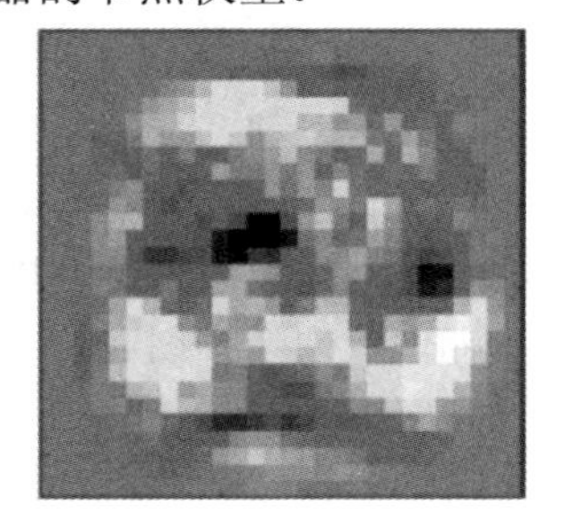

看到图片中间有多模糊了吗？最重的权重出现在接近图像边缘的 2 的两个端点。一方面，这些可能是判断数字 2 的最佳单独指标，但总体上来说，我们最希望神经网络能看到数字的整个形状。稍微偏离中心或不当倾斜的 3 就可能意外触发这些单独的指标。这个神经网络没有学习到数字 2 的真正本质，因为它需要学习到 2，还要学习到“非 1”“非 3”“非 4”等。

我们希望输出层的激活函数不会对类似的标签进行惩罚。相反，我们希望它关注所有可能表示潜在信息的输入。softmax 的概率和总为 1，这也很好。你可以把任意预测解释为结果是特定标签的全局概率。相比 sigmoid 来说，softmax 在理论和实践上都做得更好。

9.5 计算 softmax

softmax 计算每个输入值的指数形式，然后除以该层的和。

让我们来看一下，对于上文中假定的神经网络输出值来说，应该如何进行 softmax 计算。我将在这里再次展示它们，这样就可以看到 softmax 激活函数的输入：

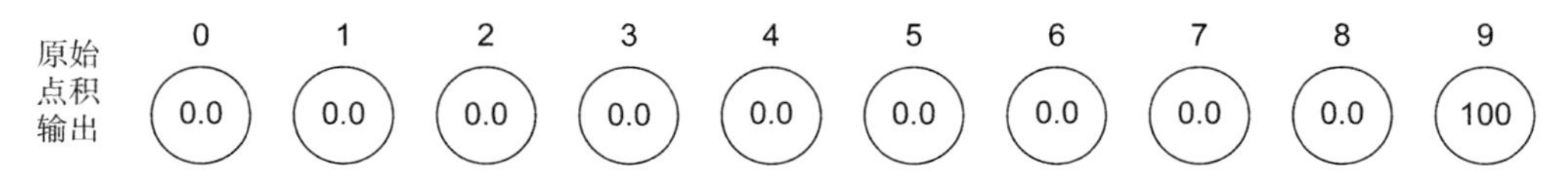

要对这一整层计算 softmax，首先要计算每个值的指数形式。也就是对于每个值 x，计算 e 的 x 次幂(e 是一个特殊的数，它的值为 2.718 28…)，e^x 的值如右图所示。

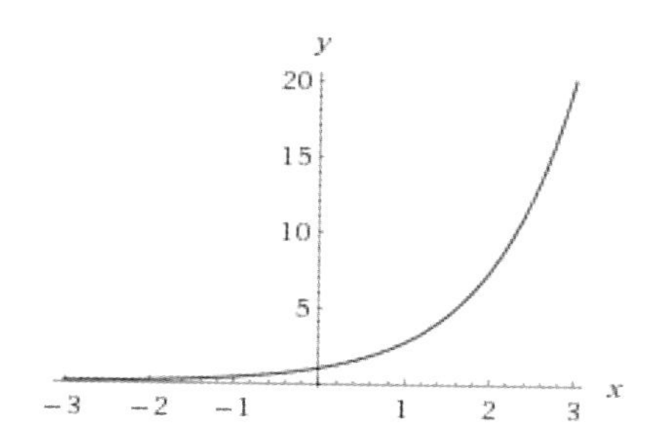

注意，它会将所有输入都变成正数，原本是负数的变成很小的正数，原本是正数变成很大的正数(如果你听说过指数增长，那就很可能是在讨论这个函数或者类似的函数)。

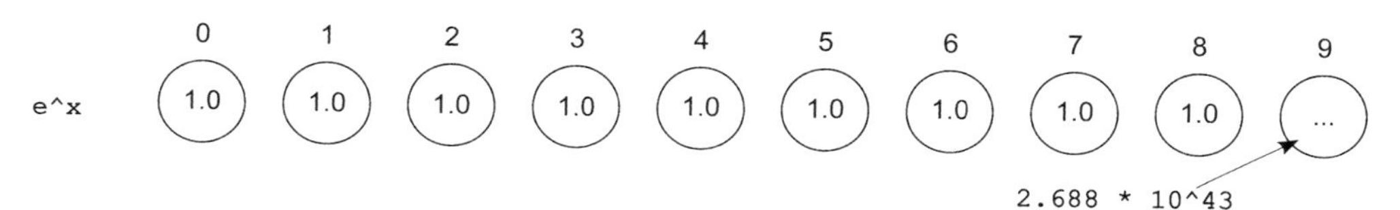

简而言之，所有的 0 都变成了 1(因为 1 是 e^x 在 y 轴上的截距)，而 100 变成了一个巨大的数字(2 后面跟着 43 个 0)。如果有负数，它们就会被映射到 0 和 1 之间。下一步工作是对这一层中的所有节点求和，并将层中的每个值除以求得的和。这个动作能够有效地使标签 9 之外的所有数字为 0。

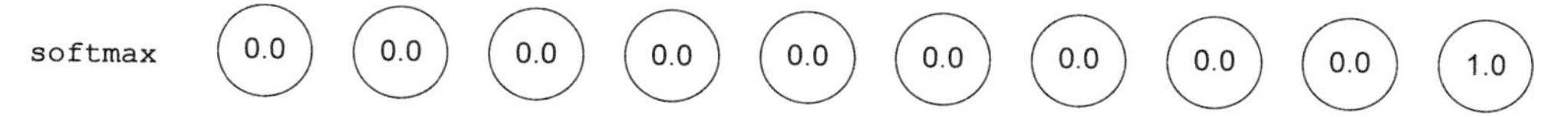

softmax 的好处是，神经网络对一个值的预测越高，它对所有其他值的预测就越低。它增加了信号衰减的锐度，鼓励网络以非常高的概率预测某项输出。

要调整它的执行力度，可以在进行指数运算时使用略高于或低于 e 的数做底。数值越小衰减越小，数值越大衰减越大。但大多数人还是坚持用 e。

9.6　激活函数使用说明

如何在任意层中添加你所喜欢的激活函数?

上文中，我们已经介绍了各种各样的激活函数，并解释了它们在神经网络的隐藏层和输出层中的作用，那么让我们来讨论一下，如何在一个神经网络中正确地使用它们。

幸运的是，我们已经举例介绍过如何在你的第一个深度神经网络中加入非线性函数：可以向隐藏层添加一个 relu 激活函数。相对来说，将其添加到正向传播比较简单。我们只需要获取 layer_1 原本的值(在没有激活函数时)，并将 relu 函数应用到每个值上：

```
layer_0 = images[i:i+1]
layer_1 = relu(np.dot(layer_0,weights_0_1))
layer_2 = np.dot(layer_1,weights_1_2)
```

这里有一些术语需要记住。某一层的输入是指应用非线性函数之前的值。在本例中，layer_1 的输入是 np.dot(layer_0,weights_0_1)。请不要与前一层 layer_0 相混淆。

在正向传播中，向某一层神经网络添加激活函数相对简单。相对来说，在反向传播中适当地处理激活函数所带来的影响则更加微妙一些。

在第 6 章中，我们执行了一个有趣的操作来创建 layer_1_delta 变量。当 relu 强制 layer_1 的某个值为 0 时，我们也要将对应的增量 delta 乘以 0。当时的考虑是，“因为 layer_1 中为 0 的值对输出预测没有影响，所以它也不应该对权重更新有任何影响。它不对所产生的误差负责。”这是激活函数奇妙之处的极端表现。我们来看一下 relu 函数的形状。

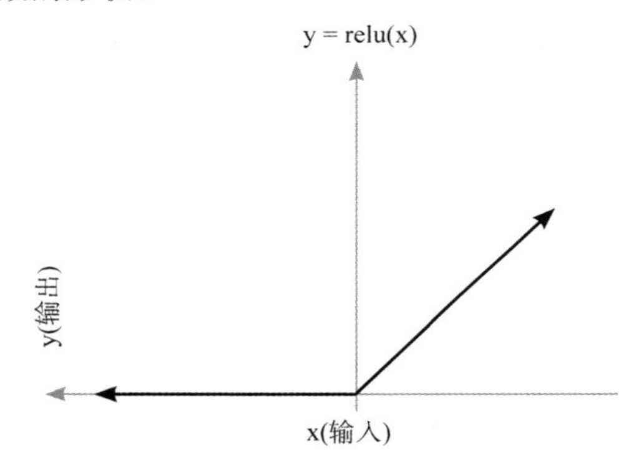

对于正数来说，relu 的斜率恰好是 1；对于负数来说，relu 的斜率恰好是 0。也就是说，如果预测结果为正，则对该函数的输入进行(一点点)修改将会产生 1:1 的影响。如果预测结果为负，则对输入的微小修改将会产生 0:1 的影响(也就是没有影响)。这个斜率能够告诉我们，如果 relu 的输入发生(一定量的)变化，那么它的输出将会发生怎样的变化。

因为增量 delta 这个时候的目的是告诉较早的层“下次让我的输入更高或更低”，所以这个 delta 非常有用。它考虑到这个节点是否对误差有贡献，并修改从下一层反向传播回来的增量 delta。

因此，当进行反向传播时，为了生成 layer_1_delta，需要将从 layer_2 反向传播回来的 delta (layer_2_delta.dot(weights_1_2.T))乘以 relu 在对应点的斜率，这里

的对应点指的是在正向传播中预测出的那个点。对于一部分增量 delta 来说，斜率为 1(正数)，对于其他增量来说，斜率为 0(负数)：

```
error += np.sum((labels[i:i+1] - layer_2) ** 2)

correct_cnt += int(np.argmax(layer_2) == \
                              np.argmax(labels[i:i+1]))

layer_2_delta = (labels[i:i+1] - layer_2)
layer_1_delta = layer_2_delta.dot(weights_1_2.T)\
                          * relu2deriv(layer_1)

weights_1_2 += alpha * layer_1.T.dot(layer_2_delta)
weights_0_1 += alpha * layer_0.T.dot(layer_1_delta)

def relu(x):
    return (x >= 0) * x          # 当x>0时返回x，否则返回0

def relu2deriv(output):
    return output >= 0           # 当input>0时返回1，否则返回0
```

relu2deriv 是一个特殊函数，它可以取 relu 的输出，并计算 relu 在这一点的斜率(它对输出向量中的所有值都这样做)。这就引出了一个问题，如何对所有非 relu 的其他非线性函数进行类似的操作呢?

我们来看一下 relu 和 sigmoid 函数:

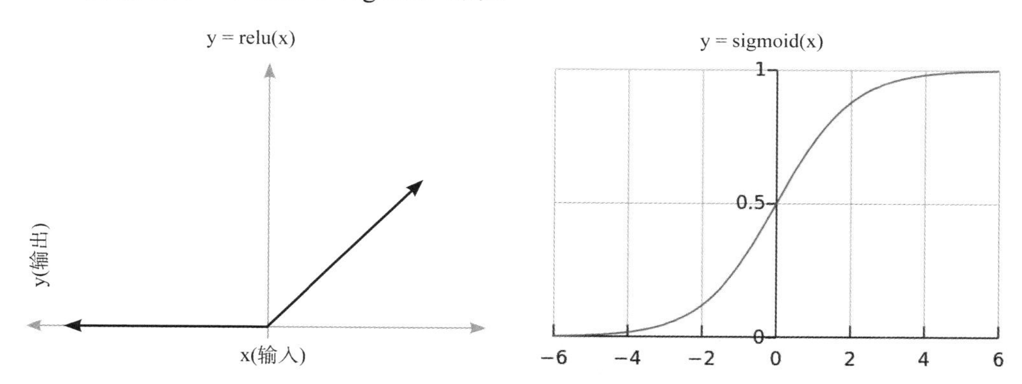

这些图告诉我们的重要一点是，斜率可被看成一个指示器，用来表示对输入的(一定量)更改会对输出带来多大影响。为将在此节点之前的权重更新是否会对预测结果发生任何影响纳入考虑，我们想要修改(从下一层传入)的增量 delta。

记住，最终目标是调整权重以减少误差。如果对权重的调整几乎没有效果的话，这一步骤会鼓励网络保持原有的权重不变。与 sigmoid 一样，这是通过将增量 delta 与斜率相乘来实现的。

9.7 将增量与斜率相乘

要计算 layer_delta，需要将反向传播的 delta 乘以该层的斜率。

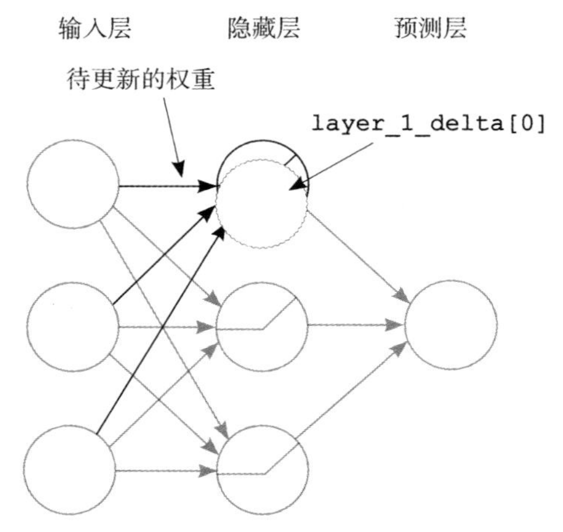

对于特定的训练实例来说，layer_1_delta[0]指的是为了减少网络的误差，第 1 层的第一个隐藏节点应该升高或降低多少。当没有非线性激活函数时，它就是 layer_2 增量 delta 的加权平均值。

但是，神经元的增量 delta 的最终目标是告诉权重它们是否应该移动。如果它们的移动不会造成影响，那么它们(作为一个整体)就应该保持原有状态。这对 relu 来说很明显，神经元要么开着，要么关着。对 sigmoid 来说，可能稍微有点复杂。

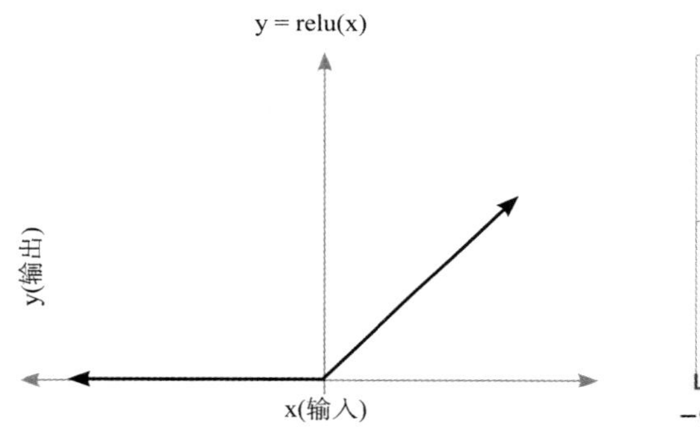

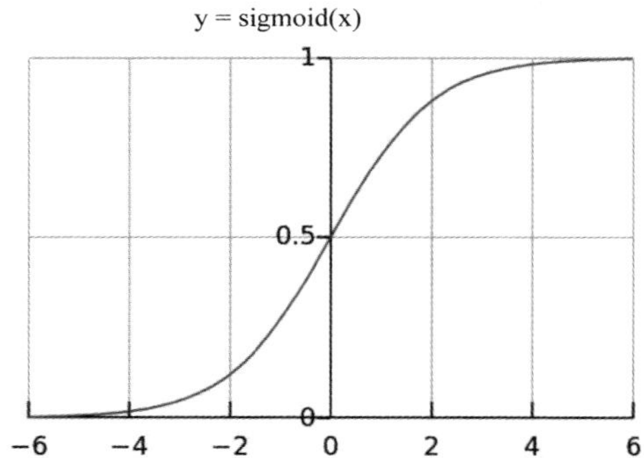

我们来分析单个 sigmoid 神经元。当输入从任意方向逐渐接近 0 时，sigmoid 函数对输入变化的敏感度也在逐渐增加。但非常大的输入和非常小的输入所对应的斜率均接近于 0。因此，当输入变得非常大(趋向于正无穷)或非常小(趋向于负无穷)时，对于这个训练用例来说，输入权重的微小变化与神经元所产生的误差相关性变弱。更广泛而言，许多隐藏节点与数字 2 的精确预测没有什么关系——也许它们只用于数字 8 的预测。我们不应该把它们的权重连接弄得太乱，因为这可能会破坏它们在其他地方的用处。

与此同时，这也创造了黏性的概念。对于类似的训练示例来说，之前在一个方向上多次更新的权重，更有信心做出或高或低的预测。非线性激活函数的引入，有助于使偶尔出现的错误训练实例更难破坏已多次得到强化的学习结果。

9.8　将输出转换为斜率(导数)

多数优秀的激活函数可以将其输出转换为斜率(效率第一！)

既然你已经知道，向网络层添加一个激活函数会改变计算该层的增量 delta 的方式，那么，现在我们将讨论实践中应如何高效地实现这一点。一种有必要引入的新运算是，计算所使用的任何非线性函数的导数。

大多数流行的非线性函数使用一种计算导数的方法，这可能会让熟悉微积分的人感到意外。大多数优秀的激活函数没有按照通常的习惯在曲线上的某一个点计算导数，而是尝试着采用另一种方法：用神经元层在正向传播时的输出来计算导数。这已经成为计算神经网络导数的标准实践，而且非常方便。

下面的小型表格中包含了到目前为止你所见过的所有函数以及它们的导数。input 是一个 NumPy 向量(对应于网络层的输入)。输出(output)是该层的预测结果。导数(deriv)指的是对应于每个节点上的激活函数的导数的激活导数向量。true 是真实值的向量(通常用 1 表示正确的标签位置，0 表示其他位置)。

函数	Forward prop	Backprop delta
relu	`ones_and_zeros = (input > 0)` `output = input*ones_and_zeros`	`mask = output > 0` `deriv = output * mask`
sigmoid	`output = 1/(1 + np.exp(-input))`	`deriv = output*(1-output)`
tanh	`output = np.tanh(input)`	`deriv = 1 - (output**2)`
softmax	`temp = np.exp(input)` `output /= np.sum(temp)`	`temp = (output - true)` `output = temp/len(true)`

注意，softmax 的增量计算很特殊，因为它只用于最后一层。在理论上要做的事情比这里讨论的要多一些。现在，让我们在 MNIST 分类网络中尝试一些更优秀的激活函数。

9.9　升级 MNIST 网络

使用所学到的知识升级 MNIST 网络

从理论上讲，tanh 函数应该更适合作为隐藏层的激活函数，而 softmax 则应该是一个更好的输出层激活函数。实际上，对它们进行测试时，它们确实会相应地得到更高分数。但事情并不总是像看上去那么简单。

为了使用这些新的激活函数来正确地对神经网络进行调优，我不得不做出一些调整。对于 tanh 来说，必须降低输入权重的标准差。记住，权重是被随机初始化的。我们用 np.random.random 来创建一个数值随机分布在 0 和 1 之间的矩阵。

通过将它乘以 0.2 并减去 0.1，可将这个矩阵值的随机分布范围重新调整在-0.1 和 0.1 之间。这对 relu 来说效果很好，但对 tanh 来说就不那么理想了。tanh 喜欢随机分布范围更窄的初始化，所以需要将它调整在-0.01 和 0.01 之间。

我还去掉了误差计算，因为我们还没准备好进行这一步。从技术角度看，softmax 最好与一个称为交叉熵(cross entropy)的误差函数一起使用。这个网络能够正常地为这个误差度量计算 layer_2_delta，但是，因为我们还没有分析为什么这个误差函数能带来好处，所以在这里暂时删去了相应的计算代码。

最后，同上面对神经网络所做的几乎所有更改一样，我们必须重新对 alpha 进行调优。我发现，要在 300 次迭代内达到一个理想分数，需要将 alpha 值调高许多。瞧！这个网络如预期地达到了更高的测试精度——87%。

```
import numpy as np, sys
np.random.seed(1)

from keras.datasets import mnist
(x_train, y_train), (x_test, y_test) = mnist.load_data()

images, labels = (x_train[0:1000].reshape(1000,28*28)\
                                              / 255, y_train[0:1000])
one_hot_labels = np.zeros((len(labels),10))
for i,l in enumerate(labels):
    one_hot_labels[i][l] = 1
labels = one_hot_labels

test_images = x_test.reshape(len(x_test),28*28) / 255
test_labels = np.zeros((len(y_test),10))
for i,l in enumerate(y_test):
    test_labels[i][l] = 1

def tanh(x):
    return np.tanh(x)
def tanh2deriv(output):
    return 1 - (output ** 2)
def softmax(x):
    temp = np.exp(x)
    return temp / np.sum(temp, axis=1, keepdims=True)
alpha, iterations, hidden_size = (0.02, 300, 100)
pixels_per_image, num_labels = (784, 10)
batch_size = 100

weights_0_1 = 0.02*np.random.random((pixels_per_image,hidden_size))-0.01
weights_1_2 = 0.2*np.random.random((hidden_size,num_labels)) - 0.1

for j in range(iterations):
    correct_cnt = 0
    for i in range(int(len(images) / batch_size)):
        batch_start, batch_end=((i * batch_size),((i+1)*batch_size))
        layer_0 = images[batch_start:batch_end]
        layer_1 = tanh(np.dot(layer_0,weights_0_1))
        dropout_mask = np.random.randint(2,size=layer_1.shape)
        layer_1 *= dropout_mask * 2
        layer_2 = softmax(np.dot(layer_1,weights_1_2))

        for k in range(batch_size):
            correct_cnt += int(np.argmax(layer_2[k:k+1]) == \
                              np.argmax(labels[batch_start+k:batch_start+k+1]))
        layer_2_delta = (labels[batch_start:batch_end]-layer_2)\
                                             / (batch_size
```

```
        layer_1_delta = layer_2_delta.dot(weights_1_2.T) \
                                                    * tanh2deriv(layer_1)
        layer_1_delta *= dropout_mask

        weights_1_2 += alpha * layer_1.T.dot(layer_2_delta)
        weights_0_1 += alpha * layer_0.T.dot(layer_1_delta)
    test_correct_cnt = 0

    for i in range(len(test_images)):

        layer_0 = test_images[i:i+1]
        layer_1 = tanh(np.dot(layer_0,weights_0_1))
        layer_2 = np.dot(layer_1,weights_1_2)
        test_correct_cnt += int(np.argmax(layer_2) == \
                                        np.argmax(test_labels[i:i+1]))
    if(j % 10 == 0):
        sys.stdout.write("\n"+ "I:" + str(j) + \
         " Test-Acc:"+str(test_correct_cnt/float(len(test_images)))+\
         " Train-Acc:" + str(correct_cnt/float(len(images))))
```

```
I:0 Test-Acc:0.394 Train-Acc:0.156
I:10 Test-Acc:0.6867 Train-Acc:0.723
I:20 Test-Acc:0.7025 Train-Acc:0.732
I:30 Test-Acc:0.734 Train-Acc:0.763
I:40 Test-Acc:0.7663 Train-Acc:0.794
I:50 Test-Acc:0.7913 Train-Acc:0.819
I:60 Test-Acc:0.8102 Train-Acc:0.849
I:70 Test-Acc:0.8228 Train-Acc:0.864
I:80 Test-Acc:0.831 Train-Acc:0.867
I:90 Test-Acc:0.8364 Train-Acc:0.885
I:100 Test-Acc:0.8407 Train-Acc:0.88
I:110 Test-Acc:0.845 Train-Acc:0.891
I:120 Test-Acc:0.8481 Train-Acc:0.90
I:130 Test-Acc:0.8505 Train-Acc:0.90
I:140 Test-Acc:0.8526 Train-Acc:0.90
I:150 Test-Acc:0.8555 Train-Acc:0.914
I:160 Test-Acc:0.8577 Train-Acc:0.925
I:170 Test-Acc:0.8596 Train-Acc:0.918
I:180 Test-Acc:0.8619 Train-Acc:0.933
I:190 Test-Acc:0.863 Train-Acc:0.933
I:200 Test-Acc:0.8642 Train-Acc:0.926
I:210 Test-Acc:0.8653 Train-Acc:0.931
I:220 Test-Acc:0.8668 Train-Acc:0.93
I:230 Test-Acc:0.8672 Train-Acc:0.937
I:240 Test-Acc:0.8681 Train-Acc:0.938
I:250 Test-Acc:0.8687 Train-Acc:0.937
I:260 Test-Acc:0.8684 Train-Acc:0.945
I:270 Test-Acc:0.8703 Train-Acc:0.951
I:280 Test-Acc:0.8699 Train-Acc:0.949
I:290 Test-Acc:0.8701 Train-Acc:0.94
```

卷积神经网络概论：关于边与角的神经学习　第10章

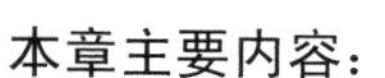

本章主要内容：

- 在多个位置复用权重
- 卷积层

卷积神经网络中对池化层的使用是一个巨大错误，而它运作得如此之好则是一场灾难。

——Geoffrey Hinton，来自 Reddit 上的“随便问我”

10.1　在多个位置复用权重

如果需要在多个位置检测相同的特征，请使用相同的权重!

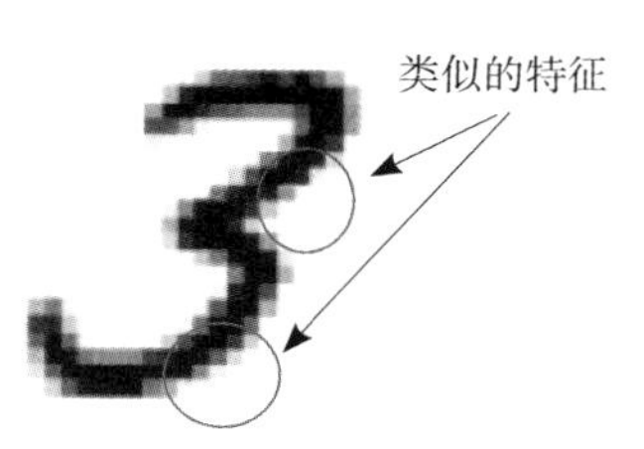

神经网络最大的挑战是过拟合，指的是神经网络试图记忆一个数据集，而不是从中学习可以泛化到还没见过的数据的有用抽象。换句话说，神经网络学会的是基于数据集中的噪声进行预测，而不是依赖于基本信号(还记得前文中关于将叉子印在黏土上的类比吗？)

过拟合的产生通常是由于当前网络参数的数量多于学习特定数据集所需要的参数数量。这种情况下，网络有足够多的参数，以至于它可以记住训练数据集中的每一个细节(神经网络心想：“啊，我又看到了第 363 号图像。这是数字 2)，而不是对高层次的抽象进行学习(神经网络心想：“嗯，它的顶部有一条曲线，左下角有一个弯折，右边拉出来一个尾巴：这个数字一定是2。”)。当神经网络有很多参数，但并没有很多训练样例时，过拟合是很难避免的。

我们在第 8 章中详细讨论了这个主题，当时，我们将正则化作为一种对抗过拟合的方法。但是正则化并不是防止过拟合的唯一技术，甚至不是最理想的技术。

如前所述，模型中权重的数量与学习这些权重的数据点的数量之比，和过拟合高度相关。因此，有一个更好的防止过拟合的方法。如有可能，最好使用松散定义的模型，或者说网络结构。

网络结构指的是，在神经网络中，因为我们相信能够在多个位置检测到相同的模式，所以可以有选择地重用针对多个目标的权重。正如所见，这可以显著地减少过拟合，并导致模型的精度更高，因为它降低了权重数量与数据量的比例。

但是，尽管删除参数通常来说会降低模型的表达能力(或者说降低对模式的学习能力)，但是如果能够巧妙地重用权重，那么模型的表现力可以是相同的，但对过拟合的鲁棒性会更强一些。也许令人惊讶的是，这种技术也趋向于使模型更小(因为要存储的实际参数更少)。在神经网络中，最著名且最广泛使用的网络结构叫作卷积，当作为一层使用时叫作卷积层。

10.2 卷积层

化整为 0，将许多小线性神经元层在各处重用。

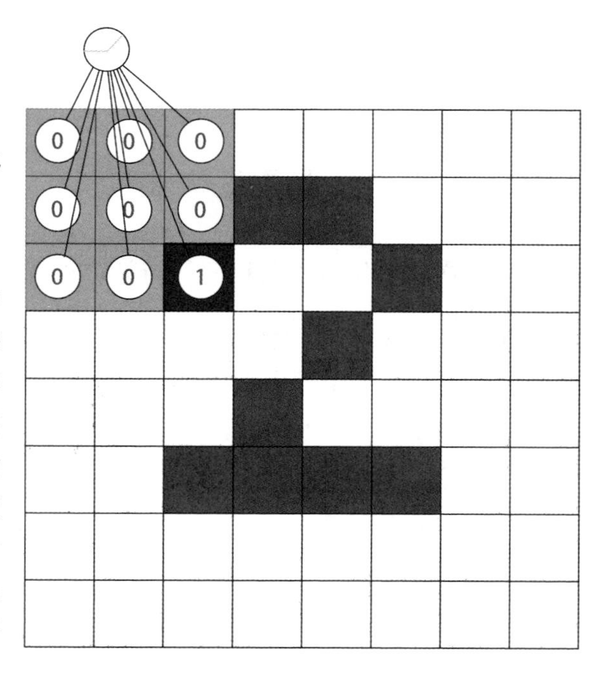

卷积层背后的核心思想是，它不是一个大的、稠密的线性神经元层，在其中从每个输入到每个输出都有连接，而是由很多非常小的线性层构成，每个线性层通常拥有少于 25 个输入和一个输出，我们可以在任意输入位置使用它。每个小神经元层都被称为卷积核，但它实际上只是一个很小的线性层，接受少量的输入并作为单一输出。

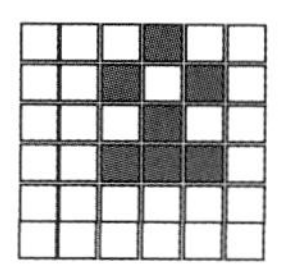

各个卷积核对应位置的最大值形成了一个有意义的表示，并传递到下一层

这里显示的是一个 3×3 卷积核。它会对当前位置进行预测，向右移动一个像素，然后再次预测，再向右移动另一个像素，以此类推。一旦它完成了对整幅图像第一行的扫描，就向下移动一个像素，然后扫描回到左边，重复这个过程，直到它对整张图像中所有可能的位置都完成了预测。它的输出结果将是一个更小的方形预测矩阵，可以作为下一层的输入。一个卷积层通常包含很多卷积核。

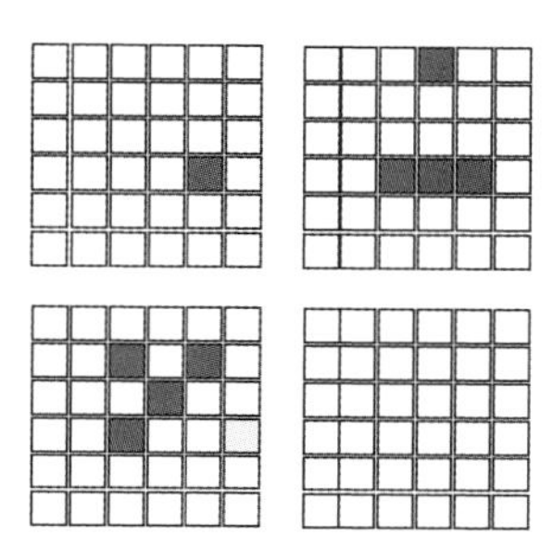

与4个卷积核一一对应的输出矩阵

图片底部是 4 个不同的卷积核，它们处理相同的 8×8 的数字 2 的图像。每个卷积核的结果是一个 6×6 的预测矩阵。对于这个拥有 4 个 3×3 的卷积核的卷积层来说，它的结果是 4 个 6×6 的预测矩阵。你可以对这些矩阵求和(求和池化)，取它们的均值(平均池化)，或按元素计算最大值(最大池化)。

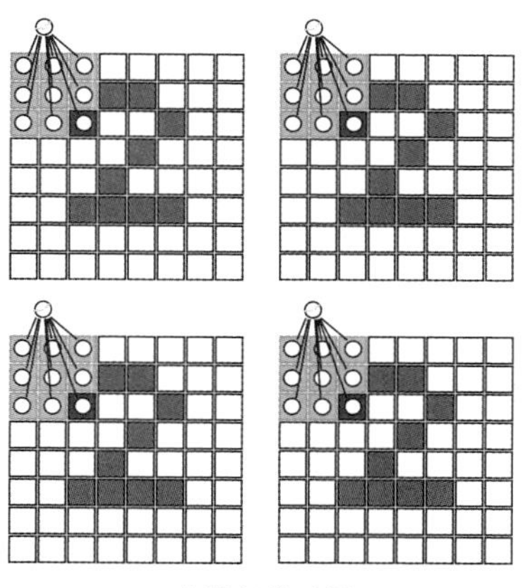

4个卷积核对同一个数字2进行预测

最后一个版本的池化方式的使用是最多的：对于每个位置，查看 4 个卷积核各自的输出，找到最大值，并将它复制到一个 6×6 的最终矩阵中，如图片顶部所示。当所有运算完成后，这个最终矩阵(且仅有这个最终矩阵)将信号向前传播到下一层。

在这些图片中，我们需要注意几点。首先，右下角的卷积核只有在发现一条水平线段时才会向前传播 1。左下角的内核仅当它发现指向右上角的对角线时才会向前传播 1。最后，右下角的内核没有识别出它被训练来预测的任何模式。

重要的是要意识到，网络的训练过程允许每个卷积核学习特定的模式，然后在图像的某个地方寻找该模式的存在。一个简单小巧的权重集合可以学习更大的一组训练实例，因为即使数据集没有改变，每个小巧的卷积核也都在多组数据上进行了多次前向传播，从而改变了权重数量与训练这些权重的数据量的比例。这对网络产生了显著影响，极大地降低了神经网络对训练数据的过拟合现象，提高了网络的泛化能力。

10.3 基于 NumPy 的简单实现

回顾一下小线性层，你就知道自己需要的东西了。

我们从正向传播开始。下面的方法展示了如何在用 NumPy 表示的一批图像中选择子区域。注意，它为整批图像选择相同的子区域:

```
def get_image_section(layer,row_from, row_to, col_from, col_to):
    sub_section = layer[:,row_from:row_to,col_from:col_to]
    return subsection.reshape(-1,1,row_to-row_from, col_to-col_from)
```

现在，让我们看看如何使用这个方法。因为它选择了一批输入图像中的一小部分，所以需要(在图像的每个位置)对它进行多次调用。这样的 for 循环看起来如下所示:

```
layer_0 = images[batch_start:batch_end]
layer_0 = layer_0.reshape(layer_0.shape[0],28,28)
layer_0.shape

sects = list()
for row_start in range(layer_0.shape[1]-kernel_rows):
    for col_start in range(layer_0.shape[2] - kernel_cols):
        sect = get_image_section(layer_0,
                                 row_start,
                                 row_start+kernel_rows,
                                 col_start,
                                 col_start+kernel_cols)
        sects.append(sect)

expanded_input = np.concatenate(sects,axis=1)
es = expanded_input.shape
flattened_input = expanded_input.reshape(es[0]*es[1],-1)
```

在这段代码中，layer_0 是一批大小为 28×28 的图像。for 循环遍历了图像中的每个(kernel_rows×kernel_cols)子区域，将它们放入一个名为 sects(切片)的列表中。然后，将 sects 列表中的部分连接起来并转换为一种特殊形状。

现在，假设每个子区域都被看作它自己的图像。因此，如果批处理大小为 8 个图像，并且每个图像有 100 个子区域，那么可以假设它的一批总数为 800 张的较小图像。通过线性层的一个输出神经元对它们进行正向传播这一过程，与每批图像在各个子区域上基于线性层进行预测是一样的(这里暂停一下，确保你已经理解了这一点)。

如果使用具有 n 个输出神经元的线性层进行正向传播，它生成的输出，和用

n 个线性层(卷积核)在每个输入位置进行预测的输出是一样的。这样做可以使代码更简单，也更快：

```
kernels = np.random.random((kernel_rows*kernel_cols,num_kernels))
...
kernel_output = flattened_input.dot(kernels)
```

下面的代码展示了整个基于 NumPy 的实现：

```
import numpy as np, sys
np.random.seed(1)

from keras.datasets import mnist

(x_train, y_train), (x_test, y_test) = mnist.load_data()

images, labels = (x_train[0:1000].reshape(1000,28*28) / 255,
                  y_train[0:1000])


one_hot_labels = np.zeros((len(labels),10))
for i,l in enumerate(labels):
    one_hot_labels[i][l] = 1
labels = one_hot_labels

test_images = x_test.reshape(len(x_test),28*28) / 255
test_labels = np.zeros((len(y_test),10))
for i,l in enumerate(y_test):
    test_labels[i][l] = 1

def tanh(x):
    return np.tanh(x)

def tanh2deriv(output):
    return 1 - (output ** 2)

def softmax(x):
    temp = np.exp(x)
    return temp / np.sum(temp, axis=1, keepdims=True)

alpha, iterations = (2, 300)
pixels_per_image, num_labels = (784, 10)
batch_size = 128

input_rows = 28
input_cols = 28

kernel_rows = 3
kernel_cols = 3
num_kernels = 16

hidden_size = ((input_rows - kernel_rows) *
               (input_cols - kernel_cols)) * num_kernels

kernels = 0.02*np.random.random((kernel_rows*kernel_cols,
                                 num_kernels))-0.01

weights_1_2 = 0.2*np.random.random((hidden_size,
                                    num_labels)) - 0.1
```

```
def get_image_section(layer,row_from, row_to, col_from, col_to):
    section = layer[:,row_from:row_to,col_from:col_to]
    return section.reshape(-1,1,row_to-row_from, col_to-col_from)
for j in range(iterations):
    correct_cnt = 0
    for i in range(int(len(images) / batch_size)):
        batch_start, batch_end=((i * batch_size),((i+1)*batch_size))
        layer_0 = images[batch_start:batch_end]
        layer_0 = layer_0.reshape(layer_0.shape[0],28,28)
        layer_0.shape

        sects = list()
        for row_start in range(layer_0.shape[1]-kernel_rows):
            for col_start in range(layer_0.shape[2] - kernel_cols):
                sect = get_image_section(layer_0,
                                         row_start,
                                         row_start+kernel_rows,
                                         col_start,
                                         col_start+kernel_cols)
                sects.append(sect)

        expanded_input = np.concatenate(sects,axis=1)
        es = expanded_input.shape
        flattened_input = expanded_input.reshape(es[0]*es[1],-1)

        kernel_output = flattened_input.dot(kernels)
        layer_1 = tanh(kernel_output.reshape(es[0],-1))
        dropout_mask = np.random.randint(2,size=layer_1.shape)
        layer_1 *= dropout_mask * 2
        layer_2 = softmax(np.dot(layer_1,weights_1_2))

        for k in range(batch_size):
            labelset = labels[batch_start+k:batch_start+k+1]
            _inc = int(np.argmax(layer_2[k:k+1]) ==
                               np.argmax(labelset))
            correct_cnt += _inc

        layer_2_delta = (labels[batch_start:batch_end]-layer_2)\
                        / (batch_size * layer_2.shape[0])
        layer_1_delta = layer_2_delta.dot(weights_1_2.T) * \
                        tanh2deriv(layer_1)
        layer_1_delta *= dropout_mask
        weights_1_2 += alpha * layer_1.T.dot(layer_2_delta)
        l1d_reshape = layer_1_delta.reshape(kernel_output.shape)
        k_update = flattened_input.T.dot(l1d_reshape)
        kernels -= alpha * k_update

    test_correct_cnt = 0

    for i in range(len(test_images)):

        layer_0 = test_images[i:i+1]
        layer_0 = layer_0.reshape(layer_0.shape[0],28,28)
        layer_0.shape

        sects = list()
        for row_start in range(layer_0.shape[1]-kernel_rows):
            for col_start in range(layer_0.shape[2] - kernel_cols):
                sect = get_image_section(layer_0,
                                         row_start,
                                         row_start+kernel_rows,
```

```
                                                col_start,
                                                col_start+kernel_cols)
                sects.append(sect)

            expanded_input = np.concatenate(sects,axis=1)
            es = expanded_input.shape
            flattened_input = expanded_input.reshape(es[0]*es[1],-1)

            kernel_output = flattened_input.dot(kernels)
            layer_1 = tanh(kernel_output.reshape(es[0],-1))
            layer_2 = np.dot(layer_1,weights_1_2)

            test_correct_cnt += int(np.argmax(layer_2) ==
                                    np.argmax(test_labels[i:i+1]))
        if(j % 1 == 0):
            sys.stdout.write("\n"+ \
             "I:" + str(j) + \
             " Test-Acc:"+str(test_correct_cnt/float(len(test_images)))+\
             " Train-Acc:" + str(correct_cnt/float(len(images))))
```

```
I:0 Test-Acc:0.0288 Train-Acc:0.055
I:1 Test-Acc:0.0273 Train-Acc:0.037
I:2 Test-Acc:0.028 Train-Acc:0.037
I:3 Test-Acc:0.0292 Train-Acc:0.04
I:4 Test-Acc:0.0339 Train-Acc:0.046
I:5 Test-Acc:0.0478 Train-Acc:0.068
I:6 Test-Acc:0.076 Train-Acc:0.083
I:7 Test-Acc:0.1316 Train-Acc:0.096
I:8 Test-Acc:0.2137 Train-Acc:0.127

....

I:297 Test-Acc:0.8774 Train-Acc:0.816
I:298 Test-Acc:0.8774 Train-Acc:0.804
I:299 Test-Acc:0.8774 Train-Acc:0.814
```

如你所见，用卷积层替换掉在第 9 章中提到的网络中的第一层，能够减少几个百分点的误差。卷积层(kernel_output)的输出本身也是一系列二维图像——也就是每个内核在每个输入位置的输出。

卷积层的大多数用法是多层叠加在一起，这样每个卷积层都将前一层的输出作为输入。你可以尽情地自由尝试，这种做法能够进一步提高精度。

层叠卷积层是促成非常深的神经网络(以及“深度学习”一词流行)的主要进展之一。怎么强调都不过分的是，这项发明是深度学习领域的一个里程碑；如果没有它，我们可能仍然处在人工智能的前一个冬天——即使在本书写作之时。

10.4　本章小结

复用权重是深度学习中最重要的创新之一。

卷积神经网络是一项比你可能意识到的更为普遍应用的发展。复用权重以提高准确度这一理念非常重要并且有直观的依据。想想你需要了解什么才能确定图像中是否有一只猫。首先，你需要了解颜色的概念，然后了解线、边、角和简单形状，还有与猫对应的这些较低层次特征的组合。很可能神经网络也需要学习(像线和边)这些较低层次的特征，而检测线和边的智能是在权重中学习的。

如果使用不同的权重来分析图像的不同部分，那么每个部分的权重必须独立学习直线是什么。这是为什么呢？如果一组权重从图像的某一部分知道了直线是什么，那么没有理由认为另一组权重会以某种方式具有使用这一信息的能力：它位于神经网络的不同部分。

卷积能够充分利用机器学习的优势特性。偶尔，你需要在多处用到相同的想法或信息；如果是这样，就应该尝试在这些位置使用相同的权重。这就引出了本书中最重要的观点之一。哪怕你什么都没学到，也应该掌握下面这个概念：

网络结构的诀窍

当神经网络需要在多处使用相同的想法时，应试着在这些地方使用相同的权重。这样做会使那些权重有更多的样本可以学习并提高泛化能力，从而让权重更智能。

在过去五年(或更久远一些)，深度学习领域的许多重大发展都是对这一理念的重复。卷积神经网络、递归神经网络(RNN)、词向量，以及最近发表的胶囊网络都可以通过这个概念来理解。当你知道一个网络在很多地方都需要用到相同的思想时，可以强迫它在这些地方使用相同的权重。我完全相信，会有更多的深度学习创新是基于这一想法的，因为发现神经网络可在其结构中重复使用的抽象层次更高的新想法是很具挑战性的。

第11章 能够理解自然语言的神经网络：国王−男人+女人=？

本章主要内容：

- 自然语言处理(Natural Language Processing，NLP)
- NLP监督学习
- 获取输入数据中的单词相关性
- 嵌入层介绍
- 神经网络结构
- 词向量的比较
- 填空
- 损失的意义
- 单词类比

人类是缓慢的、草率的、聪明的思考者；而计算机则是快速的、精确的和愚蠢的。

——约翰·法伊弗，1961年

11.1 理解语言究竟是指什么？

人们对语言会进行什么样的预测？

到目前为止，我们一直在使用神经网络对图像数据进行建模。不过，神经网络可用来理解更多样化的数据集。探索新的数据集通常也能教会我们很多关于神经网络的知识，根据隐藏在数据中的不同类型挑战，不同的数据集常常可以用来验证不同类型的神经网络训练。

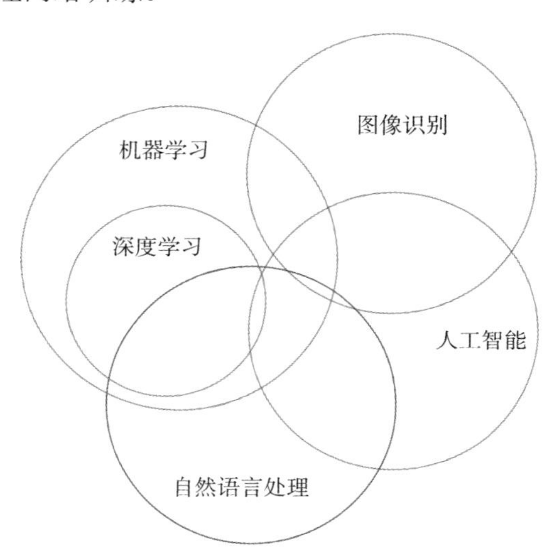

作为本章的开始，我们来探索一个与深度学习相关的更古老领域：自然语言处理(NLP)。这个领域专门致力于对人类语言的自动化理解，传统上不常使用深度学习方法。在本书中，我们将讨论深度学习在这个领域的基本方法。

11.2 自然语言处理(NLP)

NLP 可被划分为一系列任务或挑战的集合。

也许，快速了解 NLP 的最佳方法是从 NLP 社区待解决的众多挑战开始。下面列出常见的 NLP 分类问题：

- 使用文档中的字符，预测单词的开始和结束位置。
- 使用文档中的单词，预测句子的开头和结束位置。
- 使用句子中的单词，预测每个单词的词性。
- 在句子中，使用单词，预测短语的开头和结尾。
- 在句子中，使用单词，预测命名实体(例如人、地点、事物)指代的开始和结束的位置。

● 在文档中，使用句子，预测哪个代词指代同一个人/地点/事物。

● 在句子中，使用单词，预测句子的情感色彩。

一般来说，NLP 任务希望能够做到以下三件事之一：标记文本区域(如词性标注、情感分类或命名实体识别)；链接两个以上的文本区域(例如共指，指的是识别表示同一个实体的名词短语或代词，并将其进行归类——这里的实体一般来自真实世界，通常是一个人、一个地方或其他命名实体)；或者试着填补基于上下文的信息空缺(例如用完形填空的形式补齐单词缺失的部分)。

显而易见，机器学习和 NLP 紧密地交织在一起。不久之前，最先进的 NLP 算法还是高级的、基于概率的、非参数的模型(而不是深度学习模型)。但近年来，随着两个主流神经网络算法的发展和普及，深度学习已经在 NLP 领域得到广泛应用：词向量算法和递归神经网络。

在本章中，我们将构建一个词向量算法，并讲解为什么它能够增加 NLP 算法的准确性。在下一章中，我们将创建一个递归神经网络，并讲解为什么它在序列预测方面如此有效。

同样值得一提的是，在推动人工智能的发展这一层面上，NLP(或者说它对深度学习的使用)起到了关键作用。人工智能试图创造出能够像人类一样(甚至超越人类)思考并与世界互动的机器。而 NLP 在这方面扮演着非常特殊的角色，因为语言是人类有意识的逻辑和交流的基础。也因此，机器使用和理解语言的方法构成了机器智能中类人逻辑的基础：思维的基础。

11.3　监督 NLP 学习

输入句子，输出结果。

也许你还记得第 2 章中的下图。所有的监督学习基本上都可以被看作把“你所知道的”变成“你想知道的”。到目前为止，“你所知道的”都是由数字组成的。但是 NLP 需要使用文本作为输入。如果是你的话，想要如何处理呢？

由于神经网络只能将输入的数字映射到输出的数字，所以第一步是将文本转换成数字形式。就像我们转换路灯数据集一样，我们需要将实际数据(在本例中是文本)转换为神经网络可以使用的矩阵。事实证明，我们完成这项工作的方法是极其重要的！

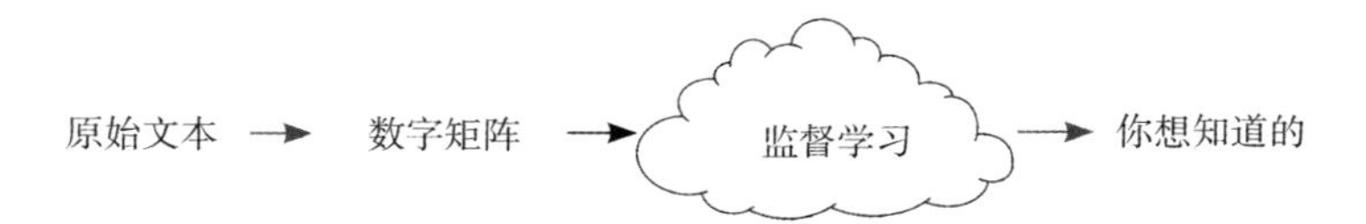

我们应该如何把文本转换成数字呢？想要回答这个问题，需要先进行一些思考。记住，神经网络旨在寻找输入和输出层之间的相关性。因此，我们希望将文本转换为数字的目标可以看作：使输入和输出之间的相关性对神经网络来说更明显。这将有助于更快的训练和更好的泛化。

为了知道哪种输入格式能够使网络的输入/输出相关性最明显，我们需要知道输入/输出数据集是什么样的。为进一步探讨这个话题，让我们先从文本主题分类的挑战开始。

11.4 IMDB 电影评论数据集

你可以预测人们发表的评论是正面的还是负面的。

IMDB 电影评论数据集是一组(评论→评分)的集合，它们通常看起来像下面这样(这仅是一个象征性例子，并非原文引用自 IMDB)：

“这部电影糟透了！故事情节枯燥无味，表演缺乏说服力，我还把爆米花洒在了衬衫上。”

等级：1 星

整个数据集包含大约 50 000 个这样的对，其中包含评论输入——通常是几句话，和评分输出——分值在 1 到 5 星之间。人们认为它是一个情感数据集，因为这里的评分代表了电影评论所蕴含的整体情感。但很明显，这个情感数据集可能与其他情感数据集(如用户对产品的评论或病人对医院的评论)有所不同。

现在，我们想要训练一个神经网络，使得它能够基于输入的文本，准确给出打分分值的预测。要做到这一点，你必须首先决定如何将输入和输出数据集转换为矩阵。有趣的是，我们发现输出数据集是一个数字，这一点让问题变得更容易上手解决。首先，我们需要将评级范围调整到 0 和 1 之间，而不是 1 和 5 之间，这样就可以使用二进制的 softmax 了。对输出要做的所有事情无外乎此。下一页，我们会展示一个例子。

然而，处理输入数据有点棘手。首先，让我们看一下原始数据。它是一个字符序列。这就带来了一系列问题：输入的数据不仅从数字变成了文本，而且还是可变长度的文本。到目前为止，神经网络总是接受固定大小的输入。这是我们首先需要克服的难题。

因此，将原始数据作为输入将不再起作用。下一个要问的问题是，“这些数据与输出有什么关系？”，如果能够妥善表示数据中的这种属性，那么可能会取得更好的结果。首先，我不认为任何单个字母(在输入的字符序列中)能够独立与情绪建立关联。我们需要换个角度思考。

单词呢？这个数据集中的某些单词能够表达相关性。我敢打赌，“糟糕”和“不可信”与评级结果有显著的负相关。负相关的意思是，当它们在任何输入数据点(电影评论)中的频率增加时，对应的评级趋于下降。

也许这个属性泛化程度更高！也许，甚至在上下文无关的情况下，单词本身也能与情绪建立显著的相关性。下面，让我们进一步探讨这个问题。

11.5　在输入数据中提取单词相关性

词袋模型：给定电影评论中的词汇，预测其情绪。

如果你已经发现了 IMDB 电影评论的词汇表达与其评级结果之间的相关性，就可以继续进行下一步：创建一个能够表示电影评论词汇的输入矩阵。

这种情况下，通常的做法是创建一个矩阵，其中每一行(向量)对应于每个电影评论，每一列表示评论中是否包含词汇表中的特定单词。如果要创建对应于某个电影评论的向量，需要找到这个评论中的每个单词在词汇列表中对应的位置，在这个对应的位置插入 1，剩余的位置插入 0。这个向量有多大呢？如果词汇列表中有 2000 个单词，那么你需要在每个向量中为每个单词创建一个位置，也就是说，每个向量将有 2000 个维度。

这种存储形式称为 one-hot 编码，是二进制数据最常见的编码格式，能够基于输入数据中可能出现的词汇列表，表示某个输入数据点中对应的词汇是否存在。如果词汇列表中只有四个单词，则采用 one-hot 编码的特征向量可能如下所示：

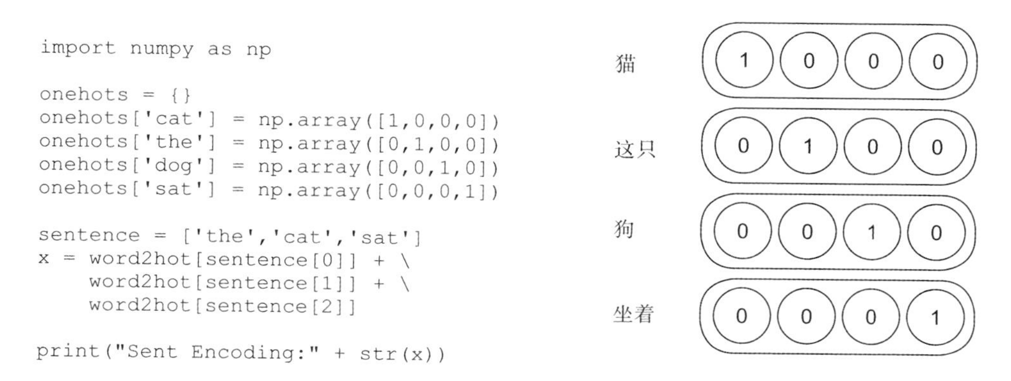
```
import numpy as np

onehots = {}
onehots['cat'] = np.array([1,0,0,0])
onehots['the'] = np.array([0,1,0,0])
onehots['dog'] = np.array([0,0,1,0])
onehots['sat'] = np.array([0,0,0,1])

sentence = ['the','cat','sat']
x = word2hot[sentence[0]] + \
    word2hot[sentence[1]] + \
    word2hot[sentence[2]]

print("Sent Encoding:" + str(x))
```


如你所见，我们为词汇列表中的每个单词创建了一个向量，在这个基础上，我们能够使用简单的向量加法，来创建一个能够表示词汇列表中某个子集的向量(例如作为某一个评论句子中单词的表达)。

```
Output:        Sent Encoding:[1 1 0 1]
```

"the cat sat"

1 1 0 1

请注意，当你为几个单词(如“the cat sat”，“这只猫坐着”)创建向量表达时，如果某个单词出现了多次，那么我们可以有多个方法来处理它。例如，如果这个短语是“cat cat cat”，那么要么将 cat 向量求和三次(结果是[3,0,0,0])，要么只取 cat 一次(结果是[1,0,0,0])。对自然语言来说，后者通常更合适。

11.6 对影评进行预测

基于编码策略和已掌握的神经网络，可以预测电影评论的情绪色彩。

使用我们刚刚确定的编码策略，可以为情感中的每个单词构建一个嵌入向量，并使用之前学到的两层神经网络来预测电影评论对应的评级。下面，我们来看一下代码——这里强烈建议你试着基于自己的记忆完成这个案例。首先，创建一个新的 Jupyter Notebook，加载数据集，构建一个 one-hot 向量，然后构建一个神经网络，来预测每个电影评论的评分结果(正面或负面)。

下面是数据预处理的步骤：

```
import sys

f = open('reviews.txt')
raw_reviews = f.readlines()
f.close()

f = open('labels.txt')
raw_labels = f.readlines()
f.close()

tokens = list(map(lambda x:set(x.split(" ")),raw_reviews))

vocab = set()
for sent in tokens:
    for word in sent:
        if(len(word)>0):
            vocab.add(word)
vocab = list(vocab)

word2index = {}
for i,word in enumerate(vocab):
    word2index[word]=i

input_dataset = list()
for sent in tokens:
    sent_indices = list()
    for word in sent:
        try:
```

```
                sent_indices.append(word2index[word])
            except:
                ""
        input_dataset.append(list(set(sent_indices)))

    target_dataset = list()
    for label in raw_labels:
        if label == 'positive\n':
            target_dataset.append(1)
        else:
            target_dataset.append(0)
```

11.7 引入嵌入层

这里还有一个使网络更快的技巧。

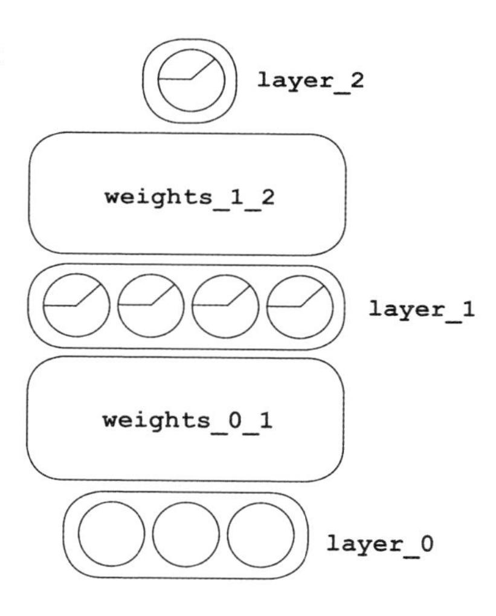

右图是之前的神经网络，现在你可以用它来预测情绪。不过在开始预测之前，我想先描述一下每一层的名称。第一层表示数据集(layer_0)。然后是线性层(weights_0_1)和 relu 层(layer_1)，之后是另一个线性层(weights_1_2)，再后是输出层，也就是预测层。事实证明，我们可使用一个嵌入层来替换第一个线性层(weights_0_1)，从而快速切入 layer_1。

和一个只有 1 和 0 的向量进行乘积操作，在数学上等价于对矩阵中的几行进行求和。因此，与做一个大的向量矩阵乘法相比，更有效的方法是选取 weights_0_1 中相关的行，并对它们进行求和。因为和情感相关的词汇多达 7 万个，这里向量矩阵的乘法更多用在矩阵中的对应行来与输入向量中的 0 相乘，之后再将结果进行求和。所以，在矩阵中选出与每个单词所对应的行，并对它们求和会更高效。

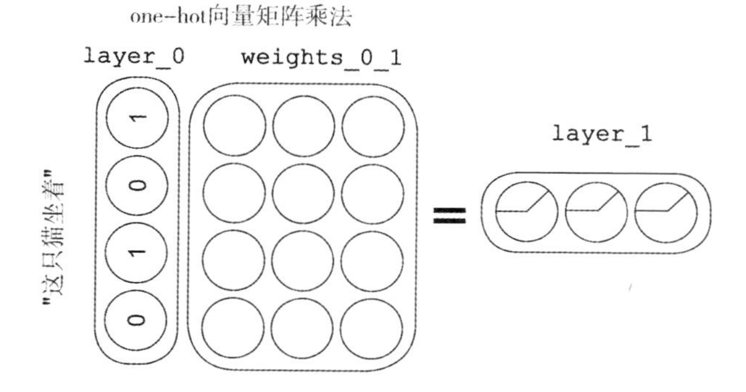

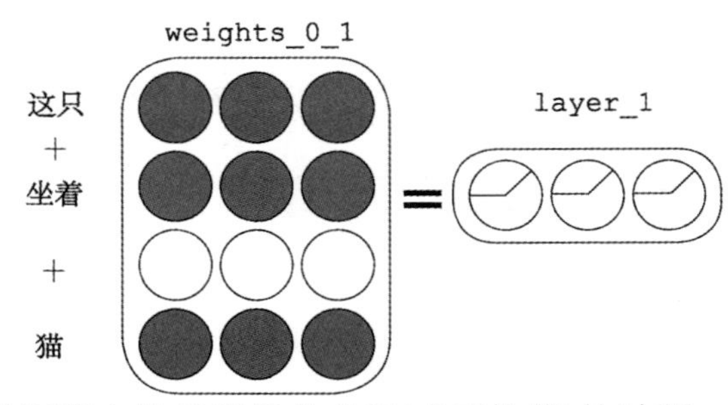

采用这个选择矩阵中的对应行并求和(或平均值)的过程，也意味着将第一个线性层(weights_0_1)看作嵌入层。在结构上，它们是相同的(对正向传播的两种方法来说，layer_1 用这种方式取得的结果都与原来完全相同)。唯一的区别是，对数量更少的矩阵行进行求和要快得多。

完成前面的代码之后，尝试下面这段代码。

```
import numpy as np
np.random.seed(1)

def sigmoid(x):
    return 1/(1 + np.exp(-x))

alpha, iterations = (0.01, 2)
hidden_size = 100

weights_0_1 = 0.2*np.random.random((len(vocab),hidden_size)) - 0.1
weights_1_2 = 0.2*np.random.random((hidden_size,1)) - 0.1

correct,total = (0,0)
for iter in range(iterations):

    for i in range(len(input_dataset)-1000):

        x,y = (input_dataset[i],target_dataset[i])
        layer_1 = sigmoid(np.sum(weights_0_1[x],axis=0))
        layer_2 = sigmoid(np.dot(layer_1,weights_1_2))

        layer_2_delta = layer_2 - y
        layer_1_delta = layer_2_delta.dot(weights_1_2.T)

        weights_0_1[x] -= layer_1_delta * alpha
        weights_1_2 -= np.outer(layer_1,layer_2_delta) * alpha

        if(np.abs(layer_2_delta) < 0.5):
            correct += 1
        total += 1
        if(i % 10 == 9):
            progress = str(i/float(len(input_dataset)))
            sys.stdout.write('\rIter:'+str(iter)\
                             +' Progress:'+progress[2:4]\
                             +'.'+progress[4:6]\
                             +'% Training Accuracy:'\
                             + str(correct/float(total)) + '%')
    print()
correct,total = (0,0)
for i in range(len(input_dataset)-1000,len(input_dataset)):
```

在前24 000条电影评论上进行训练

嵌入层+sigmoid激活函数

线性层+softmax激活函数

将预测结果和真值进行比较

反向传播

```
    x = input_dataset[i]
    y = target_dataset[i]

    layer_1 = sigmoid(np.sum(weights_0_1[x],axis=0))
    layer_2 = sigmoid(np.dot(layer_1,weights_1_2))

    if(np.abs(layer_2 - y) < 0.5):
        correct += 1
    total += 1
print("Test Accuracy:" + str(correct / float(total)))
```

11.8　解释输出

神经网络学到了什么？

这是神经网络在影评数据集上的输出。从某个角度看，这与我们已经讨论过的关联抽象毫无区别：

```
Iter:0 Progress:95.99% Training Accuracy:0.832%
Iter:1 Progress:95.99% Training Accuracy:0.8663333333333333%
Test Accuracy:0.849
```

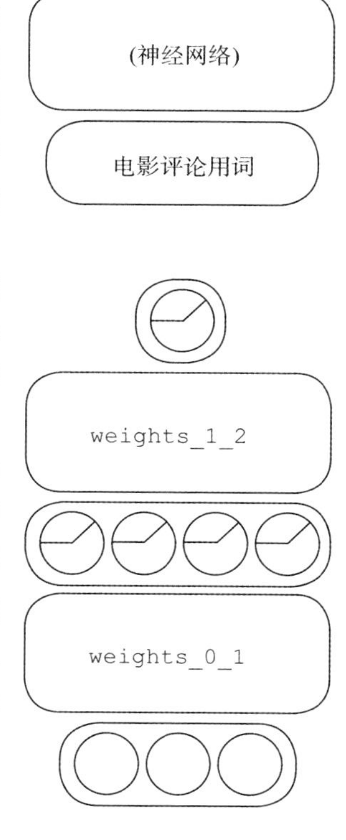

神经网络致力于寻找输入数据点和输出数据点之间的相关性。与此同时，这些数据点理应具有我们熟悉的特征(尤其是语言的特征)。此外，考虑关联抽象能够检测出什么样的语言模式是非常有益的，更重要的是，我们要知道什么样的语言模式不会被关联抽象检测出来。毕竟，仅仅因为网络能够找到输入数据和输出之间的相关性，并不意味着它能理解所有有用的语言模式。

此外，尝试掌握网络在当前配置中所学到的东西和对语言的正确理解之间的区别，对我们来说也是一种非常有效的思维方式。这是处于科技前沿的研究人员所需要考虑的，也是这里将要进一步讨论的。

能够对电影评论进行评价的神经网络掌握了什么样的语言？让我们先从思考向网络输入的内容开始。在上面的图中，输入给网络的是每条电影评论所包括的词汇，要求网络预测的结果是两个标签中的一个(正面或负面)。我们再回顾一下，关联抽象告诉我们，神经网络将寻找输入和输出数据集之间的相关性，因此，至少，你会期望神经网络能够识别具有正相关或负相关的单词。

从关联抽象的定义中你可以很自然地得出这个结论。你告诉神经网络一个词的是否存在。基于此，相关总结将尝试找出某个单词是否存在和评论是否正面之间的直接相关性。但这并不是全部的故事。

11.9 神经网络结构

网络结构的选择将会如何影响学习的效果？

我们刚刚讨论了神经网络学习到的第一类信息，也是最显然的信息：输入数据和目标数据之间的直接关联。这一观察结果在很大程度上是神经网络智能领域的理论基础。如果神经网络不能发现输入数据和输出数据之间的直接相关性，那么一定是哪里出现了错误。设计更复杂的网络结构的基础是需要找到比直接关联更复杂的模式，对于这个网络来说也不例外。

识别直接相关所需的最小网络结构是一个两层神经网络，其中每层网络拥有一个权值矩阵，直接从输入层连接到输出层。但是我们使用的网络有一个隐藏层。这就引出了一个问题，这个隐藏层做了什么？

从根本上讲，隐藏层是将前一层的数据点分为 n 个小组(其中 n 是隐藏层中的神经元数量)。每个隐藏的神经元接受一个数据点，并尝试回答这个问题：“这个数据点属于我的小组吗？”作为隐藏层，它搜索对输入来说有用的分组方式。那么，什么是有用的分组？

如果输入数据点的分组满足下面两个条件，那么它可以被认为是有用的。首先，分组必须对输出标签的预测有用。如果它对输出预测没有帮助，那么关联抽象将永远不能引导网络找到分组。这是一项非常有价值的实践。大部分神经网络研究都是关于寻找训练数据(或者说，用于寻找其他为使神经网络正确预测所人工创造的信号)，因此理论上它能够发现对完成任务有用的分组(如预测电影评论的打分结果)。后面再进一步讨论。

其次，如果分组结果是你所关心的数据中某种实际出现的现象，那么分组是有用的。糟糕的分组只能记住数据，而好的分组能够发现其中在语言学上有用的现象。

例如，当预测电影评论是积极的还是消极的时，如何理解“糟糕”和“不糟糕”之间的区别就是一个强大的分组。如果有一个神经元在看到“可怕”时关闭，而在看到“不可怕”时打开，那就太好了。这将为下一层提供用于进行最终预测的强大分组。但是，因为神经网络的输入是电影评论中出现的词汇。“这太好看了，一点也不糟糕”和“这太糟糕了，一点也不好看”这两句话说明，layer_1 所创建的值是一模一样的。基于这个理由，这个网络不太可能产生一个能够理解否定语义的隐藏神经元。

如果能够基于特定的语言模式，测试某个隐藏层是相同的还是不同的，那么可以据此了解架构是否能够准确得出关联抽象。如果可以构造出两个具有相同隐藏层的示例，但其中一个包含了某种人们感兴趣的模式，而另一个没有，那么也意味着神经网络不太可能找到这种模式。

正如刚刚了解到的，隐藏层从根本上意味着对前一层的数据进行分组。在更小的颗粒度看，每个神经元将数据点分类为属于或不属于该组。而在更高的层次看，如果两个数据点(电影评论)同时属于许多相同的组，它们就是相似的。最后，如果将两个输入(单词)连接到各个隐藏的神经元的权重(能够衡量每个单词属于某个组的可能性)相似，那么这两个输入(单词)就是相似的。基于此，在前面学到的神经网络中，你应该可以从单词中观察到输入隐藏神经元的权重值。

在连接单词和隐藏神经元的权重中，你应该发现什么?

注意，具有类似预测能力的单词应该属于类似的组(由隐藏神经元设置)。这对于连接每个单词和每个隐藏神经元的权重意味着什么呢?

这里是答案：与类似标签(正面评价或负面评价)相关的单词将具有类似的权重，这些权重将它们与各种隐藏的神经元连接起来。这是因为神经网络学会将它们存储到类似的隐藏神经元中，使得最后一层(weights_1_2)可以做出正确的标签预测。

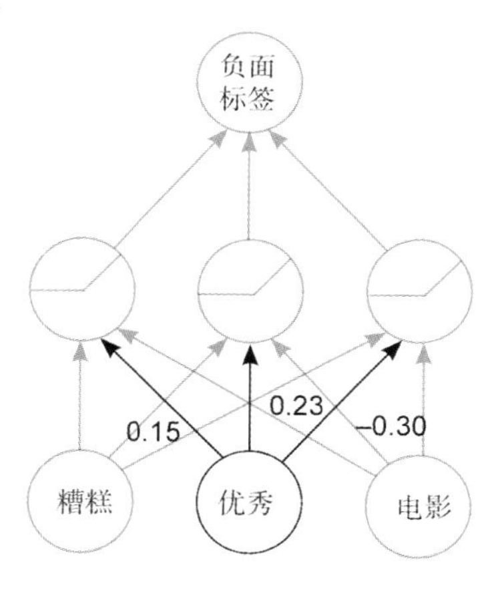

与“优秀”相连的三项粗体权重构成了“优秀”这一单词的嵌入表达。它们反映了“优秀”这个词属于每个分组(隐藏层神经元)的可能。具有类似预测能力的单词具有类似的单词嵌入表达(权重值)

你可以基于一个特别积极或消极的词，寻找与其权重最相似的另一个词，来观察这种现象。换句话说，你可以选择对应的单词，看看哪些其他的单词都拥有和将它们连接到每个隐藏神经元(每个分组)最相似的权重值。

分组结果类似的单词对正面或负面的标签具有类似的预测能力。因此，对于分组结果类似的单词来说，它们具有相似的权重值，也会具有类似的含义。抽象一点讲，就神经网络而言，当且仅当一个神经元连接到下一层和/或上一层的权值与同一层中的其他神经元相似时，它与这个神经元才具有相似的意义。

11.10 单词嵌入表达的对比

如何可视化权重的相似度？

对于每个输入单词，通过选择 weights_0_1 中对应的行，你可以筛选其输出给隐藏层神经元的权重列表。行中的每个条目表示从其中的单词到每个隐藏层神经元的权重。因此，要找出与目标条目最相似的单词，只需要将每个单词的向量(矩阵的行)与目标条目的向量进行比较。这里选择的比较方法被称为欧氏距离，代码如下所示：

```
from collections import Counter
import math

def similar(target='beautiful'):
    target_index = word2index[target]
    scores = Counter()
    for word,index in word2index.items():
        raw_difference = weights_0_1[index] - (weights_0_1[target_index])
        squared_difference = raw_difference * raw_difference
        scores[word] = -math.sqrt(sum(squared_difference))

    return scores.most_common(10)
```

这让你可以根据神经网络轻松查询最相似的单词(神经元)：

```
print(similar('beautiful'))

[('beautiful', -0.0)    ,
 ('atmosphere', -0.70542101298),
 ('heart', -0.7339429768542354),
 ('tight', -0.7470388145765346),
 ('fascinating', -0.7549291974),
 ('expecting', -0.759886970744),
 ('beautifully', -0.7603669338),
 ('awesome', -0.76647368382398),
 ('masterpiece', -0.7708280057),
 ('outstanding', -0.7740642167)]
```

```
print(similar('terrible'))

[('terrible', -0.0),
 ('dull', -0.760788602671491),
 ('lacks', -0.76706470275372),
 ('boring', -0.7682894961694),
 ('disappointing', -0.768657),
 ('annoying', -0.78786389931),
 ('poor', -0.825784172378292),
 ('horrible', -0.83154121717),
 ('laughable', -0.8340279599),
 ('badly', -0.84165373783678)]
```

意料之中，与每个单词最相似的词是它本身，然后是和目标条目使用方法相似的词汇。同样，正如你可能期望的那样，由于网络只有两个标签(正面评价或负面评价)，输入项根据其倾向于预测的标签聚合成不同的组。

这是关联抽象中的标准现象。它试图基于预测的标签在网络中创建类似的表示(layer_1 的值)，以便能够正确地预测。在本例中，这项工作的副作用使得传入 layer_1 的权重能够根据输出标签进行分组。

这里的关键结论让我们建立起对这种关联抽象的直觉。它始终试图说服我们，如果应该得到类似的标签，那么也应该存在类似的隐藏层。

11.11 神经元是什么意思？

其意义完全基于所预测的目标标签。

请注意，单词的不同含义并不能完全反映神经网络对它们进行分组的结果。例如，与“beautiful(美丽)”最相似的词是“atmosphere(大气)”。这是宝贵的一课。对于预测影评是正面的还是负面的这一目标来说，这些词有着几乎相同的意义。但是在现实世界中，它们的意思是完全不同的(例如，一个是形容词，另一个是名词)。

```
print(similar('beautiful'))

[('beautiful', -0.0),
 ('atmosphere', -0.70542101298),
 ('heart', -0.7339429768542354),
 ('tight', -0.7470388145765346),
 ('fascinating', -0.7549291974),
 ('expecting', -0.759886970744),
 ('beautifully', -0.7603669338),
 ('awesome', -0.76647368382398),
 ('masterpiece', -0.7708280057),
 ('outstanding', -0.7740642167)]
```

```
print(similar('terrible'))

[('terrible', -0.0),
 ('dull', -0.760788602671491),
 ('lacks', -0.76706470275372),
 ('boring', -0.7682894961694),
 ('disappointing', -0.768657),
 ('annoying', -0.78786389931),
 ('poor', -0.825784172378292),
 ('horrible', -0.83154121717),
 ('laughable', -0.8340279599),
 ('badly', -0.84165373783678)]
```

这一点非常重要。神经元在网络中的含义来自于预测目标的标签。神经网络中的每一件事的推导都基于关联抽象，都致力于试图正确地做出预测。因此，尽管你我对这些词都很了解，但神经网络对除了手头的任务之外的所有信息一无所知。

你需要如何说服网络去学习关于神经元的更细微信息(在本例中是单词神经元)？如果输入数据和标签数据要求神经网络对语言的理解更加细致入微，它将有理由学习各种术语更细致的解释。

你应该使用神经网络来预测什么，才能让它的单词神经元学到更有意义的权重值？如果要找一项能够让神经网络学到更有价值的权重的任务，那么经过处理的“填空”任务可能颇为合适。为什么使用这个任务呢？首先，它有几乎无限的训练数据(来自于互联网)，这意味着神经网络能够使用几乎无限的信号来学习关于单词的更细微信息。此外，要准确地填补语句中的空白，至少需要对真实世界的语义上下文有一定的了解。

例如，在下例中，“铁砧”或“羊毛”哪个单词更有可能正确地填充空白？让我们看看神经网络是否能算出来。

玛丽有一只小羊羔，它的________像雪一样白。

11.12 完形填空

通过更丰富的信号来学习单词更丰富的含义。

本例使用的神经网络与前一个示例几乎完全相同，只是做了一些修改。首先，在这一节中，我们将不再尝试为一整条电影评论预测出一个标签，而是将文本划分成 5 个单词一组的短语，删除一个单词(一个重点词汇)，尝试训练一个网络，利用去掉单词之后的剩余部分来预测去掉的那个词汇。其次，我们将使用一项名为负抽样的技巧来让网络训练更快一些。

不妨尝试着思考一下，为预测是缺少了哪个单词，我们需要为每个可能的单词添加一个标签。这将需要数千个标签，也会导致网络训练的速度变得缓慢。为克服这个问题，不妨试着在每次正向传播中，随机忽略其中大多数标签(假设它们不存在)。虽然这看起来像是一个粗略的近似，但实际上它是一种行之有效的技术。以下是这一案例的预处理代码：

```
import sys,random,math
from collections import Counter
import numpy as np

np.random.seed(1)
random.seed(1)
f = open('reviews.txt')
raw_reviews = f.readlines()
f.close()

tokens = list(map(lambda x:(x.split(" ")),raw_reviews))
wordcnt = Counter()
for sent in tokens:
    for word in sent:
        wordcnt[word] -= 1
vocab = list(set(map(lambda x:x[0],wordcnt.most_common())))

word2index = {}
for i,word in enumerate(vocab):
    word2index[word]=i

concatenated = list()
input_dataset = list()
for sent in tokens:
    sent_indices = list()
    for word in sent:
        try:
            sent_indices.append(word2index[word])
            concatenated.append(word2index[word])
        except:
            ""
    input_dataset.append(sent_indices)
concatenated = np.array(concatenated)
random.shuffle(input_dataset)
```

```
alpha, iterations = (0.05, 2)
hidden_size,window,negative = (50,2,5)

weights_0_1 = (np.random.rand(len(vocab),hidden_size) - 0.5) * 0.2
weights_1_2 = np.random.rand(len(vocab),hidden_size)*0

layer_2_target = np.zeros(negative+1)
layer_2_target[0] = 1

def similar(target='beautiful'):
  target_index = word2index[target]

  scores = Counter()
  for word,index in word2index.items():
    raw_difference = weights_0_1[index] - (weights_0_1[target_index])
    squared_difference = raw_difference * raw_difference
    scores[word] = -math.sqrt(sum(squared_difference))
  return scores.most_common(10)

def sigmoid(x):
    return 1/(1 + np.exp(-x))

for rev_i,review in enumerate(input_dataset * iterations):
  for target_i in range(len(review)):

    target_samples = [review[target_i]]+list(concatenated\
    [(np.random.rand(negative)*len(concatenated)).astype('int').tolist()])

    left_context = review[max(0,target_i-window):target_i]
    right_context = review[target_i+1:min(len(review),target_i+window)]

    layer_1 = np.mean(weights_0_1[left_context+right_context],axis=0)
    layer_2 = sigmoid(layer_1.dot(weights_1_2[target_samples].T))
    layer_2_delta = layer_2 - layer_2_target
    layer_1_delta = layer_2_delta.dot(weights_1_2[target_samples])

    weights_0_1[left_context+right_context] -= layer_1_delta * alpha
    weights_1_2[target_samples] -= np.outer(layer_2_delta,layer_1)*alpha

  if(rev_i % 250 == 0):
    sys.stdout.write('\rProgress:'+str(rev_i/float(len(input_dataset)
        *iterations)) + "   " + str(similar('terrible')))
  sys.stdout.write('\rProgress:'+str(rev_i/float(len(input_dataset)
        *iterations)))
print(similar('terrible'))
```

每次只预测一个随机子集，因为对每个词汇都进行预测的代价过于高昂

```
Progress:0.99998 [('terrible', -0.0), ('horrible', -2.846300248788519),
('brilliant', -3.039932544396419), ('pathetic', -3.4868595532695967),
('superb', -3.6092947961276645), ('phenomenal', -3.660172529098085),
('masterful', -3.6856112636664564), ('marvelous', -3.9306620801551664),
```

11.13　损失函数的意义

基于这个新的神经网络，我们可以清晰地看到单词的嵌入向量以一种完全不同的方式聚集在一起。在此之前，单词根据它们将会预测出正面还是负面的标签的可能性聚在一起，现在，它们基于在同一个短语中出现的可能性(与情绪无关)聚在一起。

预测正负情感

```
print(similar('terrible'))

[('terrible', -0.0),
 ('dull', -0.760788602671491),
 ('lacks', -0.76706470275372),
 ('boring', -0.7682894961694),
 ('disappointing', -0.768657),
 ('annoying', -0.78786389931),
 ('poor', -0.825784172378292),
 ('horrible', -0.83154121717),
 ('laughable', -0.8340279599),
 ('badly', -0.84165373783678)]

print(similar('beautiful'))

[('beautiful', -0.0)    ,
 ('atmosphere', -0.70542101298),
 ('heart', -0.7339429768542354),
 ('tight', -0.7470388145765346),
 ('fascinating', -0.7549291974),
 ('expecting', -0.759886970744),
 ('beautifully', -0.7603669338),
 ('awesome', -0.76647368382398),
 ('masterpiece', -0.7708280057),
 ('outstanding', -0.7740642167)]
```

完形填空

```
print(similar('terrible'))

[('terrible', -0.0)    ,
 ('horrible', -2.79600898781),
 ('brilliant', -3.3336178881),
 ('pathetic', -3.49393193646),
 ('phenomenal', -3.773268963),
 ('masterful', -3.8376122586),
 ('superb', -3.9043150978490),
 ('bad', -3.9141673639585237),
 ('marvelous', -4.0470804427),
 ('dire', -4.178749691835959)]

print(similar('beautiful'))

[('beautiful', -0.0)    ,
 ('lovely', -3.0145597243116),
 ('creepy', -3.1975363066322),
 ('fantastic', -3.2551041418),
 ('glamorous', -3.3050812101),
 ('spooky', -3.4881261617587),
 ('cute', -3.592955888181448),
 ('nightmarish', -3.60063813),
 ('heartwarming', -3.6348147),
 ('phenomenal', -3.645669007)]
```

关键结论是，即使这两个案例中的网络在相同的数据上训练，其架构也非常相似(都是三层，交叉熵，sigmoid 非线性)，你依旧可以通过更改网络要预测的内容，来影响网络在其权重允许的范围内能够学到的内容。即使它基于相同的统计信息进行训练，你也可以根据对输入和预测目标的选择，对神经网络所学习的内容进行定位。现在，让我们把这个选择想让网络学习的内容的过程称为“智能定位”。

控制输入和预测目标的值并不是进行“智能定位”的唯一方法。你还可以通过调整网络测量误差的方式、网络层的参数数量和类型，以及应用的正则化类型来改变网络的学习过程。在深度学习研究中，所有这些技术都属于构建所谓损失函数的范畴。

神经网络并不能真正从数据中学习，它们只是使损失函数最小化。

在第 4 章中，我们讲过，学习就是调整神经网络中的权重，使误差降到 0。在本节中，我将从另一个角度来解释这一现象，通过选择误差的测量方式，来让神经网络学习我们感兴趣的模式。还记得这些关键点吗？

学习的黄金法则

这种方法致力于按照正确的方向和正确的幅度调整每个权重，使误差减小到0。

学习的秘密

对于任何input(输入)和goal_pred(真值)，结合有关prediction (预测值)和error(误差)的公式，可在误差和权重之间定义一个精确的关系。

```
error = ((0.5 * weight) - 0.8) ** 2
```

也许你还记得单一权重神经网络中的这个公式。在这个网络中，可通过先前向传播(0.5 *weight)，然后将结果与目标(0.8)相减，再平方得到误差。现在，请不要从两个不同步骤(先是前向传播，再是误差评估)的角度来考虑这个问题，而是将整个公式(包括前向传播)一并视为误差的衡量方式。这段话揭示了词向量出现不同聚类的真正原因。尽管神经网络架构和数据集都很相似，但误差函数却有根本的不同，也就导致每个网络中单词聚集的方式不同。

预测正负情感

```
print(similar('terrible'))

[('terrible', -0.0),
 ('dull', -0.760788602671491),
 ('lacks', -0.76706470275372),
 ('boring', -0.7682894961694),
 ('disappointing', -0.768657),
 ('annoying', -0.78786389931),
 ('poor', -0.825784172378292),
 ('horrible', -0.83154121717),
 ('laughable', -0.8340279599),
 ('badly', -0.84165373783678)]
```

完形填空

```
print(similar('terrible'))

[('terrible', -0.0),
 ('horrible', -2.79600898781),
 ('brilliant', -3.3336178881),
 ('pathetic', -3.49393193646),
 ('phenomenal', -3.773268963),
 ('masterful', -3.8376122586),
 ('superb', -3.9043150978490),
 ('bad', -3.9141673639585237),
 ('marvelous', -4.0470804427),
 ('dire', -4.178749691835959)]
```

损失函数的选择决定了神经网络学到的知识。

误差函数更正式的术语是损失函数或目标函数(这三个短语全部是可以互换的)。如果将学习的过程看作损失函数(包括正向传播)最小化，那么为我们理解神经网络学到了什么提供了一个更广阔的视角。两个神经网络可以有相同的初始权重值，在相同的数据集上进行训练，但最终由于选择了不同的损失函数，而学到截然不同的模式。这两种用作学习电影评论的神经网络的损失函数是不同的，因为选择了两个不同的学习目标值——一个是情感的正负极性，另一个是句子的完形填空。

不同种类的网络架构、算子设计、正则化技巧、数据集和非线性函数，实际上并没有那么大的不同。这些都是我们可以用于构造损失函数的方法。如果网络没有正确地学习，修正的方法可以来自这些可能的类别中的任何一种。

例如，如果网络过拟合，可以通过选择更简单的非线性关系、更少的网络层参数、更浅的网络架构、更大的数据集或者更激进的正则化技术，来增强损失函数。本质上，所有这些选择都会对损失函数产生类似的影响，从而让网络行为产生类似的结果。这些因素都是相互作用的，随着时间的推移，你会了解到一个因素的改变会如何影响另一个因素的表现；但现在，你需要知道的最重要事情是，学习过程就是建立一个损失函数，然后将它最小化。

当你想让神经网络学习某种模式时，你需要知道的所有信息都将包含在损失函数中。当只有一项权重时，损失函数会变得很简单，不妨回顾一下。

```
error = ((0.5 * weight) - 0.8) ** 2
```

但是当把大量复杂的网络层连接在一起时，损失函数就会变得更复杂一些(这没什么关系)。只需要记住，如果出了什么问题，不妨向损失函数中寻求解决方案，包括正向预测和原始误差计算的方式(如均方误差或交叉熵)。

11.14 国王-男人+女人~=女王

单词类比是先前构建的网络的一个有趣结果。

在结束本章之前，让我们讨论一下，在本书撰写时，神经网络词嵌入表达(就像我们刚刚创建的词向量那样)最著名的特性之一是什么。完形填空的任务能够为词汇创建有趣的嵌入表达，这种现象称为单词类比，意味着你可以基于不同单词的嵌入向量，对它们进行基本的代数运算。

例如，如果在一个足够大的语料库上训练前面提到的网络，我们将能够提取king(国王)的向量，减去man(男人)的向量，加上woman(女人)的向量，然后搜索最相似的向量(除去查询的向量之外)，我们发现，最相似的向量通常是单词queen(女王)。在刚以电影评论数据训练出的“完形填空神经网络”中，甚至也可以发现类似的现象。

```
def analogy(positive=['terrible','good'],negative=['bad']):

    norms = np.sum(weights_0_1 * weights_0_1,axis=1)
    norms.resize(norms.shape[0],1)

    normed_weights = weights_0_1 * norms

    query_vect = np.zeros(len(weights_0_1[0]))
    for word in positive:
        query_vect += normed_weights[word2index[word]]
    for word in negative:
        query_vect -= normed_weights[word2index[word]]

    scores = Counter()
    for word,index in word2index.items():
        raw_difference = weights_0_1[index] - query_vect
        squared_difference = raw_difference * raw_difference
        scores[word] = -math.sqrt(sum(squared_difference))

    return scores.most_common(10)[1:]
```

terrible – bad + good ~=

```
analogy(['terrible','good'],['bad'])

[('superb', -223.3926217861),
 ('terrific', -223.690648739),
 ('decent', -223.7045545791),
 ('fine', -223.9233021831882),
```

elizabeth – she + he ~=

```
analogy(['elizabeth','he'],['she'])

[('christopher', -192.7003),
 ('it', -193.3250398279812),
 ('him', -193.459063887477),
 ('this', -193.59240614759),
```

```
('worth', -224.03031703075),
('perfect', -224.125194533),
('brilliant', -224.2138041),
('nice', -224.244182032763),
('great', -224.29115420564)]
```

```
('william', -193.63049856),
('mr', -193.6426152274126),
('bruce', -193.6689279548),
('fred', -193.69940566948),
('there', -193.7189421836)]
```

11.15　单词类比

数据中现有属性的线性压缩表达。

当单词类比这一特性首次被发现时，它引起了一系列轰动，研究者们推断出了这种技术在许多领域可能发挥作用的实践。就其本身而言，它是一个令人惊叹的特性，围绕着生成各种各样的词嵌入向量，单词类比技术确实创造了一个名副其实的产业链。但是近年来，单词类比这一特性本身并没有发生颠覆性的发展，自然语言处理当前的大部分工作都集中在循环网络架构上(将在第 12 章中讨论)。

也就是说，作为所选损失函数的特殊结果，词向量这一发现是极具价值的，值得我们进一步思考。你已经了解到，损失函数的选择可以影响单词的分组方式，但是单词类比现象似乎又有所不同。那么，新的损失函数是如何导致这种情况发生的呢?

如果将词向量看成一个二维向量，可能有助于我们理解单词类比是如何逐步发挥作用的。

```
king  = [0.6 , 0.1]
man   = [0.5 , 0.0]
woman = [0.0 , 0.8]
queen = [0.1 , 1.0]

king - man = [0.1 , 0.1]
queen - woman  = [0.1 , 0.2]
```

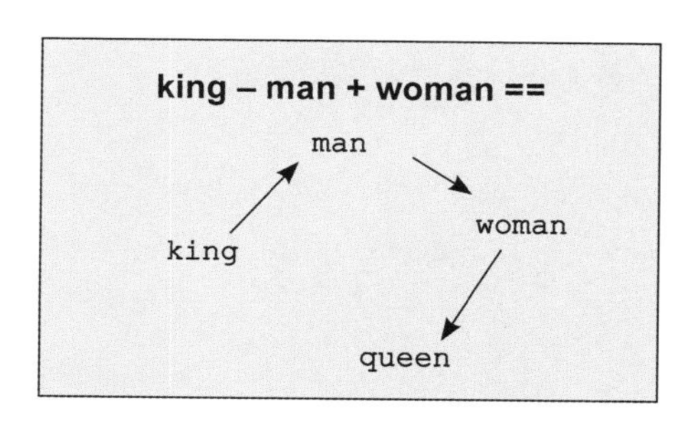

对于最终的预测结果来说，“国王”/“男人”与“女王”/“女人”之间的关系是相似的。为什么？“国王”和“男人”之间的区别代表着皇室的名誉。与此同时，在一个组里有一堆与男性和女性相关的单词，我们需要找到对应的“女性”组里那个与皇室具有某种相关性的单词。

这可以追溯到所选择的损失函数。当“国王”这个词出现在一个短语中时，它就以某种方式改变了其他单词出现的概率。它增加了与“男人”相关的单词的出现概率，以及与皇室相关的单词的出现概率。而“女王”这个词出现在一个短语中的时候，就会增加与“女性”相关的单词和与王室相关的单词的出现概率(它们可以被看作一个群体)。因此，由于这些单词对输出的概率有这种维恩图式的影响，最终它们会共同支持某种类似的组合。

简单来看，“国王”一词在隐藏层中引入了关于男性和王室的维度，而“女王”一词在隐藏层引入了关于女性和王室的维度。取“国王”的向量，然后减去男性维度的近似值，再加上代表女性的维度，就得到了和“女王”一词相近的词向量。最重要的结论是，这项发现更多来自于语言的相关属性，而不是深度学习。这些共同出现的单词的统计数据的任何线性压缩，都将产生类似的结果。

11.16 本章小结

你学到了许多关于词向量的知识，掌握了损失函数对学习的影响。

在本章中，我们讲解了使用神经网络研究自然语言的基本原理。首先概述了自然语言中的主要问题，然后探讨了神经网络如何在单词的层次上，利用单词的嵌入向量来建模语言。我们还讲解了如何选择损失函数来更改词向量所提取的属性。最后，我们讨论了这个领域中，神经网络学到的最神奇现象：单词类比。

与其他章节一样，我鼓励你从零开始构建本章中的示例。虽然这一章看上去似乎是独立的，但是它为你带来了在设计和调优损失函数方面的宝贵经验，当你在之后的章节中处理越来越复杂的网络架构和学习策略时，这些经验将非常重要。

第12章 像莎士比亚一样写作的神经网络：变长数据的递归层

本章主要内容：

- 长度任意性的挑战
- 平均词向量的神奇力量
- 词袋向量的局限
- 使用单位向量求词嵌入之和
- 学习转移矩阵
- 学习创建有用的句子向量
- Python 下的前向传播
- 任意长度的前向传播与反向传播
- 任意长度的权重更新

递归神经网络有一些神奇之处。

——Andrej Karpathy，《递归神经网络不合理的有效性》，http://mng.bz/VqPW

12.1 任意长度的挑战

让我们用神经网络建模任意长度的序列！

本章与第 11 章内容密切相关；在读这一章之前，请确保你已经掌握了第 11

章的概念和技巧。在第 11 章，你了解了自然语言处理(NLP)，包括如何修改损失函数去学习神经网络权重中的信息的具体模式。你还形成了关于什么是词嵌入的直观看法，以及如何基于其他词嵌入表示不同程度的相似度。在本章，我们还会创建表达变长短语和句子含义的嵌入。

下面考虑这样一个问题。如果你希望以与单个词向量存储信息相同的方式，用一个向量来存储一串符号序列，应该如何做呢？我们先从最简单的选项开始。理论上，如果连接或堆叠词向量，则会得到一个表示整个符号序列的向量。

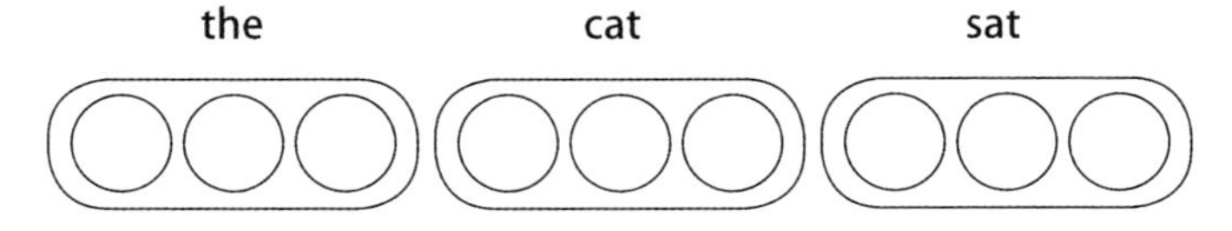

但是这个方法缺乏某些期望的特性，因为不同句子会有不同长度的向量。这使得比较两个向量非常不容易，因为其中一个向量会超出一部分。考虑下列另一个句子：

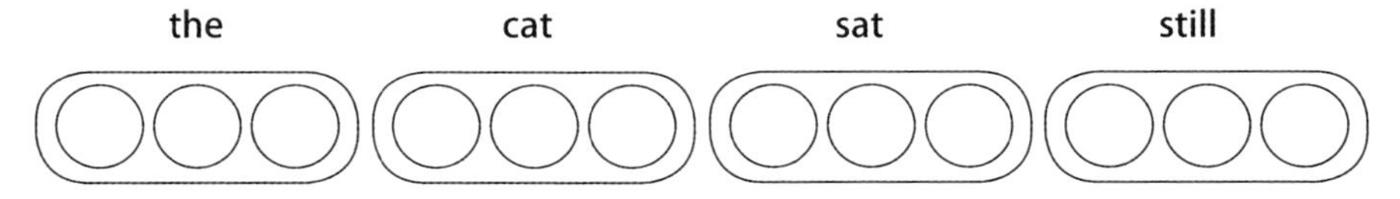

理论上，这两个句子应该非常相似，并且比较它们的向量的话，应该显示出高度的相似性。但是因为“the cat sat”(这只猫坐着)是相对较短的向量，你不得不选择用“the cat sat still”(这只猫静静地坐着)这个向量的哪一部分去比较。如果你向左对齐，两个向量会看起来一样(这里忽略了“the cat sat still”其实有所不同的事实)。但是如果你向右对齐，那么两个向量会显得非常不同，即使这些单词有四分之三相同且以相当顺序排列。虽然这种幼稚的方法展现了一些希望，但是要以一种有用的方式(可与其他向量比较的方式)表示一个句子的含义，它还远远不够理想。

12.2 做比较真的重要吗？

为什么要关心两个句子的向量能否进行比较？

比较两个向量是有用的，因为它告诉我们神经网络大致看到了什么。即使你不能解读两个向量，你仍然可以判断他们是相似的还是不同的(用第 11 章的函数)。如果生成句子向量的方法没有反映你在两个句子之间观察到的相似度，那么网络也难以识别两个句子是相似的。毕竟它只与向量打交道。

在我们接着列举和评估计算句子向量的不同方法时，希望你记住我们为什么要这么做。我们在尝试以神经网络的视角观察。我们要问的是："相关性摘要会找到与这个句子和期望的标签相似的句子向量之间的相似性，还是两个几乎一样的句子会生成极为不同的向量——使得句子向量和你想预测的对应标签之间只有很小的相关性？"我们希望能够得到对句子做相关预测有用的句子向量，这至少意味着相似的句子需要产生相似的向量。

之前创建句子向量的方法(通过连接)有问题，是因为它对齐句子的方式相当随意，所以我们要探索难度高一级的方法。如果你取一个句子中的每个单词的向量，然后求平均会有什么效果？呃，首先，你不必担心对齐的问题，因为每个句子向量具有相同的长度。

另外，句子"the cat sat"和"the cat sat still"会有相似的句子向量，因为组成它们的单词是相似的。更好的是，"a dog walked"(一只狗在走路)与"the cat sat"虽然没有单词重复，但是因为所用的单词是相似的，所以两者很可能是相似的。

事实证明，求平均的词嵌入是创建词嵌入有效的方法；它并不完美，但在刻画可能看起来非常复杂的单词之间关系方面做得很好。在继续讲解之前， 我认为用第 11 章的词嵌入试验一下求平均的策略是极有好处的。

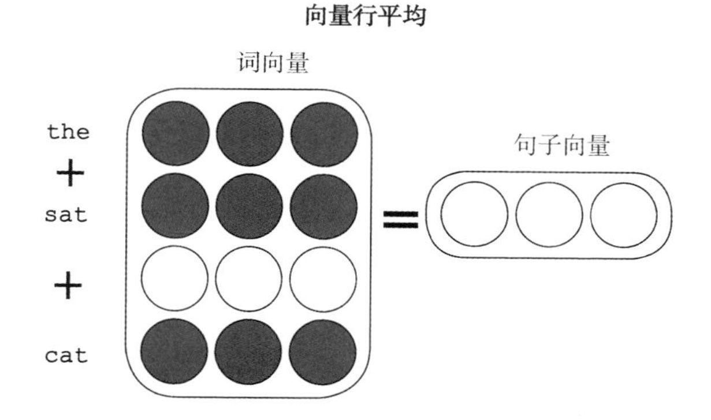

12.3　平均词向量的神奇力量

它是做神经预测的特别强大的工具。

在前一节，我提出了创建表示单词序列含义的向量的第二种方法。这种方法求对应句子中单词的向量的平均值，而且我们直觉上期望这些新的句子向量在若干方面具有我们想要的行为。

在这一节，我们尝试着用前一章介绍的单词嵌入生成句子向量。打开第 11 章的代码，像之前一样用 IMDB 语料训练嵌入，并试着对句子嵌入进行平均。

```
import numpy as np
norms = np.sum(weights_0_1 * weights_0_1,axis=1)
norms.resize(norms.shape[0],1)
normed_weights = weights_0_1 * norms

def make_sent_vect(words):
  indices = list(map(lambda x:word2index[x],\
        filter(lambda x:x in word2index,words)))
  return np.mean(normed_weights[indices],axis=0)

reviews2vectors = list()
for review in tokens:                          ← 标记化评论
  reviews2vectors.append(make_sent_vect(review))
reviews2vectors = np.array(reviews2vectors)

def most_similar_reviews(review):
  v = make_sent_vect(review)
  scores = Counter()
  for i,val in enumerate(reviews2vectors.dot(v)):
    scores[i] = val
  most_similar = list()

  for idx,score in scores.most_common(3):
    most_similar.append(raw_reviews[idx][0:40])
  return most_similar
most_similar_reviews(['boring','awful'])
```

```
['I am amazed at how boring this film',
 'This is truly one of the worst dep',
 'It just seemed to go on and on and.]
```

右边这一段代码是之前比较单词时使用的正规化过程。不过这次，我们预先把所有词嵌入正规化到名为 normed_weights 的矩阵。然后创建名为 make_sent_vect 的函数，并用它把每条评论(单词列表)以求平均的方式转换为嵌入。结果保存在 reviews2vectors 矩阵中。

在此之后，你可以创建一个根据输入评论查询最相似的评论的函数，方法是求输入评论的向量与语料中每条评论的向量的点积。这种以点积作为相似性度量的方法，与我们之前学习预测多个输入时简单介绍过的方法相同。

可能令人惊讶的是，当你查询与 boring 和 awful 的平均向量最相似的评论时，你将得到三条非常负面的评论。在这些向量中，似乎存在着有趣的统计信息，能够使得贬义的与褒义的嵌入分别聚合在一起。

12.4 信息是如何存储在这些向量嵌入中的？

对词嵌入进行平均时，其平均形状能够保持。

要思考这里发生了什么，需要一点抽象思维。我建议你花一段时间去消化这种信息，因为它很可能与你以往习惯的内容类型不同。在此刻，我希望你把词向量当作下面这种可以观察的弯曲线条：

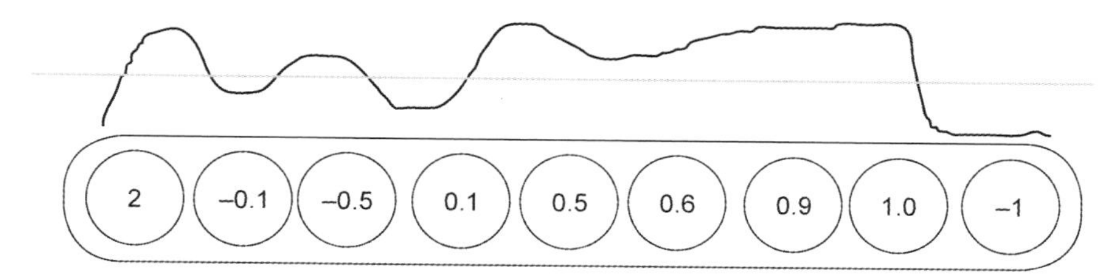

不要把向量当作一组数字，要把它当作高低起伏的线条，高点和低点对应向量中不同处的高值与低值。如果你从语料中选取了若干单词，它们可能看起来如下图所示。

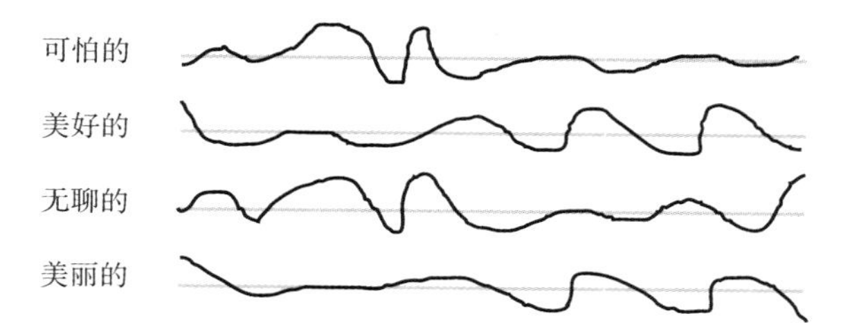

考虑这些不同单词之间的相似度。要注意每个向量对应的形状是唯一的。但是，terrible(可怕的)和 boring(无聊的)在形状上有一定相似度。beautiful(美丽的)和 wonderful(美好的)这两个单词的形状也相似，但是这种相似性与前两者之间的相似性有区别。如果把这些弯曲线条聚类，具有相似意义的单词会聚在一起。更重要的是，这些线条的弯曲部分本身具有现实意义。

比如，对于贬义词来说，在大约左边 40%的部分会有一个下降，然后紧接着一个突起。如果我继续对相应的单词画线，这个突起仍然是具有特征性的。关于这个意味着贬义的突起没有什么神奇之处，并且如果我再次训练网络，它很可能出现在其他地方。这个突起表征贬义只是因为所有贬义词都具有它。

因此，在训练过程中，这些形状可以被理解为由不同位置的不同曲线表达相应的意义(在第 11 章讨论过)。当你取一个句子中所有单词的曲线的平均时，这个句子最主要的意义会保留下来，而由某些个别单词造成的噪声将会被平均掉。

12.5　神经网络是如何使用嵌入的？

神经网络检测出与目标标签具有相关性的曲线。

你已经了解了把词嵌入视作具有特征属性(曲线)的弯曲线条的新方式。你也了解了这些曲线在训练过程中逐渐演变来达到目标。具有相似意义的单词经常以某种方式在曲线中具有同一种弯曲特征：由权重之中的高低值存在的模式所形成的组合。在这一节，我们着重讨论关联抽象是如何处理这些输入曲线的。处理这些输入曲线对神经网络层来说，意味着什么？

实际上，神经网络处理嵌入向量的方法，与它在本书早些章节中处理交通信号灯数据集没有区别。它搜寻隐藏层中存在着的弯曲线条和你尝试预测的目标标签的相关性。这是为什么在某一方面具有相似性的单词会具有相似的隆起与弯曲。在训练的某个时候，神经网络开始在不同单词所对应的曲线形状上建立独特的特征以便区分它们，并且把它们分组(给予相似的隆起与弯曲)来帮助做出准确预测。但是这只是总结第 11 章末尾内容的另一种方式。我们想要更进一步。

在本章中，我们要考虑把这些单词嵌入求和成为一个句子嵌入意味着什么。这个求和向量对什么样的分类问题有用？我们已经确认，求取一个句子所对应的词向量的平均，会得到一个具有其中单词的特性的平均的向量。如果存在许多褒义词，最终嵌入看起来有些褒义(这些单词嵌入中包含的其他噪声一般会抵消)。但要注意这个方法容易变坏：给定足够多的单词后，它们所对应的不同曲线平均到一起后一般会成为一条直线。

这就指出了这种方法的第一个缺点：将任意长度序列(句子)的信息存储为一个固定长度的向量时，如果你想存储的信息太多，最终的句子向量(大量词向量的平均)会平均成一条直线(元素都接近 0 的向量)。

简单而言，存储句子信息的过程衰减方式并不好。如果你试图将太多单词存储到单个向量中，你最终就存不下什么信息。也就是说，一个句子常常不等于一堆单词的聚合；不过，如果句子中有重复模式，那么这个句子向量可能有用，因为它保持了被求和的词向量中存在的最主要模式(如前一节所述的代表贬义的突起)。

12.6 词袋向量的局限

如果你对词嵌入进行平均，那么结果与单词顺序无关。

平均嵌入的最大问题是它们没有顺序的概念。举个例子，考虑两个句子 Yankees defeat Red Sox(洋基队打败了红袜队)和 Red Sox defeat Yankees(红袜队打败了洋基队)。如果通过求平均的方法为这两个句子生成句子向量，则会得到相同的向量，但是两个句子却表达了正好相反的意思。另外，这个方法忽略了语法和句法，所以 Sox Red Yankees defeat 也会产生一样的句子嵌入。

这种对词嵌入求和或求平均以形成一个短语或句子的嵌入的方法，传统上叫作词袋法，因为它很像把一堆单词扔进袋子里，不会保持它们的顺序。其中的关键局限在于：你可以拿出任意句子，打乱所有单词，并生成一个句子向量，而无论你以何种方式打乱这些单词，生成的句子向量是一样的(因为加法满足交换律：a+b=b+a)。

本章真正的重点是寻找一种与单词顺序相关的方式生成句子向量。我们想要生成向量的方式能够满足以下假设：打乱单词顺序会改变结果向量。更重要的是，顺序相关的方式(或者叫顺序改变向量的模式)应该是能够通过学习得到的。这样一来，神经网络对顺序的表示可用于解决语言中的任务，并且更进一步，我们希望这种方法能够刻画顺序在语言中的本质。这里用自然语言作为例子，但是你可以把这类说法推广到任何序列。语言只是一个难以解决但普遍为人所知的领域。

为序列(如句子)生成向量的最著名和成功的方法之一就是递归神经网络(RNN)。为向你介绍它的工作方式，我们要提出一种看起来有些浪费时间的求词嵌入的平均的新方法：通过单位矩阵。单位矩阵就是一个任意大小的方阵(行数等于列数)，从左上角到右下角是 1，其余元素均为 0，如右侧的例子所示。

```
[1,0]
[0,1]

[1,0,0]
[0,1,0]
[0,0,1]

[1,0,0,0]
[0,1,0,0]
[0,0,1,0]
[0,0,0,1]
```

这三个矩阵都是单位矩阵，并且它们有一个作用：用来做向量-矩阵乘法时会得到原向量。如果我用最上方的矩阵乘以[3,5]时，结果是[3,5]。

12.7　用单位向量求词嵌入之和

让我们用不同的方式实现相同的逻辑。

你可能认为单位矩阵是没用的。一个把向量变换成相同向量的矩阵有什么意义？在这个例子中，我们会把它当作教学工具，用来展示如何设定更复杂的求取词嵌入之和的方式——使得神经网络在生成最终的句子向量时可以把顺序纳入考虑范围。让我们来探索求取单词嵌入之和的另一种方式。

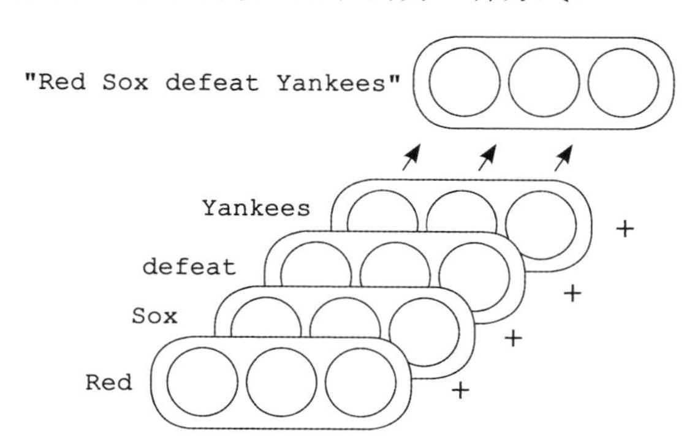

该例展示了把多个词向量加到一起，形成句子向量(再除以单词数得到平均句子向量)的标准技巧。接下来的例子在每步求和之间加了一步：使用单位矩阵的向

量矩阵乘法。

Red 所对应的向量被乘以单位矩阵，然后输出与 Sox 所对应的向量相加，然后乘以单位向量，并加上 defeat 所对应的向量，以此类推到整个句子。要注意，因为使用单位矩阵的向量-矩阵乘法返回相同的向量，此过程会产生与前一过程完全相同的句子嵌入。

是的，这看起来只是浪费时间进行计算，不过很快就有变化了。这里要考虑的问题主要是：如果用的不是单位矩阵，改变单词的顺序会改变最终的向量。让我们看看 Python 代码。

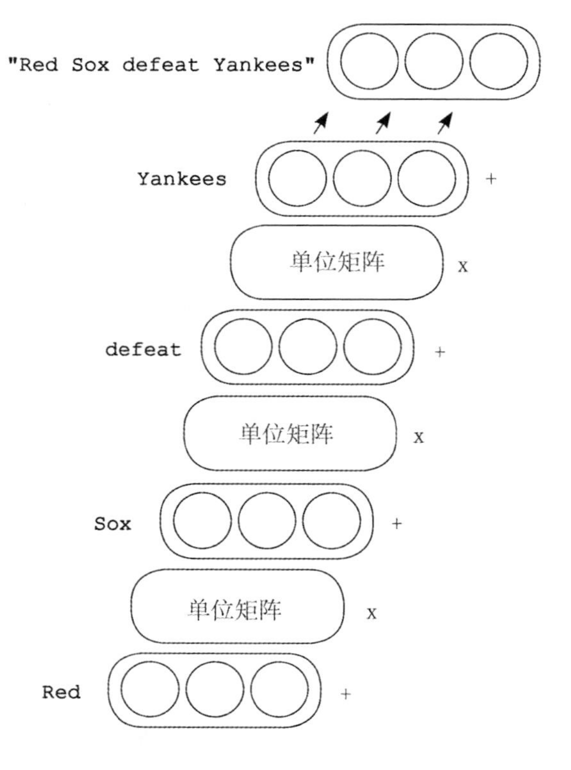

12.8 不改变任何东西的矩阵

让我们在 Python 下用单位矩阵创建句子向量。

在这一节，我将展示如何在 Python 下试验单位矩阵，并最终实现前一节介绍的生成句子向量的新技巧(证明它产生相同的句子向量嵌入)。

在右边，我们首先初始化四个长度为 3 的向量(a、b、c、d)还有一个 3×3 单位矩阵(单位矩阵总是方阵)。要注意，单位矩阵在左上到右下的对角位置上(线性代数里叫作对角线)，有一组特征性的 1。任何只有对角线元素是 1，其他地方都是 0 的方阵都是单位矩阵。

```
import numpy as np

a = np.array([1,2,3])
b = np.array([0.1,0.2,0.3])
c = np.array([-1,-0.5,0])
d = np.array([0,0,0])

identity = np.eye(3)
print(identity)
```

```
[[ 1.  0.  0.]
 [ 0.  1.  0.]
 [ 0.  0.  1.]]
```

```
print(a.dot(identity))
print(b.dot(identity))
print(c.dot(identity))
print(d.dot(identity))
```

```
[ 1.   2.   3.]
[ 0.1  0.2  0.3]
[-1.  -0.5  0. ]
[ 0.   0.   0. ]
```

我们接着用单位矩阵和每个向量做向量-矩阵乘法(使用 NumPy 的 dot 函数)。可以看到，这个过程的输出是与输入向量一样的新向量。

因为用单位矩阵做向量-矩阵乘法将返回一个我们开始用的相同向量，把这个过程整合到句子嵌入应该看起来毫不费力，事实确实如此：

```
this = np.array([2,4,6])
movie = np.array([10,10,10])
rocks = np.array([1,1,1])

print(this + movie + rocks)
print((this.dot(identity) + movie).dot(identity) + rocks)


[13 15 17]
[ 13.  15.  17.]
```

两种创建句子嵌入的方法都生成相同的向量。这只是因为单位矩阵是一种非常特别的矩阵。但是如果我们不使用单位矩阵会发生什么？如果我们使用一种不同的矩阵会怎样？事实上，单位矩阵是唯一能够在向量-矩阵乘法中保证返回相同向量的矩阵。其他矩阵都不能保证这个性质。

12.9　学习转移矩阵

如果你允许单位矩阵发生变化来最小化损失会怎样？

在开始之前，让我们回忆目标：生成根据句子含义聚类的句子向量——使得给定一个句子时，我们可用该向量找到具有相似含义的句子。更具体地讲，这些句子向量应该将单词的顺序纳入考虑范围。

之前我们试过对词向量直接求和。但这意味着 Red Sox defeat Yankees(红袜队打败了洋基队)与 Yankees defeat Red Sox(洋基队打败了红袜队)将具有相同的句子向量，即使这两句话的意思相反。作为替代，我们想要一种句子嵌入的方法，使得这两种句子能够产生不同的向量(但仍以一种有意义的方式聚类)。其理论是：如果我们使用与单位矩阵类似的方式生成句子向量，不过将单位矩阵换成一个不同的矩阵，使得生成的句子向量将因单词的不同顺序而不同。

那么有一个自然的问题：用哪种非单位矩阵？当然，存在着无数种选择。但在深度学习中，对这类问题的标准答案是："可以像在神经网络中学习其他矩阵一样学习这个矩阵！"好了，你马上就要学习这个矩阵了。用什么方法呢？

当你想要训练神经网络来学习什么的时候，你总是需要一种可以供它学习的任务。在这个例子中，这个任务应当是要求它通过学习有用的词向量和对单位向量的有用修改，来生成有用的句子向量。应该用什么任务呢？

其目标与你想要生成有用的词向量时相似(比如完形填空)。让我们尝试完成一个类似的任务：训练一个神经网络，在给定一组单词时预测下一个单词。

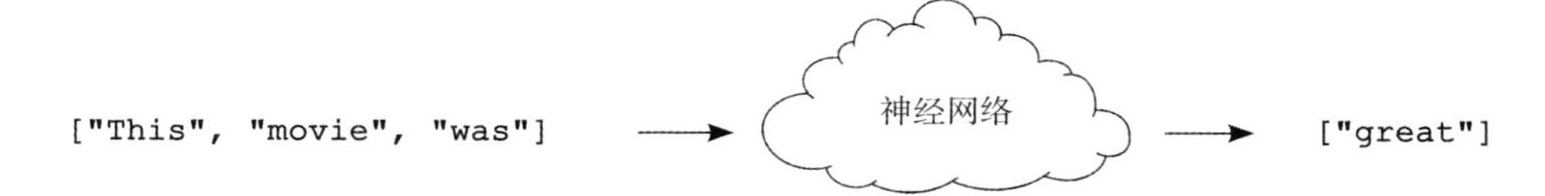

12.10 学习创建有用的句子向量

创建句子向量，做出预测，并通过它的各部分修改句子向量。

在接下来的实验中，我不希望你继续用之前的方式理解神经网络。取而代之的是，考虑一种创建句子向量的方法，用它预测下一个单词，然后修改形成句子向量的对应部分，来让预测更准确。因为你在预测下一个单词，句子向量会从这句话中目前你已经见过的部分生成。在某种程度上，这个神经网络像图中一样。

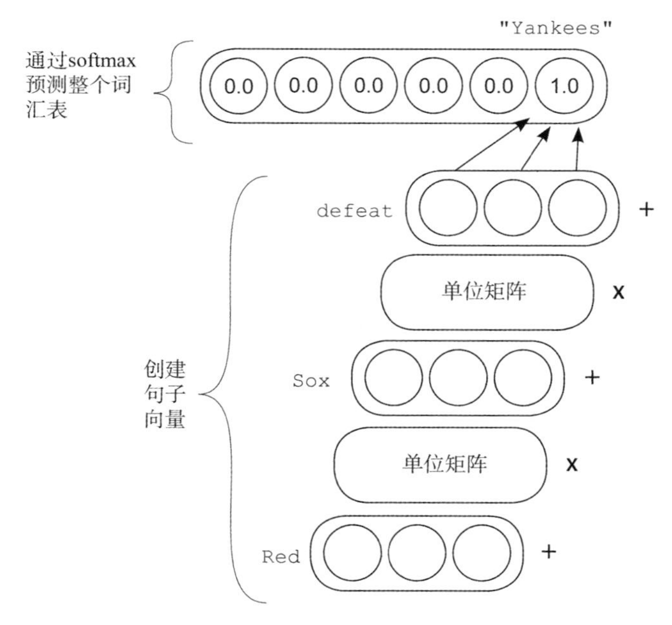

它由两步组成。首先创建句子向量，然后使用那个向量预测接下来是哪一个单词。这个网络的输入是 Red Sox defeat，而被预测的单词是 Yankees。

我已经在词向量之间的方框中写了单位矩阵。这个矩阵只是刚开始是单位矩阵。在训练过程中，你会把梯度反向传播到这些矩阵，并更新它们来帮助网络做出更好的预测(就像对网络里的其他权重一样)。

这样一来，网络就学到如何融合比词向量之和更多的信息。通过允许(初始为单位矩阵的)矩阵变化(使其变成非单位矩阵)，可以让神经网络学到如何创建这个矩阵，使得单词出现的顺序能够改变句子向量。但是，这种变化不是任意的。这个网络会以对预测下一个单词有用的方式，学习如何将单词顺序融合到句子向量中。

同时，你也会限制转移矩阵(初始为单位矩阵的矩阵)是相同的。换句话说，从 Red 到 Sox 的矩阵会被再次用到从 Sox 到 defeat 的转移。网络在一次转移中学到的任何逻辑都会被再次用到下一次转移，也就是说，只允许对每一步预测都有用的逻辑被网络学习。

12.11　Python 下的前向传播

让我们用这个想法，看看如何做一次简单的前向传播。

了解要创建的东西后，下面尝试用 Python 写一个小程序。首先，我们来设置权重(我用的词汇表仅包含 9 个单词)：

```
import numpy as np

def softmax(x_):
    x = np.atleast_2d(x_)
    temp = np.exp(x)
    return temp / np.sum(temp, axis=1, keepdims=True)

word_vects = {}
word_vects['Yankees'] = np.array([[0.,0.,0.]])
word_vects['bears'] = np.array([[0.,0.,0.]])
word_vects['braves'] = np.array([[0.,0.,0.]])
word_vects['Red'] = np.array([[0.,0.,0.]])
word_vects['Sox'] = np.array([[0.,0.,0.]])         词向量
word_vects['lose'] = np.array([[0.,0.,0.]])
word_vects['defeat'] = np.array([[0.,0.,0.]])
word_vects['beat'] = np.array([[0.,0.,0.]])
word_vects['tie'] = np.array([[0.,0.,0.]])

sent2output = np.random.rand(3,len(word_vects))   <-- 输出分类权重的句子嵌入

identity = np.eye(3)   <-- 权重转移矩阵
```

这段代码创建了三组权重，还创建了词向量的 Python 字典、单位矩阵(转移矩阵)和分类层。分类层 sent2output 是一个权重矩阵，在给定长度为 3 的句子向量时，用于预测下一个单词。有了这些工具后，前向传播是很容易的。这里展示了从句子 Red Sox defeat 到 Yankees，前向传播是如何工作的。

```
layer_0 = word_vects['red']
layer_1 = layer_0.dot(identity) + word_vects['sox']
layer_2 = layer_1.dot(identity) + word_vects['defeat']

pred = softmax(layer_2.dot(sent2output))
print(pred)
```

创建一个句子嵌入

在所有词汇之上做预测

```
[[ 0.11111111  0.11111111  0.11111111  0.11111111  0.11111111  0.11111111
   0.11111111  0.11111111  0.11111111]]
```

12.12 如何反向传播?

可能看起来更复杂，但是它们与你已经学过的步骤是一样的。

你刚刚已经看到如何在网络中做前向传播。起初，做反向传播的方式可能并不明了。但是它很简单。你可能看到的是这样的。

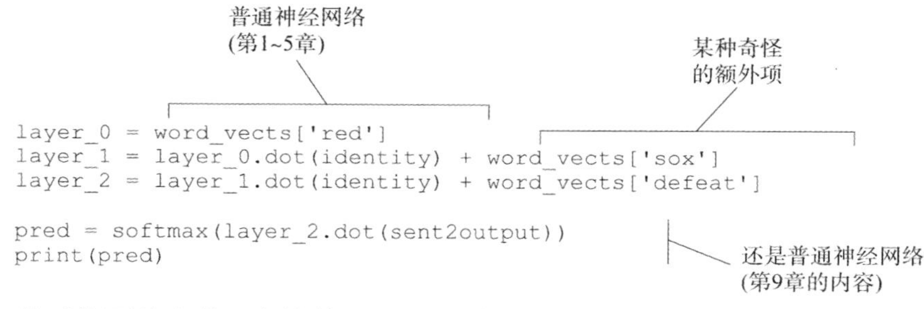

基于前面的章节，在计算 layer_2 的梯度 layer_2_delta 之前，你应该不难计算损失和反向传播。现在你可能想问：“我要往哪个方向反向传播？”梯度可经过 identity 矩阵传回 layer_1，或者可传到 word_vects['defeat']。

在前向传播过程中，当把两个向量加在一起时，你把相同的梯度反向传播到加法的两边。当生成 layer_2_delta 时，会进行两次反向传播：一次经过单位矩阵创建 layer_1_delta，另一次到 word_vects['defeat']：

```
y = np.array([1,0,0,0,0,0,0,0,0])

pred_delta = pred - y
layer_2_delta = pred_delta.dot(sent2output.T)
defeat_delta = layer_2_delta * 1
layer_1_delta = layer_2_delta.dot(identity.T)
sox_delta = layer_1_delta * 1
layer_0_delta = layer_1_delta.dot(identity.T)
alpha = 0.01
word_vects['red'] -= layer_0_delta * alpha
word_vects['sox'] -= sox_delta * alpha
word_vects['defeat'] -= defeat_delta * alpha
identity -= np.outer(layer_0,layer_1_delta) * alpha
identity -= np.outer(layer_1,layer_2_delta) * alpha
sent2output -= np.outer(layer_2,pred_delta) * alpha
```

指向Yankees的one-hot向量

可像第11章一样忽略1

同样可以忽略1

12.13　让我们训练它！

有了所有工具后，下面在小语料上训练网络。

为了让你能够直观地了解发生了什么，我们首先在一个叫 Babi 数据集的小任务上训练新网络。这是一个人工生成的问答语料，用于教机器如何回答关于一个环境的简单问题。我们不会用它来解决实际问题，但是这个任务的简单程度能够帮你更好地了解并掌握单位矩阵产生的影响。首先下载 Babi 数据集。以下是 bash 命令：

```
wget http://www.thespermwhale.com/jaseweston/babi/tasks_1-20_v1-1.tar.gz
tar -xvf tasks_1-20_v1-1.tar.gz
```

使用一些简单的 Python，可以打开并清洗一个小数据集来训练网络：

```
import sys,random,math
from collections import Counter
import numpy as np

f = open('tasksv11/en/qa1_single-supporting-fact_train.txt','r')
raw = f.readlines()
f.close()

tokens = list()
for line in raw[0:1000]:
    tokens.append(line.lower().replace("\n","").split(" ")[1:])

print(tokens[0:3])

[['Mary', 'moved', 'to', 'the', 'bathroom'],
 ['John', 'went', 'to', 'the', 'hallway'],
 ['Where', 'is', 'Mary', 'bathroom'],
```

可以看到，这个数据集包含多种(已去除标点的)简单陈述和问题。每个问题后面都跟着正确答案。当用于问答场景时，神经网络按顺序读取陈述，并基于最近读取的陈述信息(正确或错误地)回答问题。

现在，你将训练神经网络，使其在给定一个或更多开头的单词之后尝试补全每个句子。在这个过程中，你将看到允许递归矩阵(初始化为单位矩阵)学习的重要性。

12.14　进行设置

在能够创建矩阵之前，你需要知道你有多少参数。

与词嵌入神经网络一样，你首先需要创建几个有用的计数器、列表和工具函数用于预测、比较和学习过程。这些工具函数与对象如下所示，应该看起来不陌生：

```
vocab = set()
for sent in tokens:
    for word in sent:
        vocab.add(word)

vocab = list(vocab)

word2index = {}
for i,word in enumerate(vocab):
    word2index[word]=i
```

```
def words2indices(sentence):
    idx = list()
    for word in sentence:
        idx.append(word2index[word])
    return idx


def softmax(x):
    e_x = np.exp(x - np.max(x))
    return e_x / e_x.sum(axis=0)
```

左边，我们创建了一个词汇列表与一个字典——字典这种数据结构允许你在单词的文本与下标之间来回查找。你将使用单词的下标，来选择词向量与预测矩阵的哪一行和列对应哪个单词。右边是一个把单词列表转换到下标列表的工具函数，以及 softmax 函数，用于预测下一个单词。

为了得到一致的结果，以下代码首先初始化了随机数种子，然后把向量大小设为 10。现在，你可以开始创建向量嵌入矩阵 embed、递归向量 recurrent 和初始的 start 向量。这个嵌入向量建模了空白短语，对于网络建模句子倾向于以什么方式开始非常关键。最后，我们设计了一个 decoder 权重矩阵(就像向量嵌入矩阵 embed 一样)和 one_hot 工具矩阵。

```
np.random.seed(1)
embed_size = 10

embed = (np.random.rand(len(vocab),embed_size) - 0.5) * 0.1

recurrent = np.eye(embed_size)

start = np.zeros(embed_size)

decoder = (np.random.rand(embed_size, len(vocab)) - 0.5) * 0.1

one_hot = np.eye(len(vocab))
```

词嵌入

从嵌入到嵌入
(初始化为单位矩阵)

从嵌入到输出权重

用于损失函数的one-hot查找表

空白句子的句子嵌入

12.15 任意长度的前向传播

使用之前描述的同样逻辑做前向传播。

以下代码包含了前向传播与预测下一个单词的逻辑。请注意，虽然这种做法可能有些陌生，但它遵循与之前用单位矩阵对嵌入求和相同的过程。这里，单位矩阵被替换成 recurrent 矩阵，后者初始化为全 0 元素(并会在训练中学习)。

另外，不是仅预测最后一个单词，还会基于由之前的单词生成的嵌入向量，在每一步做出预测(layer['pred'])。这样做会比在每次需要预测新项时，从短语的开头进行前向传播更高效。

```
def predict(sent):

    layers = list()
    layer = {}
    layer['hidden'] = start
    layers.append(layer)

    loss = 0

    preds = list()
    for target_i in range(len(sent)):

        layer = {}

        layer['pred'] = softmax(layers[-1]['hidden'].dot(decoder))

        loss += -np.log(layer['pred'][sent[target_i]])

        layer['hidden'] = layers[-1]['hidden'].dot(recurrent) +\
                                          embed[sent[target_i]]

        layers.append(layer)
    return layers, loss
```

前向传播（preds = list()）

尝试预测下一项（layer['pred'] = ...）

生成下一个隐藏状态（layer['hidden'] = ...）

相对于过去已经学过的内容来说，这段代码没有特别新的内容，但是在继续推进之前，我想要确认有一块内容你是熟悉的。这个叫作 layers 的列表是新的前向传播方式。

注意，如果 sent 的长度更大，你会做更多次前向传播。结果是，你不能像之前一样使用静态层变量。这一次，你需要根据需求不断向列表中增加新层。确保你理解这个列表的每部分发生的事情。如果你不熟悉前向传播阶段的话，要理解反向传播和权重更新步骤发生了什么就会特别困难。

12.16 任意长度的反向传播

你将用之前描述的相同逻辑做反向传播。

与 Red Sox defeat Yankees 例子的方式一样，假设你已经有上一节所述的函数返回的前向传播对象，我们来实现任意长度序列的反向传播。最重要的对象是 layers 列表，它有两个向量(layer['state']和 layer['previous->hidden'])。

为了做反向传播，你将获取输出梯度，并把一个新对象加到每个叫作 layer['state_delta']的列表，它将表示这一层的梯度。这对应于“Red Sox defeat Yankees”例子中诸如 soft_delta、layer_0_delta、defeat_delta 的变量。你在以一种从前向逻辑中消费变长序列的方式构造相同的逻辑。

```
for iter in range(30000):                              ← 前向
    alpha = 0.001
    sent = words2indices(tokens[iter%len(tokens)][1:])
    layers,loss = predict(sent)

    for layer_idx in reversed(range(len(layers))):     ← 反向传播
        layer = layers[layer_idx]
        target = sent[layer_idx-1]
                                                         如果不是第一层
        if(layer_idx > 0):                             ←
            layer['output_delta'] = layer['pred'] - one_hot[target]
            new_hidden_delta = layer['output_delta']\
                                    .dot(decoder.transpose())
如果是最后一层，不要从后面拉取层，因为它不存在
         →  if(layer_idx == len(layers)-1):
                layer['hidden_delta'] = new_hidden_delta
            else:
                layer['hidden_delta'] = new_hidden_delta + \
                layers[layer_idx+1]['hidden_delta']\
                                    .dot(recurrent.transpose())
        else: # if the first layer
            layer['hidden_delta'] = layers[layer_idx+1]['hidden_delta']\
                                    .dot(recurrent.transpose())
```

在继续读下一节之前，请确保你可以读懂这段代码，并能够解释它。这段代码中没有新概念，但是它的构造初看起来令人感到有些陌生。花一点时间把这里的代码与“Red Sox defeat Yankees”例子中的每一行联系起来，然后，就应该算是为下一节以及用反向传播的梯度更新权重做好准备了。

12.17 任意长度的权重更新

使用之前描述的相同逻辑更新权重。

如同前向与反向传播逻辑一样，这里的权重更新逻辑并不是新的。但在完成了前文中的解释后，现在我将展示它的逻辑，以便你能在理解其理论复杂性之后(希望如此)，关注其工程复杂性。

```
for iter in range(30000):                              ← 前向
    alpha = 0.001
    sent = words2indices(tokens[iter%len(tokens)][1:])

    layers,loss = predict(sent)

    for layer_idx in reversed(range(len(layers))):     ← 反向传播
        layer = layers[layer_idx]
        target = sent[layer_idx-1]

        if(layer_idx > 0):
            layer['output_delta'] = layer['pred'] - one_hot[target]
            new_hidden_delta = layer['output_delta']\
                                    .dot(decoder.transpose())
```

```
            if(layer_idx == len(layers)-1):
                layer['hidden_delta'] = new_hidden_delta
            else:
                layer['hidden_delta'] = new_hidden_delta + \
                layers[layer_idx+1]['hidden_delta']\
                                        .dot(recurrent.transpose())
        else:
            layer['hidden_delta'] = layers[layer_idx+1]['hidden_delta']\
                                        .dot(recurrent.transpose())

    start -= layers[0]['hidden_delta'] * alpha / float(len(sent))
    for layer_idx,layer in enumerate(layers[1:]):

        decoder -= np.outer(layers[layer_idx]['hidden'],\
                    layer['output_delta']) * alpha / float(len(sent))

        embed_idx = sent[layer_idx]
        embed[embed_idx] -= layers[layer_idx]['hidden_delta'] * \
                                        alpha / float(len(sent))
        recurrent -= np.outer(layers[layer_idx]['hidden'],\
                    layer['hidden_delta']) * alpha / float(len(sent))

    if(iter % 1000 == 0):
        print("Perplexity:" + str(np.exp(loss/len(sent))))
```

如果是最后一层，不要从后面拉取层，因为它不存在

更新权重

12.18　运行代码，并分析输出

使用之前描述的相同逻辑更新权重。

现在是关键时刻：当你运行它时会发生什么？呃，当我运行这份代码，我会看到一个“困惑度”(perplexity)指标呈现相对稳定的下降趋势。严格来说，困惑度是预测标签与正确标签(单词)匹配的概率再使用对数函数、取相反数、求指数(e^x)得到的结果。

但是理论上它表示两个概率分布之间的不同。在这个例子中，完美的(预测)概率分布是 100%的概率分配给正确项，0%留给其他的。

当两个概率分布不匹配时，困惑度会比较高；而当它们匹配时，困惑度会比较低(接近 1)。因此，递减的困惑度，像所有用于随机梯度下降的损失函数一样，是一件好事情。它意味着网络在逐步学习预测出数据分布模式。

```
Perplexity:82.09227500075585
Perplexity:81.87615610433569
Perplexity:81.53705034457951
            ....
Perplexity:4.132556753967558
Perplexity:4.071667181580819
Perplexity:4.0167814473718435
```

但是，它几乎没有办法告诉你权重发生了什么变化。对于困惑度，这些年有一些关于它作为指标被滥用的批评(特别是在语言建模社区)。让我们再进一步看看这些预测：

```
sent_index = 4

l,_ = predict(words2indices(tokens[sent_index]))

print(tokens[sent_index])

for i,each_layer in enumerate(l[1:-1]):
    input = tokens[sent_index][i]
    true = tokens[sent_index][i+1]
    pred = vocab[each_layer['pred'].argmax()]
    print("Prev Input:" + input + (' ' * (12 - len(input))) +\
          "True:" + true + (" " * (15 - len(true))) + "Pred:" + pred)
```

这段代码接受一个句子，并预测这个模型认为最可能的单词。这种方法是有效的，因为它可以反映模型所具有的各种特征。哪些事它做对了？哪些事它做错了？你会在下一节知道。

观察预测结果可以帮你理解正在发生的情况。

你可以在训练神经网络的时候观察它输出的预测结果，不仅能获知它选取了什么样的模式，也能知道它学习的顺序。在 100 个训练步骤后，模型输出看起来如下所示：

```
['sandra', 'moved', 'to', 'the', 'garden.']
Prev Input:sandra      True:moved         Pred:is
Prev Input:moved       True:to            Pred:kitchen
Prev Input:to          True:the           Pred:bedroom
Prev Input:the         True:garden.       Pred:office
```

神经网络趋向于随机开始。在这个例子中，神经网络可能只是偏向于它开始时的第一个随机状态。让我们继续训练：

```
['sandra', 'moved', 'to', 'the', 'garden.']
Prev Input:sandra      True:moved         Pred:the
Prev Input:moved       True:to            Pred:the
Prev Input:to          True:the           Pred:the
Prev Input:the         True:garden.       Pred:the
```

在 10 000 步之后，神经网络选出了最常见的单词(the)并在每一步都预测出它。这在递归神经网络中极为常见。从高度不平衡的数据集中学习细粒度的细节需要大量的训练。

```
['sandra', 'moved', 'to', 'the', 'garden.']
Prev Input:sandra      True:moved         Pred:is
Prev Input:moved       True:to            Pred:to
Prev Input:to          True:the           Pred:the
Prev Input:the         True:garden.       Pred:bedroom.
```

这些错误相当有趣。在只看到 sandra 时，网络预测了 is；这虽然与 moved 不同，但也算不错的猜测。它选择了错误的动词。接下来，注意 to 和 the 是正确的；这不奇怪，因为这些是数据集里更常见的单词，而且很可能网络已经被训练为在动词 move(移动)之后预测 to the(去)很多次了。最后的错误也是让人信服的，把 garden(花园)换成 bedroom(卧室)。

认识到几乎没有办法让神经网络完美地学习这个任务是重要的。毕竟，如果我给你一句 sandra moved to the，你能告诉我正确的下一个单词吗？要解决这个问题需要更多的上下文，但是在我看来，它是不可解决的这件事情能够让我们对它的失败方式进行有教育意义的分析。

12.19 本章小结

递归神经网络能够在任意长度的序列上做预测。

在本章，你学习了如何为任意长度的序列创建向量表示。上一个练习训练了一个线性递归神经网络，给定前面的一系列单词之后，能够预测下一项。为此，它需要学习如何创建用固定长度向量准确表示变长字符串的嵌入。

上一句话应该说清楚一个问题：神经网络是如何把一堆变长信息放入一个定长盒子里的？事实是，句子向量没有编码句子的所有内容。递归神经网络的主要目的不仅在于这些向量记住了什么，也在于它们忘记了什么。在预测下一个单词的例子中，大多数 RNN 学到了最近的几个单词是必要的，以及学会了忘记更远的单词历史(也可以说，不为其创建单独的模式)。

但是注意在这些表示的生成中没有用到非线性函数。你认为这会造成什么局限呢？在下一章，我们将通过非线性函数和门限函数形成一种叫长短期记忆网络(LSTM)的神经网络来探索这个问题和其他问题。但是，首先确保你可以坐下来并且(凭记忆)写一个正确且能收敛的线性 RNN。这些网络的变态与控制流可能有些令人望而生畏，而且复杂度也会增加许多。在继续学习之前，确保你对在本章学习的内容不再感到困难。

于是，让我们来深入学习 LSTM 吧。

介绍自动优化：搭建深度学习框架　第13章

本章主要内容：

- 深度学习框架是什么
- 张量(tensor)介绍
- 自动梯度计算(autograd)介绍
- 加法反向传播是如何工作的
- 如何学习框架
- 非线性层
- 嵌入层
- 交叉熵层
- 递归层

是碳基生物还是硅基生物本质上并不要紧；我们每个人都应该得到应有的尊重。

——Arthur C. Clarke，《2010 太空漫游》(1982)

13.1 深度学习框架是什么？

优秀的工具能够减少错误、加速开发并提高运行性能。

如果你长期以来都在阅读深度学习相关的材料，很可能已经接触过一种主流框架，例如 PyTorch、TensorFlow、Theano(近期已废弃)、Keras、Lasagne 或者 DyNet。框架开发在过去几年中发展极为迅速，而且，即便所有框架都属于免费开源软件，围绕每个框架还是有着少许竞争气氛的。

到目前为止，我一直没有谈及框架的话题，首要的原因是，通过自己(用 NumPy 从零开始)实现算法来了解这些框架底下发生的事情是极其重要的。但是现在我们要转换到使用框架，因为你接下来要训练的网络——长短期记忆网络(long short-term memory network，LSTM)——非常复杂，而用 NumPy 写的实现代码难以阅读、难以使用并且难以调试(代码里充斥了梯度)。

深度学习框架正是为了缓解这种代码复杂性而诞生。尤其是，如果你想在 GPU 上训练神经网络(这种硬件会带来 10～100 倍加速)，深度学习框架可以显著减少代码复杂度(减少错误并加速开发)，同时提高运行性能。由于这些原因，它们在学术界几乎被普遍使用；对于成为深度学习的使用者或研究者来说，全面理解一种深度学习框架是不可或缺的。

但是我们不会深入介绍任何你所听闻的深度学习框架，因为那会扼杀你学习复杂模型(比如 LSTM)底下的工作机制的能力。替代的方案是，你将根据最新的框架开发的趋势搭建一个轻量级的深度学习框架。这样在将框架用于复杂结构时，你就不会对框架做了什么有疑惑。另外，自己搭建一个小框架应该会让你顺利过渡到使用真正的框架上来，因为你已经熟悉了 API 和底下的功能。我自己发现这种做法确有好处，而且在调试有问题的模型时，从搭建自己的框架这一课中学到的教训特别有用。

框架是如何简化你的代码的呢？抽象地说，它让你不必写你本来要重复多次的代码。具体而言，深度学习框架中最有用的部分是它对自动反向传播与自动优化的支持。这些特性让你只写出模型的前向传播代码，就会使框架自动处理反向传播与权重更新。大多数框架甚至提供了常见层与损失函数的高级接口，使得写前向传播代码更容易。

13.2 张量介绍

张量是向量与矩阵的抽象形式。

到目前为止，我们只是处理向量与矩阵这两种深度学习的基本数据结构。回顾一下，矩阵是向量的列表，而向量是标量(单独的数字)的列表。张量是这种嵌套数字列表形式的抽象版本。向量是一维张量。矩阵是二维张量，而更高维的被称作 n 维张量。因此，搭建深度学习框架的第一件事情是创建这种基本类型，我们称之为张量(Tensor)：

```
import numpy as np

class Tensor (object):

    def __init__(self, data):
        self.data = np.array(data)

    def __add__(self, other):
        return Tensor(self.data + other.data)

    def __repr__(self):
        return str(self.data.__repr__())

    def __str__(self):
        return str(self.data.__str__())

x = Tensor([1,2,3,4,5])
print(x)
```

```
[1 2 3 4 5]
```

```
y = x + xprint(y)
```

```
[ 2 4 6 8 10]
```

这是这种基本数据结构的第一个版本。注意它把所有数值信息都存储在一个NumPy 数组(self.data)中，而且它支持一种张量操作(加法 add)。增加更多操作是相对容易的：只需要在张量类中创建具有适当功能的其他函数即可。

13.3 自动梯度计算(autograd)介绍

之前，你手动做反向传播。现在，将它自动化。

你在第 4 章学习了导数。从那时起，就一直在为你训练的每一个网络手动计算导数(梯度)。回顾一下，计算梯度这件事情需要反向经过网络：首先要计算输出层的梯度，然后用它来计算倒数第二层的梯度，以此类推，直到为所有的权重都求得正确的梯度。计算梯度的这套逻辑可以加入到张量对象中。下面展示一下我到底是什么意思。新的代码用**粗体**表示：

```
import numpy as np

class Tensor (object):

    def __init__(self, data, creators=None, creation_op=None):
        self.data = np.array(data)
        self.creation_op = creation_op
        self.creators = creators
```

```
        self.grad = None

    def backward(self, grad):
        self.grad = grad

        if(self.creation_op == "add"):
            self.creators[0].backward(grad)
            self.creators[1].backward(grad)

    def __add__(self, other):
         return Tensor(self.data + other.data,
                       creators=[self,other],
                       creation_op="add")

    def __repr__(self):
         return str(self.data.__repr__())

    def __str__(self):
         return str(self.data.__str__())

x = Tensor([1,2,3,4,5])
y = Tensor([2,2,2,2,2])

z = x + y
z.backward(Tensor(np.array([1,1,1,1,1])))
```

这个方法介绍了两个概念。首先，每个张量有两个属性。creators 是一个列表，包含创建当前张量(默认为 None)用到的所有张量。因此当两个张量 x 和 y 加到一起时，z 包含两个 creators，即 x 和 y。creation_op 是一个相关特性，存储了 creators 在创建过程中用到的指令。因此，执行 z=x+y 会创建一个计算图(computation graph)，有三个节点(x，y 和 z)与两条边(z->x 和 z->y)。每条边都被 creation_op 标记为 add。这个图让你可以递归地反向传播梯度。

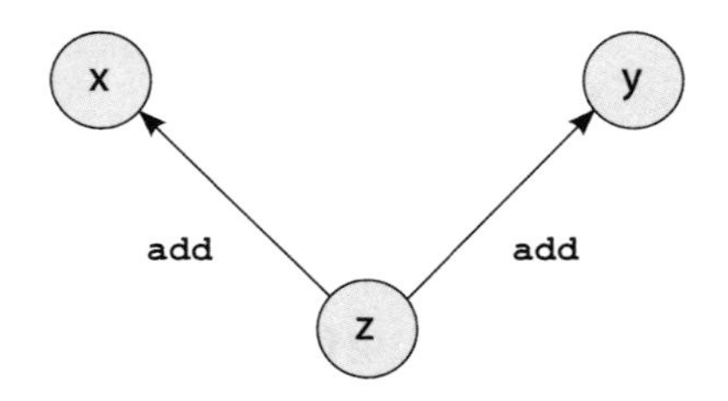

在这个实现中的第一个新概念是只要你执行数学操作，这个图都会自动创建。如果你拿到 z 并执行进一步的操作，这个图将会用指向 z 的结果变量进一步扩展。

在这个版本的 Tensor 中引入的第二个新概念是使用这个图计算梯度的能力。当你调用 z.backward()时，它基于计算 z 的给定函数(add)为 x 和 y 传送正确的梯度。看这个图，你把一个梯度向量(np.array([1,1,1,1,1]))放在 z 上，然后它们被应用到上级节点。如第 4 章所述，经过加法的反向传播意味着也要在反向传播时应用加法。在这个例子中，因为只有一个梯度要加到 x 或 y，将梯度从 z 复制到 x 和 y。

```
print(x.grad)
print(y.grad)
print(z.creators)

print(z.creation_op)
[1 1 1 1 1]
[1 1 1 1 1]
[array([1, 2, 3, 4, 5]),
array([2, 2, 2, 2, 2])]
add
```

这种形式的 autograd 最优美的部分可能是它能很好地以递归方式工作，因为每个张量都在它的所有 self.creators 上调用了.backward()。

```
a = Tensor([1,2,3,4,5])
b = Tensor([2,2,2,2,2])
c = Tensor([5,4,3,2,1])
d = Tensor([-1,-2,-3,-4,-5])
e = a + b
f = c + d
g = e + f
g.backward(Tensor(np.array([1,1,1,1,1])))
print(a.grad)
```

输出

```
[1 1 1 1 1]
```

13.4 快速检查

Tensor 中的所有东西都是已经学过的内容的另一种形式。

用流经图结构的梯度来思考并不那么困难。在前面关于RNN 的章节中，你也曾往一个方向进行前向传播，然后经过由激活函数构成的虚拟图向后传播。

你只是没有显式地把节点和边编码在一个图数据结构中。作为替代，现在我们创建了一个层(字典)列表，并手动编码了正确的前向与反向传播操作。现在，基于此搭建一个良好的接口让你可以不必再写那么多代码。这个接口让你递归地反向传播，而不用硬要手写复杂的反向传播代码。

这一章只有一小部分理论，基本上更多的是关于学习深度神经网络中的常用工程实践。具体来说，在前向传播中创建的图称为动态计算图，因为它是在前向传播过程中即时创建的。这是在较新的深度学习框架(如 DyNet 和 PyTorch)中出现的 autograd 类型。较老的框架(如 Theano 和 TensorFlow)使用的是静态计算图，它是在前向传播开始之前就指定好的。

一般来说，动态计算图更容易写、更容易试验，而静态计算图有更快的运行速度，因为底下有一些精巧的逻辑。但要注意动态与静态框架最近开始向中间发展，允许动态图编译为静态图(为了提高运行性能)或允许静态图动态地创建(为便于进行试验)。长期来看，你可能会最终两种都得到。主要的区别是前向传播发生在创建图之时还是在图的定义完成之后。在本书中，我们专门针对动态图。

本章的主要目的是帮你为真实世界中的深度学习做好准备；到时候你会把10%(或更少)的时间花在提出新想法上，而把90%的时间花在搞清楚如何让深度学习框架好好工作上。调试这些框架常常是极端困难的，因为多数bug不会抛出异常，也不会打印栈轨迹(stack trace)。多数bug藏在代码中，使得本该正常的网络不能训练(即使它看起来好像在训练)。

务必好好钻研本章。当你在凌晨两点追踪一个让你不能达到业界领先分数的优化bug时，你会庆幸你照做了今天的建议。

13.5 多次使用的张量

基本的autograd有个讨厌的bug。我们来消灭它。

Tensor的当前版本只支持向后传播到一个变量一次。但有时，在向前传播的过程中，你会使用同一个张量(神经网络的权重)多次，因此计算图的多个部分把梯度传播到同一个张量。但是在反向传播到一个用了多次的变 量(是多个孩子的父节点)时，当前的代码会计算出错误的梯度。我的意思是这样的：

```
a = Tensor([1,2,3,4,5])
b = Tensor([2,2,2,2,2])
c = Tensor([5,4,3,2,1])

d = a + b
e = b + c
f = d + ef.backward(Tensor(np.array([1,1,1,1,1])))

print(b.grad.data == np.array([2,2,2,2,2]))


array([False, False, False, False, False])
```

在这个例子中，变量b在创建f的过程中用了两次。因此，它的梯度应该是两个导数的和：[2,2,2,2,2]。下面展示的是这一系列操作创建的计算图。请注意，现在有两个指针指向b：所以它应当是来自e和d的梯度的和。

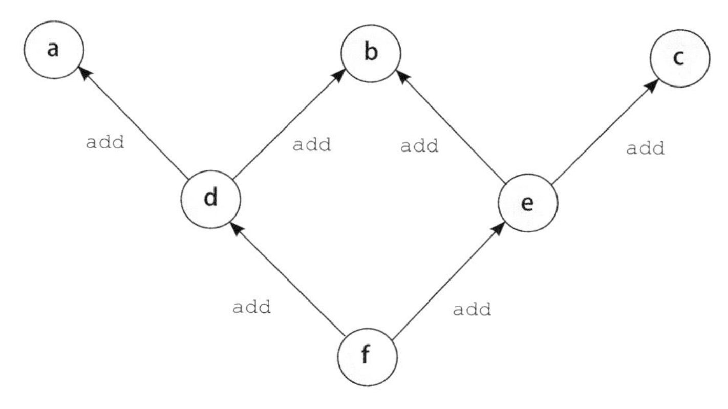

不过当前的 Tensor 实现只是用前面的导数覆盖了每个导数。首先，b 会得到来自 d 的梯度，然后它被来自 e 的梯度覆盖。我们需要改变梯度写入的方式。

13.6　升级 autograd 以支持多次使用的张量

增加一个新函数，并且更新三个旧函数。

这次对 Tensor 对象的修改增加了两个新特性。首先，梯度可以累加，这一改动使得当一个变量被使用超过一次时，它能够接收来自所有子节点的梯度：

```
import numpy as np
class Tensor (object):

    def __init__(self,data,
                 autograd=False,
                 creators=None,
                 creation_op=None,
                 id=None    ):

        self.data = np.array(data)
        self.creators = creators
        self.creation_op = creation_op
        self.grad = None
        self.autograd = autograd
        self.children = {}
        if(id is None):
            id = np.random.randint(0,100000)
        self.id = id

        if(creators is not None):
            for c in creators:
                if(self.id not in c.children):      # 追踪一个张量有多少个子节点
                    c.children[self.id] = 1
                else:
                    c.children[self.id] += 1

    def all_children_grads_accounted_for(self):     # 检查一个张量是否从每个子节点接收了正确数量的梯度
        for id,cnt in self.children.items():
```

```
            if(cnt != 0):
                return False
        return True

    def backward(self,grad=None,      grad_origin=None  ):
        if(self.autograd):
            if(grad_origin is not None):
                if(self.children[grad_origin.id] == 0):
                    raise Exception("cannot backprop more than once")
                else:
                    self.children[grad_origin.id] -= 1

            if(self.grad is None):
                self.grad = grad
            else:
                self.grad += grad

            if(self.creators is not None and
               (self.all_children_grads_accounted_for() or
                grad_origin is None)):
                if(self.creation_op == "add"):
                    self.creators[0].backward(self.grad, self )
                    self.creators[1].backward(self.grad, self )

    def __add__(self, other):
        if(self.autograd and other.autograd):
            return Tensor(self.data + other.data,
                          autograd=True  ,
                          creators=[self,other],
                          creation_op="add")
        return Tensor(self.data + other.data)

    def __repr__(self):
        return str(self.data.__repr__())

    def __str__(self):
        return str(self.data.__str__())

a = Tensor([1,2,3,4,5], autograd=True)
b = Tensor([2,2,2,2,2], autograd=True)
c = Tensor([5,4,3,2,1], autograd=True)

d = a + b
e = b + c
f = d + e

f.backward(Tensor(np.array([1,1,1,1,1])))

print(b.grad.data == np.array([2,2,2,2,2]))
```

检查确保你可以向后传播还是在等待一个梯度；在后一种情况下，减少计数器

累加来自于若干个子节点的梯度

开始实际的反向传播

```
[ True  True  True  True  True]
```

另外，这里我们需要创建一个 self.children 计数器，来计算在反向传播过程中从每个子节点中接收到的梯度个数。这样一来，这也可以防止一个变量不小心从同一个子节点反向传播两次(会抛出异常)。

第二个增加的特性是一个新函数，它有一个相当啰嗦的名称 all_children_grads_accounted_for()。这个函数的目的是计算一个张量是否已经从它在计算图中

的所有孩子那里接收了梯度。通常，只要在计算图的一个中间变量上调用.backward()，它就会立即调用其父节点的.backward()。但是因为有些变量从多个节点接收它们的梯度，所以，每个变量需要等到它确定了最终的梯度后才调用其父节点的.backward()。

如前所述，从深度学习理论的角度看，这些都不是新概念；这些是深度学习框架尝试解决的工程挑战。更重要的是，它们是你在标准框架中调试程序错误时你将面对的挑战。在继续阅读前，不妨花一点时间试验和熟悉这份代码。试试删去不同的部分，看看它以不同的方式出错。尝试调用.backprop()两次。

13.7　加法的反向传播如何工作？

让我们研究添加对其他函数的支持的抽象方式。

在目前为止，我们的框架已经达到了一个令人激动的状态。通过向 Tensor 类中增加函数并把它的导数添加到.backward()方法，你现在可以添加对任意操作的支持。对于加法，可以有下列方法：

```
def __add__(self, other):
    if(self.autograd and other.autograd):
        return Tensor(self.data + other.data,
                      autograd=True,
                      creators=[self,other],
                      creation_op="add")
        return Tensor(self.data + other.data)
```

而对于经过加法函数的反向传播，则在.backward()方法中有下列梯度传播代码：

```
if(self.creation_op == "add"):
  self.creators[0].backward(self.grad, self)
  self.creators[1].backward(self.grad, self)
```

请注意，加法没有在这个类中的其他任何地方处理。通用的反向传播逻辑被抽象出来使得所有关于加法的必要代码都在这两个地方定义。还要注意到反向传播的逻辑调用了.backward()两次，对于参与到加法中的两个变量各一次。因次，反向传播逻辑中的默认设定是：总是反向传播到计算图中的每个变量。但有时，如果变量关闭了 autograd(self.autograd==False)，则反向传播会被跳过，这个检查在.backward()方法中执行。

```
def backward(self,grad=None, grad_origin=None):
    if(self.autograd):

        if(grad_origin is not None):
            if(self.children[grad_origin.id] == 0):
                raise Exception("cannot backprop more than once")

                ...
```

即使关于加法的反向传播逻辑会把梯度反向传播到对它做出贡献的所有变量，反向传播也只有在对应变量(分别是 self.creators[0]和 self.creators[1])的.autograd 设置为 True 时才会运行。而且要注意，在__add__()的第一行，构造的张量(就是之后运行.backward()的张量)只有在 self.autograd==other.autograd ==True 时才有 self.autograd==True。

13.8 增加取负值操作的支持

让我们修改对加法的支持来支持取负值操作。

既然加法能够工作，你应该能够复制粘贴加法的代码，做几处修改，然后为取负值添加 autograd 支持。让我们试试。与__add__函数的不同之处用粗体表示：

```
def __neg__(self):
    if(self.autograd):
        return Tensor(self.data * -1,
                      autograd=True,
                      creators=[self],
                      creation_op="neg")
    return Tensor(self.data * -1)
```

几乎所有地方都是一样的。你不用接收任何参数，所以参数 other 在相应的地方被移除。现在，让我们看看应该添加到.backward()的反向传播逻辑。与__add__函数的反向传播逻辑不同之处用粗体表示：

```
if(self.creation_op == "neg"):
    self.creators[0].backward(self.grad.__neg__())
```

因为__neg__函数只有一个 creator，你最终只会调用.backward()一次(关于要反向传播的那些正确梯度，再参阅第 4~6 章)。你现在可以测试一下新代码：

```
a = Tensor([1,2,3,4,5], autograd=True)
b = Tensor([2,2,2,2,2], autograd=True)
c = Tensor([5,4,3,2,1], autograd=True)

d = a + (-b)
e = (-b) + c

f = d + ef.backward(Tensor(np.array([1,1,1,1,1])))
```

```
print(b.grad.data == np.array([-2,-2,-2,-2,-2]))
```

```
[ True True True True True]
```

当你用-b 而不是 b 做反向传播时，被反向传播的梯度也会变个正负号。你不必修改整个反向传播系统来让这个特性生效。你可以根据需要添加新函数。让我们再加一些。

13.9　添加更多函数的支持

sub(减法)、mul(乘法)、求和(sum)、扩充(expand)、转置(transpose)和 mm (矩阵乘法)。

用你学到的关于加法和求负值的同样想法，为其他几个函数添加前向与反向传播的逻辑：

```
def __sub__(self, other):
    if(self.autograd and other.autograd):
        return Tensor(self.data - other.data,
                      autograd=True,
                      creators=[self,other],
                      creation_op="sub")
    return Tensor(self.data - other.data)

def __mul__(self, other):
    if(self.autograd and other.autograd):
        return Tensor(self.data * other.data,
                      autograd=True,
                      creators=[self,other],
                      creation_op="mul")
    return Tensor(self.data * other.data)

def sum(self, dim):
    if(self.autograd):
        return Tensor(self.data.sum(dim),
                      autograd=True,
                      creators=[self],
                      creation_op="sum_"+str(dim))
    return Tensor(self.data.sum(dim))

def expand(self, dim,copies):

    trans_cmd = list(range(0,len(self.data.shape)))
    trans_cmd.insert(dim,len(self.data.shape))
    new_shape = list(self.data.shape) + [copies]
    new_data = self.data.repeat(copies).reshape(new_shape)
    new_data = new_data.transpose(trans_cmd)

    if(self.autograd):
        return Tensor(new_data,
```

```
                        autograd=True,
                        creators=[self],
                        creation_op="expand_"+str(dim))
        return Tensor(new_data)

    def transpose(self):
        if(self.autograd):
            return Tensor(self.data.transpose(),
                          autograd=True,
                          creators=[self],
                          creation_op="transpose")

        return Tensor(self.data.transpose())

    def mm(self, x):
        if(self.autograd):
            return Tensor(self.data.dot(x.data),
                          autograd=True,
                          creators=[self,x],
                          creation_op="mm")
        return Tensor(self.data.dot(x.data))
```

我们前面已经讨论了所有这些函数的导数，虽然 sum 和 expand 可能因为它们的名字的缘故，看起来有点陌生。sum(求和)的意思是沿着张量的某一个维度执行加法操作；换句话说，假设你有一个 2×3 矩阵叫作 x：

```
x = Tensor(np.array([[1,2,3],
                     [4,5,6]]))
```

函数.sum(dim)沿着一个维度求和。x.sum(0)会返回一个 1×3 矩阵(长度为 3)，而 x.sum(1)会返回一个 2×1 矩阵(长度为 2)：

```
x.sum(0) ——→ array([5, 7, 9])        x.sum(1) ——→ array([ 6, 15])
```

你用 expand 来实现经过.sum()的反向传播。这个函数沿着一个维度复制数据。不妨参考下例，给定同一个矩阵 x，沿着第一个维度复制数据会得到那个张量的四份副本：

```
                                          array([[[1, 2, 3],
                                                  [4, 5, 6]],

                                                 [[1, 2, 3],
x.expand(dim=0, copies=4)  ——————→                [4, 5, 6]],

                                                 [[1, 2, 3],
                                                  [4, 5, 6]],

                                                 [[1, 2, 3],
                                                  [4, 5, 6]]])
```

准确地说，相对于.sum()移除一个维度(从 2×3 到 2 或 3)，expand 增加一个维度。从 2×3 矩阵变成 4×2×3。你可以把它想成一个由 4 个张量组成的列表，每个张量大小是 2×3。但是如果你扩张到最后一维，它会沿着最后一维复制，所以原始张量中的每个元素变成一个元素列表。

```
                                          array([[[1, 1, 1, 1],
                                                  [2, 2, 2, 2],
x.expand(dim=2, copies=4)    ---------->          [3, 3, 3, 3]],

                                                 [[4, 4, 4, 4],
                                                  [5, 5, 5, 5],
                                                  [6, 6, 6, 6]]])
```

因此，当要在一个维度上有 4 个元素的张量上执行.sum(dim=1)时，需要在反向传播梯度时在它上面执行.expand(dim=1, copies=4)。

你现在可以向.backward()方法添加相应的反向传播逻辑了：

```
if(self.creation_op == "sub"):
      new = Tensor(self.grad.data)
    self.creators[0].backward(new, self)
      new = Tensor(self.grad.__neg__().data)
    self.creators[1].backward(, self)

if(self.creation_op == "mul"):
    new = self.grad * self.creators[1]
    self.creators[0].backward(new , self)
    new = self.grad * self.creators[0]
    self.creators[1].backward(new, self)

if(self.creation_op == "mm"):
    act = self.creators[0]                    <- 通常是激活函数
    weights = self.creators[1]                <- 通常是权重矩阵
    new = self.grad.mm(weights.transpose())
    act.backward(new)
    new = self.grad.transpose().mm(act).transpose()
    weights.backward(new)

if(self.creation_op == "transpose"):
    self.creators[0].backward(self.grad.transpose())

if("sum" in self.creation_op):
    dim = int(self.creation_op.split("_")[1])
      ds = self.creators[0].data.shape[dim]
    self.creators[0].backward(self.grad.expand(dim,ds))

if("expand" in self.creation_op):
    dim = int(self.creation_op.split("_")[1])
    self.creators[0].backward(self.grad.sum(dim))
```

如果你不确定这个功能，最好的办法是回头看看你在第 6 章是如何做反向传播的。第 6 章提供了反向传播的每一步的图片，其中有一部分图片我在此已再次展示了。

梯度从网络的末端开始，然后通过调用与沿着网络向前传播激励的函数相对应的函数，将误差信号沿着网络向后传播。如果最后一个操作是矩阵乘法(也确实如此)，你通过执行转置矩阵上的矩阵乘法(dot)来反向传播。

下列图片中，这种情况在 layer_1_delta=layer_2_delta.dot(weights_1_2.T)那一行发生。在前面的代码中，这种情况发生在 if(self.creation_op == "mm")一行。所做的操作同之前一样(以前向传播的相反方向)，但代码结构更合理。

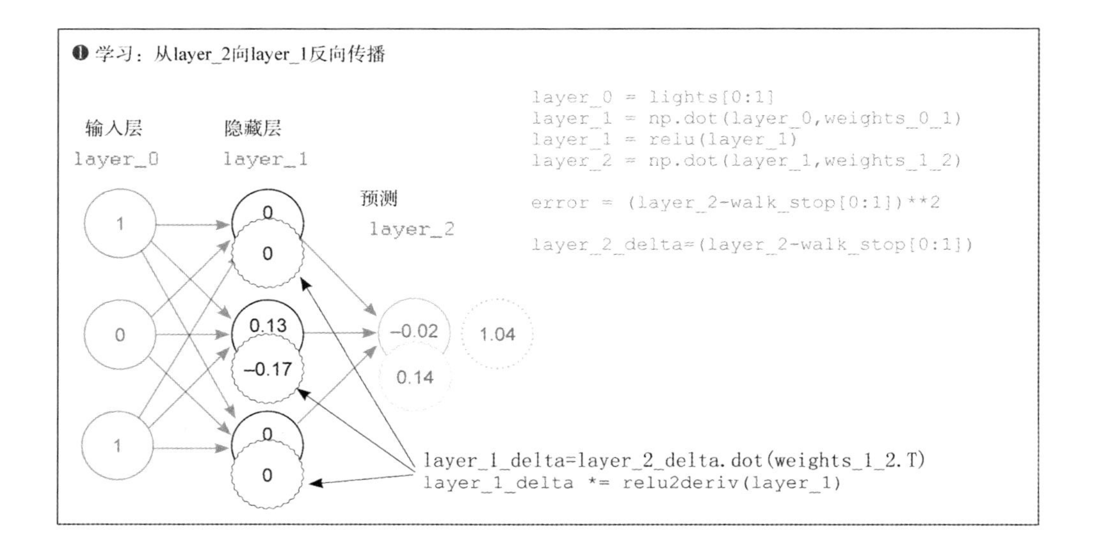
❶ 学习：从layer_2向layer_1反向传播
输入层
layer_0
隐藏层
layer_1
预测
layer_2
layer_0 = lights[0:1]
layer_1 = np.dot(layer_0,weights_0_1)
layer_1 = relu(layer_1)
layer_2 = np.dot(layer_1,weights_1_2)
error = (layer_2-walk_stop[0:1])**2
layer_2_delta=(layer_2-walk_stop[0:1])
1
0
1
0
0
0.13
–0.17
0
0
–0.02
0.14
1.04
layer_1_delta=layer_2_delta.dot(weights_1_2.T)
layer_1_delta *= relu2deriv(layer_1)

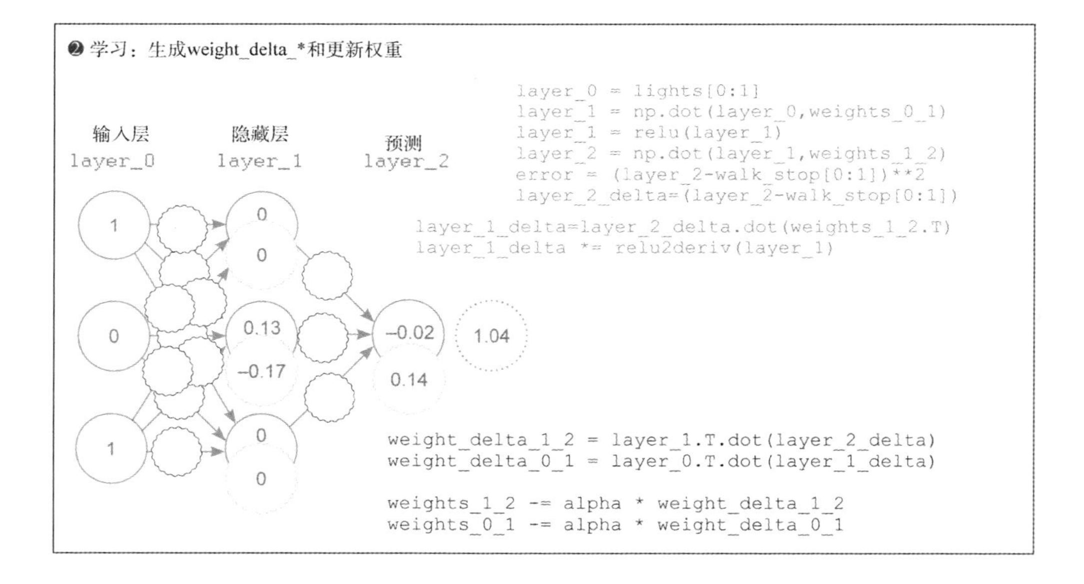
❷ 学习：生成weight_delta_*和更新权重
输入层
layer_0
隐藏层
layer_1
预测
layer_2
layer_0 = lights[0:1]
layer_1 = np.dot(layer_0,weights_0_1)
layer_1 = relu(layer_1)
layer_2 = np.dot(layer_1,weights_1_2)
error = (layer_2-walk_stop[0:1])**2
layer_2_delta=(layer_2-walk_stop[0:1])
layer_1_delta=layer_2_delta.dot(weights_1_2.T)
layer_1_delta *= relu2deriv(layer_1)
1
0
1
0
0
0.13
–0.17
0
0
–0.02
0.14
1.04
weight_delta_1_2 = layer_1.T.dot(layer_2_delta)
weight_delta_0_1 = layer_0.T.dot(layer_1_delta)
weights_1_2 -= alpha * weight_delta_1_2
weights_0_1 -= alpha * weight_delta_0_1

13.10 使用 autograd 训练神经网络

你不再需要写反向传播逻辑！

事情看起来已经相当偏工程化了，不过很快就会有回报。现在，当你训练神经网络时，不必写任何反向传播的逻辑！作为小例子，以下是一个手写的反向传播的神经网络：

```
import numpy
np.random.seed(0)

data = np.array([[0,0],[0,1],[1,0],[1,1]])
target = np.array([[0],[1],[0],[1]])

weights_0_1 = np.random.rand(2,3)
weights_1_2 = np.random.rand(3,1)

for i in range(10):

    layer_1 = data.dot(weights_0_1)          # 预测
    layer_2 = layer_1.dot(weights_1_2)

    diff = (layer_2 - target)                # 比较
    sqdiff = (diff * diff)
    loss = sqdiff.sum(0)                     # 均方误差损失

    layer_1_grad = diff.dot(weights_1_2.transpose())   # 学习；这是反向传播部分
    weight_1_2_update = layer_1.transpose().dot(diff)
    weight_0_1_update = data.transpose().dot(layer_1_grad)

    weights_1_2 -= weight_1_2_update * 0.1
    weights_0_1 -= weight_0_1_update * 0.1
    print(loss[0])
```

```
0.4520108746468352
0.33267400101121475
0.25307308516725036
0.1969566997160743
0.15559900212801492
0.12410658864910949
0.09958132129923322
0.08019781265417164
0.06473333002675746
0.05232281719234398
```

你必须以特定方式做前向传播：layer_1、layer_2 和 diff 要作为变量，因为之后会用到它们。然后必须将每个梯度反向传播到它的适当权重矩阵并恰当地更新权重。

```
import numpy
np.random.seed(0)

data = Tensor(np.array([[0,0],[0,1],[1,0],[1,1]]), autograd=True)
target = Tensor(np.array([[0],[1],[0],[1]]), autograd=True)

w = list()
w.append(Tensor(np.random.rand(2,3), autograd=True))
w.append(Tensor(np.random.rand(3,1), autograd=True))

for i in range(10):

    pred = data.mm(w[0]).mm(w[1])            # 预测
```

```
loss = ((pred - target)*(pred - target)).sum(0)   ← 比较

loss.backward(Tensor(np.ones_like(loss.data)))   ← 学习

for w_ in w:
    w_.data -= w_.grad.data * 0.1
    w_.grad.data *= 0

print(loss)
```

但是有了精巧的新的 autograd 系统，代码就简单多了。你不必维护任何临时变量(因为动态图会追踪它们)，而且不必实现任何反向传播逻辑(因为.backward()方法会处理)。这样不仅更方便，而且更不容易在反向传播代码中犯愚蠢的错误，从而减少了出现 bug 的可能性！

```
[0.58128304]
[0.48988149]
[0.41375111]
[0.34489412]
[0.28210124]
[0.2254484]
[0.17538853]
[0.1324231]
[0.09682769]
[0.06849361]
```

在继续讲解之前，我想指出这个实现中的风格事项。注意，我把所有参数都放在一个列表中，这样就可以在更新权重时遍历它。这样做为下一个功能做一些铺垫。当你有一个 autograd 系统时，随机梯度下降的实现将变得毫不费力(它最终变成一个 for 循环)。下面也将其写成一个类。

13.11 增加自动优化

下面创建一个随机梯度下降(SGD)优化器。

从表面上看，创建一个叫作随机梯度优化器的东西可能是困难的，但它不过是复制粘贴前一个例子，外加一点不错的老式的面向对象编程：

```
class SGD(object):

    def __init__(self, parameters, alpha=0.1):
        self.parameters = parameters
        self.alpha = alpha

    def zero(self):
        for p in self.parameters:
            p.grad.data *= 0
```

```
    def step(self, zero=True):

        for p in self.parameters:

            p.data -= p.grad.data * self.alpha

            if(zero):
                p.grad.data *= 0
```

如下所示，可以对前一个神经网络进一步简化，运行结果与前面一样：

```
import numpy
np.random.seed(0)

data = Tensor(np.array([[0,0],[0,1],[1,0],[1,1]]), autograd=True)
target = Tensor(np.array([[0],[1],[0],[1]]), autograd=True)

w = list()
w.append(Tensor(np.random.rand(2,3), autograd=True))
w.append(Tensor(np.random.rand(3,1), autograd=True))

optim = SGD(parameters=w, alpha=0.1)

for i in range(10):

    pred = data.mm(w[0]).mm(w[1])          <-- 预测

    loss = ((pred - target)*(pred - target)).sum(0)          <-- 比较

    loss.backward(Tensor(np.ones_like(loss.data)))          <-- 学习
    optim.step()
```

13.12　添加神经元层类型的支持

你可能熟悉 Keras 或 PyTorch 的神经元层类型。

到目前为止，你已经完成了新的深度学习框架中最复杂的部分了。进一步的工作主要是将新函数添加到张量并创建方便的高阶类和函数。在几乎所有的框架中，最常见的抽象很可能是神经元层抽象。它把一组常用的前向传播技术打包成一个简单的 API，后者可用某种.forward()方法调用前者。以下是一个简单线性层的例子：

```
class Layer(object):

    def __init__(self):
        self.parameters = list()

    def get_parameters(self):
        return self.parameters

class Linear(Layer):

    def __init__(self, n_inputs, n_outputs):
```

```
        super().__init__()
        W = np.random.randn(n_inputs, n_outputs)*np.sqrt(2.0/(n_inputs))
        self.weight = Tensor(W, autograd=True)
        self.bias = Tensor(np.zeros(n_outputs), autograd=True)

        self.parameters.append(self.weight)
        self.parameters.append(self.bias)

    def forward(self, input):
        return input.mm(self.weight)+self.bias.expand(0,len(input.data))
```

这部分没有特别新的内容。权重被组织成类(而且我添加了偏差权重(bias)，因为这是一个真正的线性层)。你可以整体初始化这个神经元层，使得权重和偏差初始化到正确的大小，并且它总是采用正确的前向传播逻辑。

另外要注意的是我创建了一个抽象类 Layer，它有一个单独的 getter。它可以支持更复杂的神经元层类型(比如包含其他神经元层的神经元层)。你只需要重载 get_parameters()函数来控制什么样的张量之后会传到优化器(例如，在前一节中创建的 SGD 类)。

13.13 包含神经元层的神经元层

神经元层也可以包含其他层。

最普遍的神经元层是一种前向传播一组神经元层的顺序层，它的每一层都把输出传给下一层作为输入：

```
class Sequential(Layer):

    def __init__(self, layers=list()):
        super().__init__()

        self.layers = layers

    def add(self, layer):
        self.layers.append(layer)

    def forward(self, input):
        for layer in self.layers:
            input = layer.forward(input)
        return input

    def get_parameters(self):
        params = list()
        for l in self.layers:
            params += l.get_parameters()
        return params

data = Tensor(np.array([[0,0],[0,1],[1,0],[1,1]]), autograd=True)
target = Tensor(np.array([[0],[1],[0],[1]]), autograd=True)
```

```
model = Sequential([Linear(2,3), Linear(3,1)])

optim = SGD(parameters=model.get_parameters(), alpha=0.05)

for i in range(10):
                                                   预测
    pred = model.forward(data) <--
                                                                  比较
    loss = ((pred - target)*(pred - target)).sum(0) <--

    loss.backward(Tensor(np.ones_like(loss.data))) <---------- 学习
    optim.step()
    print(loss)
```

13.14　损失函数层

有些层没有权重。

你也可以把输入的函数作为神经元层。这种神经元层最普遍的版本很可能是损失函数层，如均方误差：

```
class MSELoss(Layer):

    def __init__(self):
        super().__init__()

    def forward(self, pred, target):
        return ((pred - target)*(pred - target)).sum(0)

import numpy
np.random.seed(0)

data = Tensor(np.array([[0,0],[0,1],[1,0],[1,1]]), autograd=True)
target = Tensor(np.array([[0],[1],[0],[1]]), autograd=True)

model = Sequential([Linear(2,3), Linear(3,1)])
criterion = MSELoss()

optim = SGD(parameters=model.get_parameters(), alpha=0.05)

for i in range(10):
                                                   预测
    pred = model.forward(data) <--
                                                        比较
    loss = criterion.forward(pred, target) <--

    loss.backward(Tensor(np.ones_like(loss.data))) <---------- 学习
    optim.step()
    print(loss)
```

```
[2.33428272]
[0.06743796]
     ...
[0.01153118]
[0.00889602]
```

如果你不计较重复的话，这也不是什么新内容。前面若干代码例子底层做的都是相同的运算。正是 autograd 在执行所有的反向传播，而前向传播步骤被打包进一个个精巧的类中，保证其功能以正确顺序执行。

13.15 如何学习一个框架

简单而言，框架就是 autograd 加上一组预先定义好的神经元层和优化器。

你现在已经可以用底下的 autograd 系统相当快地写出多种神经元层类型，这使得把任意的神经元层组合在一起变得相当容易。坦率地说，这是现代框架的主要特性，它消除了为前向与后向传播手写每一个操作的必要。使用框架可以极大地加快从想法向实验转化的速度，并将减少代码中的 bug 数。

只是把框架看作与一大堆神经元层和优化器结合在一起的 autograd 系统可以帮助你学习它们。即使与这里的 API 最接近的框架是 PyTorch，我预计你也可以从这一章相当快地转向几乎任何框架。无论如何，作为参考，花点时间细读若干大型框架的神经元层与优化器列表：

- https://pytorch.org/docs/stable/nn.html
- https://keras.io/layers/about-keras-layers
- https://www.tensorflow.org/api_docs/python/tf/layers

学习新框架的一般流程是先找到尽可能简单的样例代码，微调代码并了解其中 autograd 系统的 API，然后一段一段地修改样例代码直到写出你关心的实验。

```
def backward(self,grad=None, grad_origin=None):
    if(self.autograd):

        if(grad is None):
            grad = Tensor(np.ones_like(self.data))
```

还有一件事情。我将一个不错的方便函数添加到 Tensor.backward()，它可以让你不必在第一次调用.backward()的时候传入一个全为 1 的梯度。严格地说，这样做并非是必要的，但很方便。

13.16 非线性层

下面将非线性层加入 Tensor，创建一些神经元层类型。

在第 14 章将使用.sigmoid()和.tanh()。下面将它们添加到 Tensor 类中。好久之前你就已经掌握了它们的导数，所以这么做应该不难。

```
def sigmoid(self):
    if(self.autograd):
        return Tensor(1 / (1 + np.exp(-self.data)),
                      autograd=True,
                      creators=[self],
                      creation_op="sigmoid")
    return Tensor(1 / (1 + np.exp(-self.data)))

def tanh(self):
    if(self.autograd):
        return Tensor(np.tanh(self.data),
                      autograd=True,
                      creators=[self],
                      creation_op="tanh")
    return Tensor(np.tanh(self.data))
```

以下代码展示了添加到 Tensor.backward()方法的反向传播逻辑：

```
if(self.creation_op == "sigmoid"):
    ones = Tensor(np.ones_like(self.grad.data))
    self.creators[0].backward(self.grad * (self * (ones - self)))

if(self.creation_op == "tanh"):
    ones = Tensor(np.ones_like(self.grad.data))
    self.creators[0].backward(self.grad * (ones - (self * self)))
```

希望这对你来说相当容易。试试看你能否添加其他一些非线性函数，比如 HardTanh 或者 relu：

```
class Tanh(Layer):
    def __init__(self):
        super().__init__()
    def forward(self, input):
        return input.tanh()
```

```
class sigmoid(Layer):
    def __init__(self):
        super().__init__()
    def forward(self, input):
        return input.sigmoid()
```

下面试试新的非线性层。新加的部分用粗体表示：

```
import numpy
np.random.seed(0)

data = Tensor(np.array([[0,0],[0,1],[1,0],[1,1]]), autograd=True)
target = Tensor(np.array([[0],[1],[0],[1]]), autograd=True)

model = Sequential([Linear(2,3), Tanh() , Linear(3,1), sigmoid() ])
criterion = MSELoss()

optim = SGD(parameters=model.get_parameters(), alpha=1)
```

```
for i in range(10):

    pred = model.forward(data)                              ← 预测

    loss = criterion.forward(pred, target)                  ← 比较

    loss.backward(Tensor(np.ones_like(loss.data)))          ← 学习
    optim.step()
    print(loss)


[1.06372865]
[0.75148144]
[0.57384259]
[0.39574294]
[0.2482279]
[0.15515294]
[0.10423398]
[0.07571169]
[0.05837623]
[0.04700013]
```

可以看到，可将 Tanh()和 Sigmoid()层放到 Sequential()的参数列表中，而神经网络刚好知道如何用它们。这很简单。

在前一章，你了解了递归神经网络。具体来说，你训练了一个模型，可以在给定若干单词的情况下预测下一个词。在结束本章前，我想将那段代码转换到新框架内。为此，需要三种新的神经元层：可以学习词嵌入的嵌入层，可以学习建模输入序列的 RNN 层，还有可以预测标签集上的概率分布的 softmax 层。

13.17 嵌入层

嵌入层把下标转换成激励信号。

在第 11 章，你了解了词嵌入，就是映射到词的向量；它们可以在神经网络中做前向传播。因此，如果你有一个 200 单词的词汇表，你就有 200 个嵌入。这就是创建嵌入层的初始规范。首先初始化一组元素大小正确的、长度正确的词嵌入列表：

```
class Embedding(Layer):

    def __init__(self, vocab_size, dim):
        super().__init__()

        self.vocab_size = vocab_size
        self.dim = dim

        weight = np.random.rand(vocab_size, dim) - 0.5) / dim     ← 这种初始化风格是来自word2vec的传统
```

目前都还好。这个矩阵对于词汇表中的每个单词都创造了一个行向量。现在，

你会如何做前向传播？嗯，做前向传播总要先问“输入要如何编码？”在词嵌入这个例子中，你当然不会把单词本身传过去，因为这些单词没有告诉你 self.weight 中的哪一行要做前向传播 。希望你还记得第 11 章的内容，替代的做法是传播下标。幸运的是，NumPy 支持这个操作：

```
identity = np.eye(5)
print(identity)
```

```
array([[1., 0., 0., 0., 0.],
       [0., 1., 0., 0., 0.],
       [0., 0., 1., 0., 0.],
       [0., 0., 0., 1., 0.],
       [0., 0., 0., 0., 1.]])
```

```
print(identity[np.array([[1,2,3,4],
                         [2,3,4,0]])])
```

```
[[[0. 1. 0. 0. 0.]
  [0. 0. 1. 0. 0.]
  [0. 0. 0. 1. 0.]
  [0. 0. 0. 0. 1.]]

 [[0. 0. 1. 0. 0.]
  [0. 0. 0. 1. 0.]
  [0. 0. 0. 0. 1.]
  [1. 0. 0. 0. 0.]]]
```

当你把整数矩阵传入 NumPy 矩阵时，请注意它是如何返回形状相同但每个元素被替换成其所指定行的矩阵的。因此，元素为下标的二维矩阵变换成元素为嵌入(行)的三维矩阵。这很完美。

13.18　将下标操作添加到 autograd

在能够创建嵌入层之前，需要先让 autograd 支持下标操作。

为支持新的嵌入策略(其假设为：单词以下标的矩阵方式做前向传播)，autograd 必须支持你在前一节试验的下标操作。这个想法非常简单。你需要确认，在反向传播时，梯度被放在前向传播时的对应下标位置。这要求你保留传入的下标，让你可在反向传播时用一个简单的 for 循环把梯度放在合适位置：

```
def index_select(self, indices):

    if(self.autograd):
        new = Tensor(self.data[indices.data],
                     autograd=True,
                     creators=[self],
                     creation_op="index_select")
        new.index_select_indices = indices
        return new return Tensor(self.data[indices.data])
```

首先使用在前一节学过的 NumPy 技巧选中正确的行：

```
if(self.creation_op == "index_select"):
```

```
        new_grad = np.zeros_like(self.creators[0].data)
        indices_ = self.index_select_indices.data.flatten()
        grad_ = grad.data.reshape(len(indices_), -1)
        for i in range(len(indices_)):
            new_grad[indices_[i]] += grad_[i]
        self.creators[0].backward(Tensor(new_grad))
```

然后，在 backprop()中，初始化大小正确(要执行下标操作的原始矩阵的大小)的新梯度。其次，展平下标列表，以便可以遍历下标列表。第三，把 grad_收缩成一个由行组成的简单列表(巧妙之处在于 indices_中的下标列表与 grad_中的向量列表顺序相对应)。然后，遍历每个下标，把它放入你正在创建的新梯度的正确的行，把它反向传播回 self.creators[0]。可以看到，grad_[i]正确更新了每一行(在这个例子中，是添加了全为 1 的向量)，效果与下标使用的次数对应。下标 2 和 3 更新了两次(用粗体表示)：

```
x = Tensor(np.eye(5), autograd=True)
x.index_select(Tensor([[1,2,3],
                       [2,3,4]])).backward()
print(x.grad)
```

→

```
[[0. 0. 0. 0. 0.]
 [1. 1. 1. 1. 1.]
 [2. 2. 2. 2. 2.]
 [2. 2. 2. 2. 2.]
 [1. 1. 1. 1. 1.]]
```

13.19 再看嵌入层

现在可以使用.index_select()方法完成前向传播了。

为执行前向传播，调用.index_select()，然后 autograd 会处理剩余的工作：

```
class Embedding(Layer):

    def __init__(self, vocab_size, dim):
        super().__init__()

        self.vocab_size = vocab_size
        self.dim = dim

        weight = np.random.rand(vocab_size, dim) - 0.5) / dim
        self.weight = Tensor((np.random.rand(vocab_size, dim) - 0.5) / dim, autograd=True

        self.parameters.append(self.weight)

    def forward(self, input):
        return self.weight.index_select(input)
```

这种初始化风格是来自word2vec的传统

```
data = Tensor(np.array([1,2,1,2]), autograd=True)
target = Tensor(np.array([[0],[1],[0],[1]]), autograd=True)

embed = Embedding(5,3)
model = Sequential([embed, Tanh(), Linear(3,1), Sigmoid()])
criterion = MSELoss()
```

```
optim = SGD(parameters=model.get_parameters(), alpha=0.5)

for i in range(10):

    pred = model.forward(data)                          ← 预测

    loss = criterion.forward(pred, target)              ← 比较

    loss.backward(Tensor(np.ones_like(loss.data)))      ← 练习
    optim.step()
    print(loss)

[0.98874126]
[0.6658868]
[0.45639889]
...
[0.08731868]
[0.07387834]
```

在这个神经网络中，你学习把输入下标 1 和 2 与预测 0 和 1 相关联。理论上说，下标 1 和 2 可以对应相应的单词(或其他输入对象)，而在最终的例子中，它们确实如此。这个例子是为了展示嵌入表达的运作方式。

13.20 交叉熵层

下面将交叉熵添加到 autograd 方法中，并创建一个神经元层。

希望现在你已经开始习惯了创建新神经元层类型的方式。交叉熵是相当标准的神经元层，你已经在书中见过它多次了。因为我们已经介绍了如何创建若干新类型的神经元层，我把代码放在这里供你参考。在复制这份代码之前，试着自己写一份。

```
def cross_entropy(self, target_indices):

    temp = np.exp(self.data)
    softmax_output = temp / np.sum(temp,
                                   axis=len(self.data.shape)-1,
                                   keepdims=True)

    t = target_indices.data.flatten()
    p = softmax_output.reshape(len(t),-1)
    target_dist = np.eye(p.shape[1])[t]
    loss = -(np.log(p) * (target_dist)).sum(1).mean()

    if(self.autograd):
        out = Tensor(loss,
                     autograd=True,
                     creators=[self],
                     creation_op="cross_entropy")
        out.softmax_output = softmax_output
        out.target_dist = target_dist
        return out
```

```
        return Tensor(loss)


                if(self.creation_op == "cross_entropy"):
                    dx = self.softmax_output - self.target_dist
                    self.creators[0].backward(Tensor(dx))


class CrossEntropyLoss(object):

    def __init__(self):
        super().__init__()

    def forward(self, input, target):
        return input.cross_entropy(target)
import numpy
np.random.seed(0)

# data indices
data = Tensor(np.array([1,2,1,2]), autograd=True)

# target indices
target = Tensor(np.array([0,1,0,1]), autograd=True)

model = Sequential([Embedding(3,3), Tanh(), Linear(3,4)])
criterion = CrossEntropyLoss()

optim = SGD(parameters=model.get_parameters(), alpha=0.1)

for i in range(10):

    pred = model.forward(data)                              # 预测

    loss = criterion.forward(pred, target)                  # 比较

    loss.backward(Tensor(np.ones_like(loss.data)))          # 学习
    optim.step()
    print(loss)


1.3885032434928422
0.9558181509266037
0.6823083585795604
0.5095259967493119
0.39574491472895856
0.31752527285348264
0.2617222861964216
0.22061283923954234
0.18946427334830068
0.16527389263866668
```

使用前面几个神经网络用过的交叉熵的逻辑，你现在就有一个新的损失函数。这个损失函数与其他函数有一个明显的不同之处：最终的 softmax 与交叉熵损失的计算都在同一个类中。这种做法在深度神经网络中极为常见。几乎所有的神经网络都用这种方式工作。当你想要结束一个网络并用交叉熵训练时，可以在前向

传播中忽略 softmax，而调用一个会自动调用 softmax 的交叉熵类，前者是后者的一部分。

以这种一致的方式组合它们的原因是性能。在交叉熵函数中一起计算 softmax 和负指数相似性的梯度比在不同模块中分别对它们做前向与反向传播要快得多。这点与梯度运算的快捷算法有关。

13.21　递归神经网络层

通过组合若干层，就可以在时间序列上学习。

作为本章的最后一个练习，让我们再创建一种神经元层，它是多种小的神经元层类型的组合。这种神经元层的意义在于学习你在前一章末尾完成的任务。这种神经元层叫作递归层。你将用三个线性层来创建它，并且.forward()方法会接收前一个隐藏状态的输出和当前训练数据的输入：

```
class RNNCell(Layer):

    def __init__(self, n_inputs,n_hidden,n_output,activation='sigmoid'):
        super().__init__()

        self.n_inputs = n_inputs
        self.n_hidden = n_hidden
        self.n_output = n_output

        if(activation == 'sigmoid'):
            self.activation = Sigmoid()
        elif(activation == 'tanh'):
            self.activation == Tanh()
        else:
            raise Exception("Non-linearity not found")

        self.w_ih = Linear(n_inputs, n_hidden)
        self.w_hh = Linear(n_hidden, n_hidden)
        self.w_ho = Linear(n_hidden, n_output)

        self.parameters += self.w_ih.get_parameters()
        self.parameters += self.w_hh.get_parameters()
        self.parameters += self.w_ho.get_parameters()

    def forward(self, input, hidden):
        from_prev_hidden = self.w_hh.forward(hidden)
        combined = self.w_ih.forward(input) + from_prev_hidden
        new_hidden = self.activation.forward(combined)
        output = self.w_ho.forward(new_hidden)
        return output, new_hidden

    def init_hidden(self, batch_size=1):
        return Tensor(np.zeros((batch_size,self.n_hidden)),autograd=True)
```

介绍 RNN 超出了本章的讨论范围，但是值得指出的是，你应该已经熟悉这些内容。RNN 有一个状态向量，用于将信息从一个时间步骤传递到下一个时间步骤。在这个例子中，它是 hidden 变量，作为 forward 函数的输入输出变量。RNN 还有若干不同的权重矩阵：一个把输入向量映射到隐藏向量(处理输入数据)，一个把隐藏向量映射到隐藏向量(即根据前一个隐藏向量更新当前的)，以及可能会有一个隐藏-输出层基于隐藏向量做出预测。这里的 RNNCell 实现包含了所有三种。self.w_ih 层是输入-隐藏层，self.w_hh 是隐藏-隐藏层，还有 self.w_ho 是隐藏-输出层。注意观察每种层的维度。self.w_ih 的输入大小和 self.w_ho 的输出大小都是词汇表的大小。所有其他维度都是基于参数 n_hidden 确定的。

最后，输入参数 activation 定义了哪种非线性函数会在每个时间步骤应用于隐藏向量。我已经添加了两种选项(Sigmoid 和 Tanh)，但是还有其他许多选项。下面训练一个网络：

```
import sys,random,math
from collections import Counter
import numpy as np

f = open('tasksv11/en/qa1_single-supporting-fact_train.txt','r')
raw = f.readlines()
f.close()

tokens = list()
for line in raw[0:1000]:
    tokens.append(line.lower().replace("\n","").split(" ")[1:])

new_tokens = list()
for line in tokens:
    new_tokens.append(['-'] * (6 - len(line)) + line)
tokens = new_tokens

vocab = set()
for sent in tokens:
    for word in sent:
        vocab.add(word)

vocab = list(vocab)

word2index = {}
for i,word in enumerate(vocab):
    word2index[word]=i

def words2indices(sentence):
    idx = list()
    for word in sentence:
        idx.append(word2index[word])
    return idx

indices = list()
for line in tokens:
    idx = list()
    for w in line:
        idx.append(word2index[w])
    indices.append(idx)

data = np.array(indices)
```

你可学习在前一章中使用拟合完成的任务。

现在可以用一个嵌入层初始化递归层，并训练网络来解决与前一章相同的任务。要注意，虽然我们的框架代码简化了许多，但是这个网络还是有些复杂(它多了一层)。

```
embed = Embedding(vocab_size=len(vocab),dim=16)
model = RNNCell(n_inputs=16, n_hidden=16, n_output=len(vocab))

criterion = CrossEntropyLoss()
params = model.get_parameters() + embed.get_parameters()
optim = SGD(parameters=params, alpha=0.05)
```

首先，定义输入嵌入，然后是递归元胞(注意元胞是实现单层递归的递归层的传统名称。如果创建了另一种可以配置任意数量元胞的神经元层，它应该叫作RNN，而 n_layers 会作为输入参数)。

```
for iter in range(1000):
    batch_size = 100
    total_loss = 0

    hidden = model.init_hidden(batch_size=batch_size)

    for t in range(5):
        input = Tensor(data[0:batch_size,t], autograd=True)
        rnn_input = embed.forward(input=input)
        output, hidden = model.forward(input=rnn_input, hidden=hidden)

   target = Tensor(data[0:batch_size,t+1], autograd=True)
   loss = criterion.forward(output, target)
   loss.backward()
   optim.step() total_loss += loss.data
   if(iter % 200 == 0):
        p_correct = (target.data == np.argmax(output.data,axis=1)).mean()
        print_loss = total_loss / (len(data)/batch_size)
        print("Loss:",print_loss,"% Correct:",p_correct)


Loss: 0.47631100976371393 % Correct: 0.01
Loss: 0.17189538896184856 % Correct: 0.28
Loss: 0.1460940222788725 % Correct: 0.37
Loss: 0.13845863915406884 % Correct: 0.37
Loss: 0.135574472565278 % Correct: 0.37

batch_size = 1
hidden = model.init_hidden(batch_size=batch_size)
for t in range(5):
    input = Tensor(data[0:batch_size,t], autograd=True)
```

```
        rnn_input = embed.forward(input=input)
        output, hidden = model.forward(input=rnn_input, hidden=hidden)
    target = Tensor(data[0:batch_size,t+1], autograd=True)
    loss = criterion.forward(output, target)

    ctx = ""
    for idx in data[0:batch_size][0][0:-1]:
        ctx += vocab[idx] + " "
    print("Context:",ctx)
    print("Pred:", vocab[output.data.argmax()])
```

```
Context: - mary moved to the
Pred: office.
```

可以看到，神经网络学习了以大约 37%的准确率预测训练数据的前 100 个例子(对这个小任务来说，近乎完美)。它预测了 Mary 要去的可能位置，很像第 12 章的末尾。

13.22 本章小结

框架是前向与反向传播逻辑的高效方便的抽象。

我希望本章的练习已经让你体会到框架有多方便。它们可以使你的代码更易读、执行得更快(通过内置优化)，而且具有更少的 bug。更重要的是，本章会为你使用和扩展像 PyTorch 和 TensorFlow 这种业界标准框架做好了准备。不论是调试现有的神经元层类型，还是创建自己的原型，你在本章学到的技能会是你在本书学到的内容中最有用的一部分，因为它们联通了你在前面章节学到的关于深度学习的抽象知识和你在将来用于实现模型的现实工具设计。

与这里搭建的框架最相似的框架是 PyTorch。我强烈建议你在读完本书之后深入学习它。它可能是让人们用起来感觉最熟悉的框架。

第 14 章 像莎士比亚一样写作：长短期记忆网络

本章主要内容：

- 字符语言模型
- 截断式反向传播
- 消失与激增梯度
- RNN 反向传播的小例子
- 长短期记忆(Long Short-Term Memory，LSTM)元胞

人们真蠢得没法想！

——威廉·莎士比亚《仲夏夜之梦》(朱生豪 译)

14.1 字符语言建模

下面用 RNN 处理更具挑战性的任务。

在第 12 章与第 13 章的结尾，训练了普通的递归神经网络(RNN)，这个 RNN 可以学习一个简单的序列预测问题。但你当时是在一组根据规则生成的小短语数据集上进行训练的。

在本章，你将尝试在一组挑战性大许多的数据集上进行语言建模：莎士比亚作品。并且这个模型不是根据前面的单词去预测下一个单词(像前一章一样)，而是在字符上训练。它需要根据已经观察到的字符去预测下一个字符。以下代码展示了我的意思：

```
import sys,random,math
from collections import Counter
import numpy as np
import sys

np.random.seed(0)

f = open('shakespear.txt','r')
raw = f.read()
f.close()

vocab = list(set(raw))
word2index = {}
for i,word in enumerate(vocab):
    word2index[word]=i
indices = np.array(list(map(lambda x:word2index[x], raw)))
```

来自http://karpathy.github.io/2015/05/21/rnn-effectiveness/

在第 12 章与第 13 章中，词汇表由数据集中的单词构成，但现在词汇表由数据集中的字符构成。也就是说，数据集也会转换成一组下标，不过是对应字符而不是单词。在此之上是 NumPy 数组 indices。

```
embed = Embedding(vocab_size=len(vocab),dim=512)
model = RNNCell(n_inputs=512, n_hidden=512, n_output=len(vocab))

criterion = CrossEntropyLoss()
optim = SGD(parameters=model.get_parameters() + embed.get_parameters(),
            alpha=0.05)
```

这段代码应该看起来不陌生。它初始化了维度为 8 的嵌入和大小为 512 的 RNN 隐藏状态。输出状态被初始化为全 0(不是硬性规定，只是我发现这么做效果好一些)。最后，你初始化了交叉熵损失与随机梯度下降优化器。

14.2 截断式反向传播的必要性

经过 100 000 个字符的反向传播是不可行的。

阅读 RNN 代码的较具挑战性的一个方面是 mini-batch 输入数据的逻辑。之前(较简单的)神经网络有一个内层 for 循环，如下所示(粗体部分)：

```
for iter in range(1000):
    batch_size = 100
    total_loss = 0

    hidden = model.init_hidden(batch_size=batch_size)

     for t in range(5):
        input = Tensor(data[0:batch_size,t], autograd=True)
        rnn_input = embed.forward(input=input)
        output, hidden = model.forward(input=rnn_input, hidden=hidden)

    target = Tensor(data[0:batch_size,t+1], autograd=True)
```

```
    loss = criterion.forward(output, target)
    loss.backward()
    optim.step()
    total_loss += loss.data
    if(iter % 200 == 0):
        p_correct = (target.data == np.argmax(output.data,axis=1)).mean()
        print_loss = total_loss / (len(data)/batch_size)
        print("Loss:",print_loss,"% Correct:",p_correct)
```

你可能会问："为什么迭代 5 次？"事实表明，之前的数据集没有长度超过 6 个单词的样例。神经网络读入 5 个单词，然后预测第 6 个。

更重要的是反向传播的步骤。设想你做了一个简单的前向传播网络分类 MNIST 数字：梯度总是沿整个网络反向传播，对不对？它们会一直传播到输入数据。这使得网络可能调整每个权重来学习根据整个输入样例做出正确的预测。

这里的递归示例并没有不同。你向前传播经过 5 个样例，然后，当调用 loss.backward()时，将梯度沿着原路反向传播回输入数据。你可以这样做，这是因为你并没有一次输入很多数据点。但是莎士比亚数据集有 100 000 个字符！这个数字太大了，对每个预测都做一遍反向传播就不合适了。你该如何去做呢？

你不需要特意做任何事情！只需要做固定步数的反向传播，然后在更早的时间停止。这种方法称为截断式反向传播(truncated backpropagation)，它是业内的标准实践。你做反向传播的步数就成为另一个可调参数(像批次大小或 alpha)。

14.3　截断式反向传播

准确地说，它减弱了神经网络的理论能力上限。

使用截断式反向传播的缺点是它缩短了一个神经网络可以学习去记住的距离。总的来说，在比如 5 个时间步骤之后截断梯度意味着神经网络不能学习记住五步之前的事件。

严格来说，真实情况比这更微妙。RNN 的隐藏层里可能偶尔有来自超过五步之前的残余信息，但神经网络不能用梯度去具体要求模型保留过去六步的信息来辅助当前的预测。因此，实际上，神经网络不会基于多于五步之前的输入信号(如果截断设为五步)来做出预测。在语言建模的实践中，截断变量称为 bptt，通常设在 16～64 之间：

```
batch_size = 32
bptt = 16
n_batches = int((indices.shape[0] / (batch_size)))
```

截断式反向传播的另一个缺点是它使 mini-batch 的逻辑变得更复杂了一些。为使用截断式反向传播，你假想没有一个大数据集，而是有一堆大小为 bptt 的小数据集。你需要把这些数据集相应地进行分组：

```
trimmed_indices = indices[:n_batches*batch_size]
batched_indices = trimmed_indices.reshape(batch_size, n_batches)
batched_indices = batched_indices.transpose()

input_batched_indices = batched_indices[0:-1]
target_batched_indices = batched_indices[1:]

n_bptt = int(((n_batches-1) / bptt))input_batches =
input_batched_indices[:n_bptt*bptt]input_batches =
input_batches.reshape(n_bptt,bptt,batch_size)target_batches =
target_batched_indices[:n_bptt*bptt]target_batches =
target_batches.reshape(n_bptt, bptt, batch_size)
```

这段代码做了很多事情。最顶上的一行使数据集的长度为 batch_size 和 n_batches 的乘积的整数倍。这样做的目的是当你把它分组成张量时，数据形状是方正的(另一种做法是，在数据集后面补全为 0 的行)。第 2 行和第 3 行改变数据的形状使得每一列是初始 indices 数组的一部分。我要向你展示那部分，假想 batch_size 的大小设为 8(为了方便阅读)：

```
print(raw[0:5])
print(indices[0:5])
```

```
'That,'
array([ 9, 14,  2, 10, 57])
```

那些是莎士比亚数据集的前 5 个字符。它们拼起来就是字符串“That,”。下面是包含在 batched_indices 中的转换输出的前 5 行：

```
print(batched_indices[0:5])
```

```
array([[  9, 43, 21, 10, 10, 23, 57, 46],
       [ 14, 44, 39, 21, 43, 14,  1, 10],
       [  2, 41, 39, 54, 37, 21, 26, 57],
       [ 10, 39, 57, 48, 21, 54, 38, 43],
       [ 57, 39, 43,  1, 10, 21, 21, 33]])
```

我已经用粗体强调了第 1 列。看看短语“That,”在左边第一列是怎样的形式？这是一种标准构造。这里有 8 列的原因是 batch_size 是 8。这个张量接着会用来构造更小的数据集，每个长度为 bptt。

你可在这里看出输入与目标是如何构造的。注意目标下标是输入下标往上偏移了一行(所以网络预测的是下一个字符)。还要注意，为使打印结果更具可读性，这里的 batch_size 是 8，实际上你把它设为 32。

```
print(input_batches[0][0:5])

print(target_batches[0][0:5])


array([[ 9, 43, 21, 10, 10, 23, 57, 46],
       [14, 44, 39, 21, 43, 14,  1, 10],
       [ 2, 41, 39, 54, 37, 21, 26, 57],
       [10, 39, 57, 48, 21, 54, 38, 43],
       [57, 39, 43,  1, 10, 21, 21, 33]])


array([[14, 44, 39, 21, 43, 14,  1, 10],
       [ 2, 41, 39, 54, 37, 21, 26, 57],
       [10, 39, 57, 48, 21, 54, 38, 43],
       [57, 39, 43,  1, 10, 21, 21, 33],
       [43, 43, 41, 60, 52, 12, 54,  1]])
```

不必担心你还不能理解这里的内容。它并没有与深度学习理论有多大关系，它不过是设置 RNN 的特别复杂的部分，你会时不时地遇到。我想我已经花几页的篇幅来解释这一点了。

下面介绍如何用截断式反向传播做迭代。

以下代码展示了实践中截断式反向传播的做法。注意它看起来与第 13 章的迭代逻辑非常相似。唯一真正的区别是每一步都生成一个 batch_loss；然后每 bptt 步，都执行反向传播和更新权重。然后一直读完整个数据集，就像什么都没发生一样(即使用与之前相同的隐藏状态，每个 epoch 都会重置)：

```
def train(iterations=100):
    for iter in range(iterations):
        total_loss = 0
        n_loss = 0

        hidden = model.init_hidden(batch_size=batch_size)
        for batch_i in range(len(input_batches)):

            hidden = Tensor(hidden.data, autograd=True)
            loss = None
            losses = list()
            for t in range(bptt):
                input = Tensor(input_batches[batch_i][t], autograd=True)
                rnn_input = embed.forward(input=input)
                output, hidden = model.forward(input=rnn_input,
                                               hidden=hidden)
                target = Tensor(target_batches[batch_i][t], autograd=True)
                batch_loss = criterion.forward(output, target)
                losses.append(batch_loss)
                if(t == 0):
                    loss = batch_loss
                else:
                    loss = loss + batch_loss
            for loss in losses:
                ""
            loss.backward()
            optim.step()
```

```
            total_loss += loss.data
            log = "\r Iter:" + str(iter)
            log += " - Batch "+str(batch_i+1)+"/"+str(len(input_batches))
            log += " - Loss:" + str(np.exp(total_loss / (batch_i+1)))
            if(batch_i == 0):
                log += " - " + generate_sample(70,'\n').replace("\n"," ")
            if(batch_i % 10 == 0 or batch_i-1 == len(input_batches)):
                sys.stdout.write(log)
        optim.alpha *= 0.99
        print()
train()
```

```
Iter:0 - Batch 191/195 - Loss:148.00388828554404
Iter:1 - Batch 191/195 - Loss:20.588816924127116 mhnethet tttttt t t t
                                                ....
Iter:99 - Batch 61/195 - Loss:1.0533843281265225 I af the mands your
```

14.4 输出样例

通过从模型预测中采样，你可以写一部莎士比亚剧本。

以下代码使用了训练逻辑的子集，通过模型来做预测。将预测保存在一个字符串中，然后返回字符串，并将其作为输出。生成的样本看起来相当像莎士比亚剧本，甚至包含角色对话：

```
def generate_sample(n=30, init_char=' '):
    s = ""
    hidden = model.init_hidden(batch_size=1)
    input = Tensor(np.array([word2index[init_char]]))
    for i in range(n):
        rnn_input = embed.forward(input)
        output, hidden = model.forward(input=rnn_input, hidden=hidden)
        output.data *= 10          <-- 采样温度；更高等于更贪婪
        temp_dist = output.softmax()
        temp_dist /= temp_dist.sum()

        m = (temp_dist > np.random.rand()).argmax()   <-- 来自pred的样本
        c = vocab[m]
        input = Tensor(np.array([m]))
        s += c
    return s
print(generate_sample(n=2000, init_char='\n'))
```

```
I war ded abdons would.

CHENRO:
Why, speed no virth to her,
Plirt, goth Plish love,
Befion
 hath if be fe woulds is feally your hir, the confectife to the nightion
As  rent Ron my hath iom
the worse, my goth Plish love,
```

```
Befion
Ass untrucerty of my fernight this we namn?

ANG, makes:
That's bond confect fe comes not commonour would be forch the conflill
As  poing from your jus  eep of m look o perves, the worse, my goth
Thould be good lorges ever word

DESS:
Where exbinder: if not conflill, the confectife to the nightion
As co move, sir, this we namn?

ANG VINE PAET:
There was courter hower how, my goth Plish lo res
Toures
ever wo formall, have abon, with a good lorges ever word.
```

14.5 梯度消失与梯度激增

普通 RNN 具有梯度消失与梯度激增的缺点。

你可以回忆第一次组装 RNN 时的印象。它的想法是可以把词嵌入以顺序相关的方式组合起来。通过学习能够把每个嵌入转换到下一步的矩阵可以实现这点。前向传播就变成一个两步的过程：从第一个词嵌入开始(下例中的 Red)，乘以权重矩阵，并加上下一个词嵌入(Sox)。然后你可以拿着结果向量，乘以相同的权重矩阵，然后加上下一个单词，如此重复，直到你读完整组单词序列。

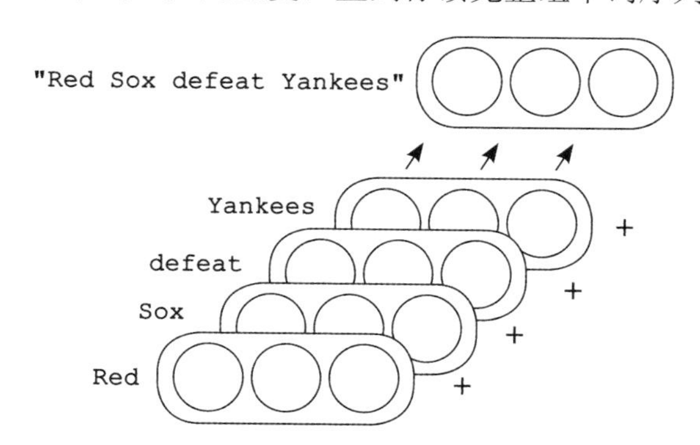

但你也知道，现在有一个额外的非线性函数被加入隐藏状态生成的过程中了。因此，前向传播变成一个三步的过程：用权重矩阵乘以前一个隐藏状态，加入下一个词向量的嵌入，并且应用非线性函数。

注意，这个非线性函数在网络的稳定性中起着重要的作用。不论单词序列有多长，隐藏状态(理论上可以随时间增大)被强制保持在非线性函数的取值范围中(对 sigmoid 来说是 0 到 1 之间)。但是反向传播与前向传播稍有不同，没有这种良好性质。反向传播要么趋向于非常大的值，要么趋向于非常小的值。特别大的值可能导致发散(许多 NaN)，而特别小的值会让网络不能学习。下面进一步查看 RNN 的反向传播。

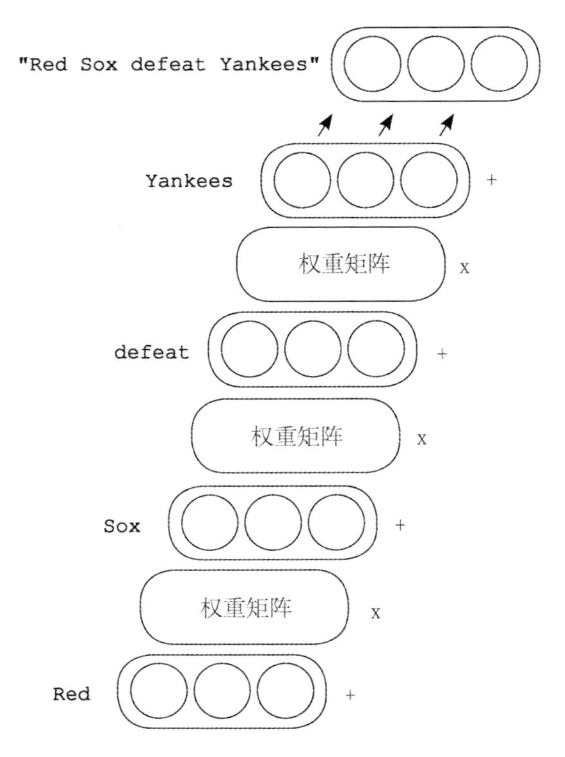

14.6 RNN 反向传播的小例子

为了直接观察梯度消失和梯度激增，让我们构造一个样例。

以下代码展示了 sigmoid 和 relu 激励的递归反向传播的循环。注意，sigmoid 和 relu 的梯度是如何分别变得非常小和非常大的。在反向传播过程中，它们分别因为矩阵乘法的原因变大，以及因为 sigmoid 激活函数在尾部有非常平坦的导数(常见于许多非线性函数)而变小。

```
(sigmoid,relu)=(lambda x:1/(1+np.exp(-x)), lambda x:(x>0).astype(float)*x)
weights = np.array([[1,4],[4,1]])
activation = sigmoid(np.array([1,0.01]))

print("Sigmoid Activations")
activations = list()
for iter in range(10):
```

```
    activation = sigmoid(activation.dot(weights))
    activations.append(activation)
    print(activation)
print("\nSigmoid Gradients")
gradient = np.ones_like(activation)
for activation in reversed(activations):
    gradient = (activation * (1 - activation) * gradient)
    gradient = gradient.dot(weights.transpose())
    print(gradient)

print("Activations")
activations = list()
for iter in range(10):
    activation = relu(activation.dot(weights))
    activations.append(activation)
    print(activation)
print("\nGradients")
gradient = np.ones_like(activation)
for activation in reversed(activations):
    gradient = ((activation > 0) * gradient).dot(weights.transpose())
    print(gradient)
```

当激励非常靠近0或1(尾部)时，sigmoid的导数会导致非常小的梯度。

矩阵乘法会导致没有被非线性函数(像sigmoid)压缩的梯度激增。

```
Sigmoid Activations
[0.93940638 0.96852968]
[0.9919462  0.99121735]
[0.99301385 0.99302901]
        ...
[0.99307291 0.99307291]

Sigmoid Gradients
[0.03439552 0.03439552]
[0.00118305 0.00118305]
[4.06916726e-05 4.06916726e-05]
        ...
[1.45938177e-14 2.16938983e-14]
```

```
Relu Activations
[23.71814585 23.98025559]
[119.63916823 118.852839  ]
[595.05052421 597.40951192]
        ...
[46583049.71437107 46577890.60826711]

Relu Gradients
[5. 5.]
[25. 25.]
[125. 125.]
        ...
[9765625. 9765625.]
```

14.7　长短期记忆(LSTM)元胞

LSTM 是业内处理梯度消失和梯度激增的标准模型。

前一节解释了 RNN 中隐藏状态的更新方式是如何导致梯度消失和梯度激增的。这个问题是用于形成下一个隐藏状态的矩阵乘法和非线性函数共同造成的。LSTM 提供的解决方法简单得让人惊讶。

门限复制技巧

LSTM 通过复制前一个隐藏状态并根据需要添加或移除信息来创建一个隐藏状态。LSTM 使用的添加或移除信息的机制叫作门限(gate)。

```
def forward(self, input, hidden):
    from_prev_hidden = self.w_hh.forward(hidden)
    combined = self.w_ih.forward(input) + from_prev_hidden
    new_hidden = self.activation.forward(combined)
```

```
        output = self.w_ho.forward(new_hidden)
        return output, new_hidden
```

前一段代码是 RNN 元胞的前向传播逻辑。以下是 LSTM 元胞前向传播的新逻辑。这个 LSTM 有两个隐藏状态向量：h(代表 hidden)和 cell。

你关心的隐藏状态是 cell。注意它是如何更新的。每个新元胞都是之前的元胞加上 u，分别配上权重 f 和 i。f 是“遗忘(forget)”门限。如果它取 0 值，那么新元胞会抹去之前得到的值。如果 i 是 1，它会往新元胞加上全部 u 的值。o 是控制输出的预测允许拿到元胞状态的多少部分的控制门限。比如，如果 o 全部是 0，那么 self.w_ho.forward(h)那行会让预测结果整体忽略元胞状态。

```
    def forward(self, input, hidden):

        prev_hidden, prev_cell = (hidden[0], hidden[1])

        f = (self.xf.forward(input) + self.hf.forward(prev_hidden)).sigmoid()
        i = (self.xi.forward(input) + self.hi.forward(prev_hidden)).sigmoid()
        o = (self.xo.forward(input) + self.ho.forward(prev_hidden)).sigmoid()
        u = (self.xc.forward(input) + self.hc.forward(prev_hidden)).tanh()
        cell = (f * prev_cell) + (i * u)
        h = o * cell.tanh()
        output = self.w_ho.forward(h)
        return output, (h, cell)
```

14.8 关于 LSTM 门限的直观理解

LSTM 门限的语义与内存的读写相近。

可以看到，这里出现了三种门限 f、i、o，以及一种元胞更新向量 u。请分别将它们看作遗忘、输入、输出和更新。它们一起保证了存储或操作 c 中任何信息时不必要求每次 c 的更新都要做矩阵乘法或应用非线性函数。换句话说，完全避免了调用 nonlinearity(c)和 c.dot(weights)。

这种做法允许 LSTM 沿着时间序列存储信息而不必担心梯度消失或梯度激增。每一步都是一次复制(假设 f 不为 0)和一次更新(假设 i 不为 0)。于是隐藏值 h 就是用于预测的元胞的“部分遮挡”版本。

还要注意三种门限的每一种都以相同的形式构成。它们有自己的权重矩阵，但是每一个矩阵都取决于输入与前一个隐藏状态，并传给一个 sigmoid。正是非线性函数 sigmoid 使得它们具有门限的作用，因为它在 0 和 1 处饱和：

```
    f = (self.xf.forward(input) + self.hf.forward(prev_hidden)).sigmoid()
    i = (self.xi.forward(input) + self.hi.forward(prev_hidden)).sigmoid()
    o = (self.xo.forward(input) + self.ho.forward(prev_hidden)).sigmoid()
```

最后一条可能的技巧是关于 h 的。显然它还是容易发生梯度消失和梯度激增，因为它基本上与普通 RNN 用法没有区别。首先，因为 h 向量总是用 tanh 和 sigmoid 压缩过的向量组合创建，梯度激增并不会成为真正的问题，只有梯度消失需要关心。但这一点最终也不会成为问题，因为 h 取决于 c，而后者携带了大跨度的信息：也是那些逐渐消失的梯度不能学会携带的那种信息。所以，所有大跨度信息都会用 c 传播，而 h 只是 c 的局部解释，可用于输出预测和构造下一步的门限激励。简单而言，c 可以学会长距离地传播信息，所以 h 不能做到也不要紧。

14.9　长短期记忆层

可使用 autograd 系统实现 LSTM。

```
class LSTMCell(Layer):

    def __init__(self, n_inputs, n_hidden, n_output):
        super().__init__()

        self.n_inputs = n_inputs
        self.n_hidden = n_hidden
        self.n_output = n_output

        self.xf = Linear(n_inputs, n_hidden)
        self.xi = Linear(n_inputs, n_hidden)
        self.xo = Linear(n_inputs, n_hidden)
        self.xc = Linear(n_inputs, n_hidden)
        self.hf = Linear(n_hidden, n_hidden, bias=False)
        self.hi = Linear(n_hidden, n_hidden, bias=False)
        self.ho = Linear(n_hidden, n_hidden, bias=False)
        self.hc = Linear(n_hidden, n_hidden, bias=False)

        self.w_ho = Linear(n_hidden, n_output, bias=False)

        self.parameters += self.xf.get_parameters()
        self.parameters += self.xi.get_parameters()
        self.parameters += self.xo.get_parameters()
        self.parameters += self.xc.get_parameters()
        self.parameters += self.hf.get_parameters()
        self.parameters += self.hi.get_parameters()
        self.parameters += self.ho.get_parameters()
        self.parameters += self.hc.get_parameters()

        self.parameters += self.w_ho.get_parameters()

    def forward(self, input, hidden):

        prev_hidden = hidden[0]
        prev_cell = hidden[1]

        f=(self.xf.forward(input)+self.hf.forward(prev_hidden)).sigmoid()
        i=(self.xi.forward(input)+self.hi.forward(prev_hidden)).sigmoid()
        o=(self.xo.forward(input)+self.ho.forward(prev_hidden)).sigmoid()
        g = (self.xc.forward(input) +self.hc.forward(prev_hidden)).tanh()
        c = (f * prev_cell) + (i * g)
        h = o * c.tanh()
```

```
        output = self.w_ho.forward(h)
        return output, (h, c)

    def init_hidden(self, batch_size=1):
        h = Tensor(np.zeros((batch_size, self.n_hidden)), autograd=True)
        c = Tensor(np.zeros((batch_size, self.n_hidden)), autograd=True)
        h.data[:,0] += 1
        c.data[:,0] += 1
    return (h, c)
```

14.10 升级字符语言模型

下面用新的 LSTM 元胞替换普通的 RNN 模型。

在本章的前面，你训练了一个可以预测莎士比亚的字符语言模型。现在训练一个基于 LSTM 的模型来完成同样的事情。幸运的是，第 13 章的框架可简化这件事情(完整代码可从本书网站 www.manning.com/books/grokking-deep-learning 或 Github 网址 https://github.com/iamtrask/grokking-deep-learning 获取)。下列是新的设置代码。所有与普通 RNN 代码不同之处都用粗体表示。注意几乎所有设置神经网络的方式都没有变：

```
import sys,random,math
from collections import Counter
import numpy as np
import sys

np.random.seed(0)

f = open('shakespear.txt','r')
raw = f.read()
f.close()

vocab = list(set(raw))
word2index = {}
for i,word in enumerate(vocab):
    word2index[word]=i
indices = np.array(list(map(lambda x:word2index[x], raw)))

embed = Embedding(vocab_size=len(vocab),dim=512)
model = LSTMCell(n_inputs=512, n_hidden=512, n_output=len(vocab))
model.w_ho.weight.data *= 0    # 这似乎有助于训练

criterion = CrossEntropyLoss()
optim = SGD(parameters=model.get_parameters() + embed.get_parameters(),
            alpha=0.05)

batch_size = 16
bptt = 25
n_batches = int((indices.shape[0] / (batch_size)))

trimmed_indices = indices[:n_batches*batch_size]
batched_indices = trimmed_indices.reshape(batch_size, n_batches)
batched_indices = batched_indices.transpose()
```

```
    input_batched_indices = batched_indices[0:-1]
    target_batched_indices = batched_indices[1:]

    n_bptt = int(((n_batches-1) / bptt))
    input_batches = input_batched_indices[:n_bptt*bptt]
    input_batches = input_batches.reshape(n_bptt,bptt,batch_size)
    target_batches = target_batched_indices[:n_bptt*bptt]
    target_batches = target_batches.reshape(n_bptt, bptt, batch_size)
    min_loss = 1000
```

14.11　训练 LSTM 字符语言模型

训练逻辑也没有变化多少。

你唯一真正需要在普通 RNN 逻辑上做的更改是实现截断式反向传播逻辑，因为每一步有两个隐藏向量而不是一个。但这个修改较小(用粗体表示)。我还添加了几个能够简化训练的细节优化(alpha 会逐步慢慢增加，并增加更多日志)：

```
for iter in range(iterations):
    total_loss, n_loss = (0, 0)

    hidden = model.init_hidden(batch_size=batch_size)
    batches_to_train = len(input_batches)

    for batch_i in range(batches_to_train):

        hidden = (Tensor(hidden[0].data, autograd=True),
                  Tensor(hidden[1].data, autograd=True))
        losses = list()

        for t in range(bptt):
            input = Tensor(input_batches[batch_i][t], autograd=True)
            rnn_input = embed.forward(input=input)
            output, hidden = model.forward(input=rnn_input, hidden=hidden)

            target = Tensor(target_batches[batch_i][t], autograd=True)
            batch_loss = criterion.forward(output, target)

            if(t == 0):
                losses.append(batch_loss)
            else:
                losses.append(batch_loss + losses[-1])
        loss = losses[-1]

        loss.backward()
        optim.step()

        total_loss += loss.data / bptt
        epoch_loss = np.exp(total_loss / (batch_i+1))
        if(epoch_loss < min_loss):
            min_loss = epoch_loss
            print()
        log = "\r Iter:" + str(iter)
        log += " - Alpha:" + str(optim.alpha)[0:5]
```

```
        log += " - Batch "+str(batch_i+1)+"/"+str(len(input_batches))
        log += " - Min Loss:" + str(min_loss)[0:5]
        log += " - Loss:" + str(epoch_loss)
        if(batch_i == 0):
            s = generate_sample(n=70, init_char='T').replace("\n"," ")
            log += " - " + s
        sys.stdout.write(log)
    optim.alpha *= 0.99
```

14.12 调优 LSTM 字符语言模型

我花了大约两天时间调优这个模型，并且训练了一整个晚上。

以下是这个模型的一些训练输出。要注意，它要花很长时间训练(因为参数量很大)。我还必须训练它很多次，才能为这个任务确定一组合适的参数(包括学习率、批次大小等)。最终模型训练了一整晚(8 小时)。通常，你训练的时间越长，结果就越好。

```
I:0 - Alpha:0.05 - Batch 1/249 - Min Loss:62.00 - Loss:62.00 - eeeeeeeeee
                                ...
I:7 - Alpha:0.04 - Batch 140/249 - Min Loss:10.5 - Loss:10.7 - heres, and
                                ...
I:91 - Alpha:0.016 - Batch 176/249 - Min Loss:9.900 - Loss:11.9757225699
```

```
def generate_sample(n=30, init_char=' '):
    s = ""
    hidden = model.init_hidden(batch_size=1)
    input = Tensor(np.array([word2index[init_char]]))
    for i in range(n):
        rnn_input = embed.forward(input)
        output, hidden = model.forward(input=rnn_input, hidden=hidden)
        output.data *= 15
        temp_dist = output.softmax()
        temp_dist /= temp_dist.sum()

        m = output.data.argmax()          # 取最大的预测
        c = vocab[m]
        input = Tensor(np.array([m]))
        s += c
    return s
print(generate_sample(n=500, init_char='\n'))
```

```
Intestay thee.

SIR:
It thou my thar the sentastar the see the see:
Imentary take the subloud I
Stall my thentaring fook the senternight pead me, the gakentlenternot
they day them.
```

```
KENNOR:
I stay the see talk :
Non the seady!

Sustar thou shour in the suble the see the senternow the antently the see
the seaventlace peake,
I sentlentony my thent:
I the sentastar thamy this not thame.
```

14.13　本章小结

LSTM 是强大到不可思议的模型。

LSTM 学会生成的莎士比亚式语言的分布不容小觑。语言是一种复杂到难以置信的统计分布，而 LSTM 能够达到很好的效果(在写作本书时，它优于其他方法很多)，这件事仍然使我(还有其他人)感到震惊。这种模型的各类变种现在是实现相当数量的任务的领先方法。而且，除了词嵌入和卷积层，它无疑会在很长一段时间内作为我们可以依赖的一种工具而存在。

第15章 在看不见的数据上做深度学习：联邦学习导论

本章主要内容：

- 深度学习的隐私问题
- 联邦学习
- 学习检测垃圾邮件
- 深入联邦学习
- 安全聚合
- 同态加密
- 同态加密联邦学习

朋友之间不要窥私；真正的友谊也关乎隐私。

——Stephen King, Hearts in Atlantis(1999)

15.1 深度学习的隐私问题

使用深度学习(与它的工具)常常意味着你可以访问你的训练数据。

如同你现在深刻认识到的，深度学习作为机器学习的子领域，主要关于从数据中学习。但很多时候，用来学习的数据是特别私人的。最有意义的模型要与有关人类生活的私人信息打交道，并告诉我们原本难以知晓的事情。换言之，深度学习模型可以通过研究成千上万人的生活，来帮助你更好地理解自己的生活。

深度学习最主要的天然资源是训练数据(人工合成的或自然存在的)。没有数据的深度学习不能学习；并且因为最有价值的用例经常与私人的数据集有关，深度学习也经常是各家公司试图采集数据的理由。它们需要数据来解决特定的用例。

但在 2017 年，Google 发布了一篇非常激动人心的论文和博客文章，在这个问题上产生了重要影响。Google 提出，我们不需要为了在数据集上训练模型而把它的数据集中到一起。这家公司抛出了这样的问题：如果我们不把所有的数据集中到一个地方，而是把模型放到数据那边会怎么样？这个问题就是机器学习的一个崭新又令人振奋的子领域——联邦学习——的内容，也是这一章要讨论的话题。

如果不把训练数据的语料集中到一个地方做训练，而是模型一生成就把它传到数据那边会有什么效果？

这种简单的转变极其重要。首先，它意味着技术上不需要把数据传给任何人，人们就可以加入深度学习的供应链。在医疗保健、个人管理和其他敏感领域的重要模型，可以在不必要求任何人披露他们自己的信息的情况下训练出来。理论上讲，人们可以对他们的私人数据的唯一复制保留控制权(至少对深度学习来说如此)。

这项技术也会对深度学习在企业竞争和业务开拓方面的竞争图景产生巨大影响。之前不想(或因为法律原因不能)分享客户数据的大型企业现在也可以通过它们的数据从中获益。在有些领域，数据的敏感性与法规限制已经成为亟须解决的问题。医疗保健领域就是这样的例子：数据集经常受到严格约束，使得开展研究变得很困难。

15.2 联邦学习

你不必访问数据集就能在它上面学习。

联邦学习的前提是许多数据集包含对解决问题(比如通过核磁共振确诊癌症)有用的信息，但想要大量访问这些相关的数据集来训练适当强度的深度学习模型是十分困难的。主要问题在于，即使数据集有足够的信息来训练深度学习模型，它也会包含另一些信息，它们很可能与训练任务无关，但是一旦披露，也许会对某个人造成可能的伤害。

联邦学习主要讨论的问题是，如何让模型进入一个安全环境中并学习如何解决问题，与此同时，不需要把数据移动到任何地方。让我们看一个例子。

数据集来自 http://www2.aueb.gr/users/ion/data/enron-spam/

```
import numpy as np
from collections import Counter
import random
import sys
import codecs
np.random.seed(12345)
with codecs.open('spam.txt',"r",encoding='utf-8',errors='ignore') as f:
    raw = f.readlines()
```

```
vocab, spam, ham = (set(["<unk>"]), list(), list())
for row in raw:
    spam.append(set(row[:-2].split(" ")))
    for word in spam[-1]:
        vocab.add(word)

with codecs.open('ham.txt',"r",encoding='utf-8',errors='ignore') as f:
    raw = f.readlines()

for row in raw:
    ham.append(set(row[:-2].split(" ")))
    for word in ham[-1]:
        vocab.add(word)

vocab, w2i = (list(vocab), {})
for i,w in enumerate(vocab):
    w2i[w] = i

def to_indices(input, l=500):
    indices = list()
    for line in input:
        if(len(line) < l):
            line = list(line) + ["<unk>"] * (l - len(line))
            idxs = list()
            for word in line:
                idxs.append(w2i[word])
            indices.append(idxs)
    return indices
```

15.3　学习检测垃圾邮件

让我们假设你想要在人们的邮件之上训练检测垃圾邮件的模型。

我们将要讨论的实际用例是邮件分类。第一个模型会在一份叫作 Enron(安然)数据集的公开数据集上训练；Enron 数据集是著名的 Enron 案件中公开的大量邮件语料，现在已是业内标准的邮件分析语料。我过去认识对这份数据集做过专业解读、注释的人——人们在邮件里写各种疯狂的内容给对方(包含很多非常私人的信息)。但是因为在那次司法案件中全部公开给了大众，所以现在可以自由使用。

前一节和这一节中的代码只是做预处理。输入数据文件(ham.txt 和 spam.txt)在本书的网站(www.manning.com/books/grokking-deep-learning)和 Github(https:// github.com/iamtrask/Grokking-DeepLearning)上可以访问。现在，只需要把它预处理到可以前向传播到第 13 章中创建的嵌入类中即可，后者是在创建深度学习框架时学习过如何创建的。跟之前一样，这份语料中的所有单词都会转换成下标列表。也可以通过截断邮件或补足<unk>字元的方式，使每封邮件都刚好是 500 个单词。这种做法可使最终的数据集整齐。

```
spam_idx = to_indices(spam)
ham_idx = to_indices(ham)

train_spam_idx = spam_idx[0:-1000]
train_ham_idx = ham_idx[0:-1000]

test_spam_idx = spam_idx[-1000:]
test_ham_idx = ham_idx[-1000:]

train_data = list()
train_target = list()

test_data = list()
test_target = list()

for i in range(max(len(train_spam_idx),len(train_ham_idx))):
    train_data.append(train_spam_idx[i%len(train_spam_idx)])
    train_target.append([1])

    train_data.append(train_ham_idx[i%len(train_ham_idx)])
    train_target.append([0])

for i in range(max(len(test_spam_idx),len(test_ham_idx))):
    test_data.append(test_spam_idx[i%len(test_spam_idx)])
    test_target.append([1])

    test_data.append(test_ham_idx[i%len(test_ham_idx)])
    test_target.append([0])
def train(model, input_data, target_data, batch_size=500, iterations=5):
    n_batches = int(len(input_data) / batch_size)
    for iter in range(iterations):
        iter_loss = 0
        for b_i in range(n_batches):

            # padding token should stay at 0
            model.weight.data[w2i['<unk>']] *= 0
            input = Tensor(input_data[b_i*bs:(b_i+1)*bs], autograd=True)
            target = Tensor(target_data[b_i*bs:(b_i+1)*bs], autograd=True)

            pred = model.forward(input).sum(1).sigmoid()
            loss = criterion.forward(pred,target)
            loss.backward()
            optim.step()

            iter_loss += loss.data[0] / bs

            sys.stdout.write("\r\tLoss:" + str(iter_loss / (b_i+1)))
        print()
    return model


def test(model, test_input, test_output):

    model.weight.data[w2i['<unk>']] *= 0

    input = Tensor(test_input, autograd=True)
    target = Tensor(test_output, autograd=True)

    pred = model.forward(input).sum(1).sigmoid()
    return ((pred.data > 0.5) == target.data).mean()
```

通过这两个 train()和 test()函数，可以初始化神经网络并用下面的几行代码对它进行训练。只需要三轮迭代，这个网络就已经能在测试集上达到 99.45%的分类准确率(测试集是均衡的，所以这个结果相当好)：

```
model = Embedding(vocab_size=len(vocab), dim=1)
model.weight.data *= 0
criterion = MSELoss()
optim = SGD(parameters=model.get_parameters(), alpha=0.01)

for i in range(3):
    model = train(model, train_data, train_target, iterations=1)
    print("% Correct on Test Set: " + \
          str(test(model, test_data, test_target)*100))
```

```
      Loss:0.037140416860871446
% Correct on Test Set:    98.65
       Loss:0.011258669226059114
% Correct on Test Set:    99.15
      Loss:0.008068268387986223
% Correct on Test Set:    99.45
```

15.4　让我们把它联邦化

前面的例子介绍的是普通深度学习。下面开始介绍隐私的保护。

在前一节中，你处理了邮件的例子。上一个例子中，我们将所有邮件放到一个地方。这是旧式的做事方式(现在仍非常常见)。现在，我们首先模拟有多个不同邮件集合的联邦学习环境：

```
bob = (train_data[0:1000], train_target[0:1000])
alice = (train_data[1000:2000], train_target[1000:2000])
sue = (train_data[2000:], train_target[2000:])
```

非常简单。现在可以像之前一样训练，不过是同时在所有人的邮件数据库之上。每次迭代后，你把从 Bob、Alice 和 Sue 那里拿来的模型的权重求平均，然后评估效果。要注意有些联邦学习方法在每一批次(或若干批次)之后聚合权重；我这里采用简单的形式。

```
for i in range(3):
    print("Starting Training Round...")
    print("\tStep 1: send the model to Bob")
    bob_model = train(copy.deepcopy(model), bob[0], bob[1], iterations=1)

    print("\n\tStep 2: send the model to Alice")
    alice_model = train(copy.deepcopy(model),
                        alice[0], alice[1], iterations=1)
```

```
print("\n\tStep 3: Send the model to Sue")
sue_model = train(copy.deepcopy(model), sue[0], sue[1], iterations=1)

print("\n\tAverage Everyone's New Models")
model.weight.data = (bob_model.weight.data + \
                     alice_model.weight.data + \
                     sue_model.weight.data)/3

print("\t% Correct on Test Set: " + \
      str(test(model, test_data, test_target)*100))

print("\nRepeat!!\n")
```

```
  Starting Training Round...
    Step 1: send the model to Bob
    Loss:0.21908166249699718

            ......

      Step 3: Send the model to Sue
    Loss:0.015368461608470256

    Average Everyone's New Models
    % Correct on Test Set: 98.8
```

下一节会展示相关结果。模型学到与之前几乎同样的性能，并且理论上你不必访问训练数据——需要吗？无论如何，每个人都以某种方式上在改变模型，对吧？你是否真的能够从他们的数据集中发现一些东西？

15.5 深入联邦学习

下面通过一个简短例子来介绍如何在训练数据集上学习。

联邦学习面临两大挑战，当训练集中的每个人都只有少数几条训练样例时，这两项挑战都是最困难的。这两项挑战就是性能和隐私。事实证明，如果一个人只有几条训练样例(或发给你的模型更新数据只用了几条训练样例)，你仍然可以学到关于数据的相当多信息。如果有 10000 人(每人有一点数据)，你的大部分时间会花在把模型来回传输上，只有相当少的时间花在训练上(尤其当模型特别大的时候)。

我们不妨再多看一下联邦学习的细节。下面查看当用户在单个批次上执行权重更新时，你可以学到什么。

```
import copy

bobs_email = ["my", "computer", "password", "is", "pizza"]

bob_input = np.array([[w2i[x] for x in bobs_email]])
bob_target = np.array([[0]])

model = Embedding(vocab_size=len(vocab), dim=1)
model.weight.data *= 0

bobs_model = train(copy.deepcopy(model),
                   bob_input, bob_target, iterations=1, batch_size=1)
```

Bob 要用他收件箱里的邮件创建一份对模型的更新。但是 Bob 把他的密码保存在一封写给自己的邮件里，上面说："My computer password is pizza."。糊涂的 Bob。通过查看哪些权重发生了变化，可以找出 Bob 的邮件所用的词汇(并推断其含义)：

```
for i, v in enumerate(bobs_model.weight.data - model.weight.data):
    if(v != 0):
        print(vocab[i])

is
pizza
computer
password
my
```

就像这样，你知道了 Bob 超级秘密的密码(很可能还有他最喜欢的食物)。这要怎么办？如果从权重更新得知训练数据的内容是这么容易，为何还要使用联邦学习呢？

15.6　安全聚合

在别人看到之前，让我们把来自无数人的权重更新求平均值。

解决方法是绝对不让 Bob 把梯度像那样公开。如果人们不应该看到他的梯度，Bob 怎样才能贡献他的结果？社会科学会用一种有趣的方法，叫作随机化回答。

这种方式是这样的：比如你在做一份调查，你想问 100 个人是否实施过严重犯罪。显然，即使你向他们保证会替他们保密，所有人也都会否认。换种方式，你让他们抛两次硬币(在你看不到的地方)，并告诉他们如果第一枚硬币是正面，他们应该诚实回答；而如果是反面，他们应该根据第二枚硬币来回答"是"或"否"。

这种场景下，你从不真正地问别人是否有过犯罪行为。真实的答案藏在第一枚和第二枚硬币的随机噪声里。如果有 60%的人回答"是"，你可以通过简单的数学确定你调查的人里有大约 70%的人实施过严重犯罪(比实际多出或少几个百分点)。这里的思想是随机噪声使得你从一个人那里了解的任何信息都来自噪声而不是来自其本人。

通过合理否认的隐私保护

具体答案来自随机噪声而不是个人的随机性，通过允许人们做出合理否认，保护了他们的隐私。这构成了安全聚合的基础，并且更一般的，可以说是构成了差分隐私的大部分内容。

你只需要看总体的聚合统计数据(你绝对不直接看任何人的答案；你只会看一对对答案的统计或者可能更大规模的统计)。因此，你在添加噪声之前聚合的人数越多，需要为了隐藏它们而添加的噪声就越少(并且结果也越准确)。

在联邦学习的场景下，你可以根据需要添加大量噪声，但这会影响训练效果。替代的方法是，首先通过某种方式把所有人的梯度求和，但是每个人只能看到他们自己的梯度。研究这种特性的一类问题叫作安全聚合；而为了实现它，你将需要另一种很酷的工具：同态加密。

15.7 同态加密

可以在加密值上做算术。

最令人振奋的研究前沿之一是人工智能(包括深度学习)与密码学的交叉。在这个交叉领域中，占据首要位置的就是一种叫作“同态加密”的非常酷的技术。宽泛地说，同态加密让你可以不用解密就在加密的值上做运算。

特别是，我们对在这些值上执行加法感兴趣。要准确解释同态加密如何工作需要单独一整本书的篇幅，但是我会用一些定义来向你展示它是如何工作的。首先，公钥让你加密数字。私钥让你解密数字。加密的值叫作密文，而未加密的值叫作明文。

下面介绍一个使用 phe 库来执行同态加密的例子(要安装该库，运行 pip install phe 或从 Github 地址 https://github.com/n1analytics/python-paillier 下载)：

```
import phe

public_key, private_key = phe.generate_paillier_keypair(n_length=1024)

x = public_key.encrypt(5)          ←—— 加密数字5

y = public_key.encrypt(3)          ←—— 加密数字3

z = x + y   ←—— 把两个加密值相加

z_ = private_key.decrypt(z)        ←—— 解密结果
print("The Answer: " + str(z_))
```

```
The Answer: 8
```

这段代码加密两个数字(5 和 3)并把它们相加，但是仍然让它们保持加密。很巧妙，是吧？同态加密之外，还有一种相近的技术：安全多方计算。你可以在博客 Cryptography and Machine Learning(https://mortendahl.github.io/)了解该技术。

现在让我们回到安全聚合的问题。在知道可以把两个你看不到的值相加之后，答案就变得显然了。初始化模型的人将 public_key 发给 Bob、Alice 和 Sue，于是他们可以加密他们的权重更新。然后，Bob、Alice 和 Sue(他们没有私钥)直接互相交流并把他们的梯度求和，获得单个最终的更新；这份更新会发回给模型拥有者使用 private_key 解密。

15.8　同态加密联邦学习

下面使用同态加密保护被聚合的梯度。

```
model = Embedding(vocab_size=len(vocab), dim=1)
model.weight.data *= 0

# note that in production the n_length should be at least 1024
public_key, private_key = phe.generate_paillier_keypair(n_length=128)

def train_and_encrypt(model, input, target, pubkey):
    new_model = train(copy.deepcopy(model), input, target, iterations=1)

    encrypted_weights = list()
    for val in new_model.weight.data[:,0]:
        encrypted_weights.append(public_key.encrypt(val))
    ew = np.array(encrypted_weights).reshape(new_model.weight.data.shape)

    return ew


for i in range(3):
    print("\nStarting Training Round...")
    print("\tStep 1: send the model to Bob")
    bob_encrypted_model = train_and_encrypt(copy.deepcopy(model),
                                            bob[0], bob[1], public_key)

    print("\n\tStep 2: send the model to Alice")
    alice_encrypted_model=train_and_encrypt(copy.deepcopy(model),
                                            alice[0],alice[1],public_key)

    print("\n\tStep 3: Send the model to Sue")
    sue_encrypted_model = train_and_encrypt(copy.deepcopy(model),
                                            sue[0], sue[1], public_key)

    print("\n\tStep 4: Bob, Alice, and Sue send their")
    print("\tencrypted models to each other.")
    aggregated_model = bob_encrypted_model + \
                       alice_encrypted_model + \
                       sue_encrypted_model

    print("\n\tStep 5: only the aggregated model")
    print("\tis sent back to the model owner who")
```

```
    print("\t can decrypt it.")
    raw_values = list()
    for val in sue_encrypted_model.flatten():
        raw_values.append(private_key.decrypt(val))
    new = np.array(raw_values).reshape(model.weight.data.shape)/3
    model.weight.data = new

    print("\t% Correct on Test Set: " + \
              str(test(model, test_data, test_target)*100))
```

现在可以运行新的训练方案，它有额外的一步。Alice、Bob 和 Sue 先把他们同态加密过的模型相加，然后发回，所以你绝不会知道哪份更新来自哪一个人(一种合理否认的形式)。在生产中，你还会添加足量的随机噪声来满足 Bob、Alice 和 Sue 的隐私阈值要求(根据他们的偏好)。更多内容会在以后介绍。

```
Starting Training Round...
  Step 1: send the model to Bob
  Loss:0.21908166249699718

  Step 2: send the model to Alice
  Loss:0.2937106899184867

          ...
          ...
          ...

  % Correct on Test Set: 99.15
```

15.9 本章小结

联邦学习是深度学习最重要的突破之一。

我坚信联邦学习会在未来几年改变深度学习的图景。它会解锁之前因为过于敏感而不能使用的新数据集，并通过由此产生的新的创业机会，创造巨大的社会效益。这是加密算法与人工智能研究之间更广泛融合的一部分，在我看来，这是这十年来最令人振奋的融合。

这些技术还没有投入现实使用的主要原因是它们在现代深度学习工具箱中还不可用。当任何人可以通过 pip install ...就把隐私与安全作为一等公民，并且使用内置了联邦学习、同态加密、差分隐私和安全多方计算等的技术和工具(并且你不用成为专家就能使用它们)，那爆发点就来了。

出于这一信念，作为 OpenMined 项目的一部分，我已经同一支开源志愿者队伍花了过去一年的时间，使用这些原语扩展主要的深度学习框架。如果你相信这些工具对未来的隐私与安全是重要的，可以查看我们在 http://openmined.org 或 https://github.com/OpenMined 的工作。请支持我们，即使只是给代码库点上一颗星；如果你有能力，一定要加入我们(聊天室是 slack.openmined.org)。

往哪里去：简要指引 第 16 章

本章主要内容：

- 第 1 步：开始学习 PyTorch
- 第 2 步：开始另一个深度学习课程
- 第 3 步：找一本偏数学的深度学习教材
- 第 4 步：开设博客讲授深度学习
- 第 5 步：Twitter
- 第 6 步：实现学术论文
- 第 7 步：设法使用 GPU
- 第 8 步：成为从业者
- 第 9 步：参与开源项目
- 第 10 步：发展你的本地社区

无论你相信你能做或不能做一件事情，你都是对的。

——Henry Ford，汽车制造商

可喜可贺

如果你读到了这里，你已经阅读了 200 多页深度学习的内容。

你做到了。你已经学习了相当多的内容。我为你骄傲，你也应该为自己骄傲。今天应该是值得庆祝的日子。到此为止，你已经理解了人工智能背后的基本概念，应该能够对谈论它们和学习更高级的概念有相当的自信。

本章包含数节的内容，将系统讨论你下一步应该做什么， 特别是如果本书是你在深度学习领域读的第一份资料的话。我的一般性假设是你对从事这个领域的工作有兴趣，或者至少会继续对这方面有所涉猎；我希望，我的一般性建议会将你指引到正确的方向上(虽然它们只是非常一般的指导原则，可能对你并不直接适用)。

第 1 步：开始学习 PyTorch

你之前搭建的深度学习框架与 PyTorch 最相似。

你之前一直在用 NumPy 这样一个基础矩阵库，来学习深度学习。然后你搭建了自己的深度学习工具箱，并且运用在了不少地方。但是从现在开始，除非你在学习新的网络结构，否则应该用真正的框架做实验。真正的框架 bug 更少。它会运行得更快(快不少)，并且你可以继承与学习他人的代码。

那为什么要选择 PyTorch 呢？虽然存在许多不错的选择，但是如果你有 NumPy 的背景，PyTorch 应该对你来说是最熟悉的。此外，你在第 13 章中搭建的框架与 PyTorch 的 API 非常接近。如果你选择了 PyTorch，就会感觉很容易适应。也就是说，选择深度学习框架有点像加入霍格沃茨的学院：每一所都很棒(但是 PyTorch 绝对是格兰芬多)。

现在有下一个问题：你应该如何学习 PyTorch？最佳方式是选修一门用这个框架讲授深度学习的深度学习课程。这会调动关于你已经熟悉的概念的记忆，同时向你展示它们在 PyTorch 的什么地方(你会复习随机梯度下降，同时也了解它们在 PyTorch API 中的位置)。在本书写作期间，做这件事情最好的地方是 Udacity 的深度学习纳米学位(虽然我的立场并不中立：我在这个项目中帮忙教课)或者 fast.ai。另外，https://pytorch.org/tutorials 和 https://github.com/pytorch/examples 也是宝贵的资源。

第 2 步：开始另一门深度学习课程

我通过不断地重新学习相同的概念学会了深度学习。

虽然对你的整个深度学习教育来说，认为一本书或一门课程就足够了是一个美好的想法，但是事实上，这是不够的。即使每个概念都在本书中得到介绍(实际没有)，从不同角度了解同样的概念对你掌握它们也是必要的(想起我在这本书里做的事情了吗？)。在我作为开发者的成长过程中，除了观看大量的 YouTube 视频和阅读介绍基本概念的博客文章，我已经选修了差不多大半不同的课程(或 YouTube 视频系列)。

在 YouTube 上找一些来自那些较擅长深度学习教学的大学或 AI 实验室(包括 Stanford、MIT、Oxford、Montreal、NYU 等)的在线课程。观看所有这些视频。做完所有练习。如有可能，选修 fast.ai 或 Udacity 的项目。不断地重新学习同样的概念、练习它们并熟悉它们。你要让这些基础内容成为你头脑的第二本能。

第 3 步：找一本偏数学的深度学习教材

可以从你的深度学习知识逆向工程相关的数学知识。

我的大学本科学习是应用离散数学，但是我从花在深度学习的时间里学习了比在学校里多得多的代数、微积分和统计。另外，可能听起来有些惊人，我学习的方法是通过首先深入 NumPy 代码，然后回到它所实现的数学问题，来弄懂它们是如何工作的。这就是我真正学会与深度学习相关的更深层次的数学的方法。我希望你能把这种方法记在心上。

如果你不确定要读哪本偏数学的书，在本书写作期间，市面上最好的书可能是 Ian Goodfellow、Yoshua Bengio 和 Aaron Courville 合著的 *Deep Learning*(MIT 出版社，2016 年)。它用到的数学知识不是特别难懂，但是比起本书提高了一个层次(并且它开头的数学记号指南特别有用)。

第 4 步：开设博客讲授深度学习

我做过的事情里，没有什么事比这件事情更能提高我的知识水平和促进我的职业发展。

我很可能就该把这一步放在第 1 步，不过还是放这里吧。没有什么事情能比在我的博客里讲授深度学习更能提高我在深度学习方面的知识水平(还有这方面的职业发展)。教学强迫你以尽可能简单的方式解释所有事情，而对公众羞辱的恐惧能够确保你把事情做好。

有一个有趣的故事：有一篇我早期的博客出现在 Hacker News 上，但是它写得比较糟糕，而且一所顶尖 AI 实验室的主要研究者在评论里完全摧毁了我的自信。它伤害了我的感情和自信，但是它也敦促我改善写作水平。它使我认识到，如果我在读材料的时候感到材料很难理解，大多数时间不是我的问题，是写材料的人没有花足够多的时间解释理解所有概念所需的各个小知识点。他们没有提供相关的类比来帮助我的理解。

说这么多是为了告诉你，开设一个博客吧。试着让文章出现在 Hacker News 或 ML Reddit 的首页。从讲授基本概念开始。试着比任何人都做得更好。如果话题已经被人讲过了也不要担心。到今天为止，我的博客文章里最受欢迎的是 A Neural Network in 11 Lines of Python(11 行 Python 实现神经网络)，讲的是神经网络里教烂了的内容：基本的前馈神经网络。但是我可以用一种新的方式解释它，这种方法可能切实帮助了一些人。这可以帮助别人的主要原因是我用了一种能够帮助我自己理解的方式写这篇博客。那就最好了。用你希望学习它们的方式来讲授内容。

而且不要仅概括深度学习的概念。概括是无聊的，没人愿意读。要写教程。你写的每一篇博客都应该包括能够学习完成某种任务的神经网络——读者可以下载运行的神经网络。你的博客应该逐行解释每一段代码做了什么，要让五岁小孩也能理解。这就是做事的标准。你可能在花了三天时间写了两页博客之后想要放弃，不过这不是掉头放弃的时候——这是继续努力把它写得特别好的时候。一篇好的博客文章可以改变你的生活。相信我。

如果你想申请职位、硕士或博士项目，挑选一位你想在项目中与之一起工作的研究者，并写一些关于他们工作的教程。每次我做了这种事情之后，它都让我在之后见到那位研究者。这么做能够展示你理解他们运用的概念，而这是让他们想与你一起工作的前提。假设你的文章出现在了 Reddit 或 Hacker News 或其他地方，这样比一封冰冷的邮件要好多了，因为其他人会把它先发给他们。有时候他们甚至会联系你。

第 5 步：Twitter

很多 AI 交流发生在 Twitter 上。

我在 Twitter 上接触的世界各地的研究者比几乎其他任何方式都要多，而且我了解到，我读的几乎任何文章都是因为我关注了在 Twitter 上发相关推文的人。你会想要追踪最新的进展；而更重要的是，你会想要成为交流的一部分。我首先从关注我想要查找的 AI 研究者开始，关注他们，然后关注他们关注的人。我就这样开始了订阅，而这给了我很多帮助(只是不要对此上瘾)。

第 6 步：实现学术论文

Twitter+你的博客=学术论文的教程

对 Twitter 订阅保持关注，直到你碰到一篇看起来有趣又不需要大量 GPU 的论文。写一篇关于它的教程。你将必须读这篇论文，理解它的数学原理，然后经历原作研究者也要经历的调参过程。如果你对抽象研究有兴趣，那没能什么事情比这更好了。我在 ICML 上发表的第一篇论文产生在我为了 word2vec 代码读了论文然后反向工程了代码之后。最终你读着读着，然后发现："等等！我想我可以做得更好！"于是，你成了一名研究者。

第 7 步：设法使用 GPU

实验做得越快，学到的知识就越多。

GPU 可以让训练速度加快 10~100 倍已经不是秘密，但是这意味着你可以把迭代自己的想法(或好或坏)的速度提高 100 倍。这对学习深度学习来说，其价值是难以想象的。我在职业生涯中犯过的错误之一就是太晚开始用 GPU。不要像我一样：不妨向 NVIDIA 买一块 GPU，或者用 Google Colab notebooks 上可以访问的免费的 K80s。NVIDIA 有时也会让学生为一些 AI 比赛免费用它们的 GPU，不过，你要保持关注它们。

第 8 步：成为从业者

你越有时间做深度学习，你学得就越快。

我的职业生涯的另一个转折点，是我得到了一份让我能够探索深度学习工具和研究的工作。不妨试着成为一名数据科学家、数据工程师、研究工程师或者从事统计工作的自由职业咨询师。重点是，你要找到一份在工作时间学习又能获得薪水的工作。这样的工作是存在的；只是要花些时间才能找到它们。

你的博客对得到一份这样的工作至关重要。不管你想要找什么工作，写至少两篇相关博客文章，展示你可以做无论哪种他们想雇人去做的工作。那会是完美的简历(比数学的学位还好)。最好的候选人是已经让人看出来能够胜任的人。

第 9 步：参与开源项目

在 AI 领域建立关系网和提升职业发展的方式是成为开源项目的核心开发者。

找一个你喜欢的深度学习框架，并开始实现一些东西。在你了解它之前，你将与顶级实验室的研究者互动(他们会阅读、批准你的 pull request)。我知道不少人(来自世界上的各个地方)用这种方式获得了很好的工作。

话虽如此，但你必须投入时间。没有人会领着你走。读代码。交朋友。从添加单元测试和解释代码的文档开始，然后解决 bug，并最终开始在更大的项目上有产出。虽然它需要你投入时间，但它是你对未来的投资。如果你不确定，可以找一个大型的深度学习框架，像 PyTorch、TensorFlow、Keras 或者你可以来与我一起为 OpenMined(我认为是最酷的开源项目)工作。 我们对新手非常友好。

第 10 步：发展你的本地社区

我真正学会深度学习是因为我喜欢和其他也在学习的朋友一起玩。

我在 Bongo Java 学的深度学习，就坐在我那些也对此有兴趣的朋友们旁边。我能在 bug(错误)很难解决(曾经我花了两天，才找到一个句号带来的错误)或概念很难掌握的时候坚持下来的重要原因是，我跟我乐于相处的人们一起度过了这些时间。不要小看这一点。如果你待在你喜欢的地方，与你喜欢的人相处在一起，你会工作更长时间，进步更快。这不是所谓的火箭科学，不过你要有意识地去做。谁知道呢？你可能会在这么做的时候找到一点额外的乐趣也说不准。